里山生活實踐術

友善運用 山林×土地×溪流
動手蓋房子、有機種植、造土窯的永續生活方案

大內正伸 圖&文
陳盈燕 譯

晨星出版

理論與實作兼具，一本不可多得的山村生活參考書

作為一個出身農家的子弟，說來慚愧，我的農夫資歷只有短短五年。投入八煙聚落的里山梯田復育，我才真正體會到「汗滴禾下土」的勞動滋味，深入台灣農村，認真進行田野記錄之後，我更深刻了解這塊土地的困境，台灣的農村在全球化的腳步與都市發展蔓延的侵吞之下，許多重要的文化傳承、生活智慧與生態環境，早已隨之煙消雲散，在老者凋零與年輕人力不斷外流的農村，許多的桃花源已是滄海桑田，不堪回首。

源於聯合國里山倡議的推動，加上日本塩見直紀先生所倡導的「半農半X」生涯規劃的理念，使得台灣掀起了年輕漂鳥們返鄉歸農的熱潮，但回到農村的夢想，並非僅僅是到農村住一晚的體驗活動，在山村生活面臨的是，如何立足的嚴峻挑戰，個人在陽明山八煙聚落，推動水梯田復育過程中，首當其衝的難題便是如何讓廢耕了三十年的梯田，重新修復水圳，把水從魚路古道找回來，由於過去山中的智慧多係口耳相傳，苦無資料之餘只得遍訪居住於山中的耆老，跟著老前輩重新操作過一次之後，更深刻體會里山智慧與傳承的重要。

大內正伸先生長期於日本的ＤＩＹ雜誌連載「生活ＤＩＹ實踐術」的實戰經驗，不但鉅細靡遺傳承了老祖先的山村智慧，更運用現代的電動工具與科學觀念，按部就班的圖解說明，讓初學者得以按圖索驥操作，從問題、觀念與實踐的角度闡述。內容不但詳述了木材的疏伐與利用、砌石擋土牆與簡易步道的工法、還交代如何將山泉水配管重新引入家中，喜歡窯烤披薩與麵包的朋友，更可以在書中找到麵包窯的做法，理論與實踐兼具，實在是一本不可多得的山村生活參考書。更難能可貴的是書中還介紹了很多生態與環境保育對策；如魚道、堆肥與微生物的環保廁所。作為一個從都市返農的實踐者，我非常樂意推薦這本好書給所有想要享受山居生活與返鄉歸農的好朋友。

財團法人台灣生態工法發展基金會　副執行長

郭銘揚

如同作者大內正伸在書中前言所說的，隨著回歸土地的熱潮興起，搬到鄉下生活使得自己動手做的趨勢也隨之風行。這似乎不僅是日本的新生活運動，台灣的島內移民也在近十年逐漸成爲許多人心中的想望，甚至在某些人眼裡，成爲一種退休或半退休期的時尚選項。

無論鄉下新生活的目標是找回被遺忘的童年鄉愁，抑或是城市長大的人想尋找從未體驗過的人生，一旦搬到鄉下生活，現實的狀況很可能代表我們必須重新規劃主流社會價值觀所謂的經濟收入來源，而多數情況就是貨幣收入將會降低。這也是讓許多人縱然有此夢想，卻相當卻步的主因，因爲在現代的社會，只要貨幣收入降低，就會被視爲貧窮。而閱讀《里山生活實踐術》這本新書，讓我想到了樸門永續設計概念（Permaculture）的共同創始人，澳洲的生態設計家大衛洪葛蘭（David Holmgren）在他的重要著作Permaculture – Principles and Pathways beyond Sustainability（中譯：探索樸門 —— 原則與超越永續的道路）一書中說道：

「眞正的貧窮是因爲沒有選擇的無力感，並時時拿社會消費標準與自己比較；相對地，自發性儉樸讓我們學會如何做到最佳資源分配。當我們變成樣樣通的樸門實踐者，蓋自己的房子、動手種植、自給自足，也自營維生，並參與社區事務，就有更多機會鍛鍊自己的直覺，以最佳模式來分配資源。」

我們近幾年將生活重心移居鄉下，也曾遇過對我們的選擇不熟悉的初識友人看我們家中到處都是撿來再利用的物品，用雨水洗衣、自己建造石窯、用路邊撿來的薪柴使用火箭爐煮食，並在田裡使用生態廁所，認爲我們必然是因爲較爲貧窮才這麼生活。確實，半移居鄉下使我們失去了部分在都市接案的機會與經濟收入的來源，但我們卻是在體驗善用與分配身邊資源所創造的另一種富裕。而想要獲得這種用錢買不到的富裕感，前人所累積的知識、技能與經驗可以幫助我們在這條回歸土地而生活的路上走得更踏實且有信心。

大內正伸先生這本書取名爲實踐術可以說名副其實，且字裡行間與作者自己的插畫說明，都呈現了多年的寶貴經驗。他從鄉居生活最直接面對的資源應用著手，不僅訴說了許多重要的保育觀念，更鉅細靡遺地與讀者分享如何在不傷害土地的情況下使用、管理自然資源，從山林、土壤、水源、有效率地應用能源，材料的處理、工具的製作，還包含了過去被許多人忽略的微生物應用與營養回收的方法。這些方法雖然還須因地制宜，但若將作者的分享視爲原則與策略來參考應用，相信對已經在鄉間生活或還在準備的讀者都將非常受用，也能提振大家的信心！

鄉下的生活，提供我們空間與時間學習凡事自己作。如果移居鄉下還持續帶著想要就買，用後即丟的城市生活習慣，那還眞是枉費了大自然提供給我們的大好機會。仰賴自然資源生活的眞正意義，除了能夠鍛鍊自己的身手，重新學習我們世世代代祖先都會作的事情，更能讓我們藉由雙手的力量，超越時空的界線與祖先產生連結，在身體上、心靈上都成爲一個眞正的人。而這本有理念又有方法的書，將可以幫上你的忙！

大地旅人環境工作室 創辦人 江慧儀

台灣樸門永續設計學會創會理事長 孟磊 Peter Morehead

聯合推薦

前言

繼住到鄉下去的熱潮之後，想要回歸自然生活的人們逐漸增多，各個媒體也報導了許多人以「自己動手做」的方法，來實現朝思暮想的生活方式。現在只要到市郊的大型ＤＩＹ商店，就可以用便宜價格，買到豐富又多彩多姿的素材跟工具，還可以從書籍與網路上獲取資訊，至於工具方面，電鑽跟電動圓鋸已不足爲奇，現在也有人擁有在過去只有樵夫才會用的鏈鋸機了。

對於業餘的人而言，「即使失敗了，也只會造成自己的困擾」（反而能從失敗中學到各種東西，爲前進下一步做準備）、「不需要考慮成本跟持續性，可以大膽地創造」（壞了重做就好！）、「不需要被規格跟制約束縛」（可是一定要遵守法規喔！笑），擁有這種自由性，也可以偶爾嘗試那些已經被專家捨棄不用的古老傳統技術，或是使用專家不會用的廢棄材料等來做東西。

把這些方法融入鄉下、山村生活的話，就會自然而然地注意起周圍的自然素材。山裡生長著各種樹木與竹子，到處都是土、砂、石頭等，蘊藏著無盡的資源。過去人們就是使用這些自然素材來製作生活工具跟房子。在模仿這些做法的過程中，就能體會到自然素材的粗曠或緻密之美，被愈用愈形閃耀的美好所吸引。

當然，生活在大自然裡，爲了克服這種生活環境，經常需要使用到ＤＩＹ技術，由此就會有許多意想不到的構想誕生。如果是租老民宅來住，就必須製作許多用品，如果這些素材是從自然中取得，那麼在日常使用這些用品的行爲過程當中，在某種意義上，已經可以算是「終極的ＤＩＹ」了。

而且在山里鄉村裡，也可以享受自在用火的樂趣。用薪柴來取暖別具風味，這也是山村生活的一種特權。既能夠簡單地取得薪柴，ＤＩＹ用剩的木塊也可以拿來當柴燒，所以一定要試試看。而且用火來做料理，更加能夠享受吃的樂趣。不是只有使用烤肉架而已，還可用地爐跟石窯來做菜，這種料理領域的拓展，也是山村生活才能享受到的醍醐味。此外，種田、山菜、菇類、釣魚或打獵等自給自足的生活方式，還有取水、家庭排水、廚餘堆肥等，從這些生活技巧當中，想必又能夠拓展新的DIY領域。

這本書是將我在DIY雜誌《ドゥーパ！》（DOPA）裡連載的「鄉村生活DIY術／山村生活篇」再次編輯而成，尤其是把重點擺在今後將能夠大量入手的杉木、檜木材，以及人造林的疏伐跟樹幹的加工利用，還有使用自然素材的土跟石來做簡單工具（也就是說，不需要花錢，丟掉時也不會產生垃圾），以這樣的方向來統整成這本書。近年來災害頻繁，本書中的刊載資訊，應該也能夠在緊急狀況中發揮作用。

在已經備有基本工具、電動工具等前提下，在此不做詳述，但本書將對於在山村生活中最爲重要的柴刀、鋸子、鏈鋸機等，進行實踐性的解說。

如果能夠在從周遭環境中採集自然素材時，變成對環境的關懷與整理，讓環境變得更美好，也就能夠使周遭的生活環境更加和諧。但有時也會反過來衍生出許多問題，必須謹慎留意。本書將以插圖爲主軸，介紹該如何打造與自然和平共處的生活技巧及樂趣。

大內正伸

目次

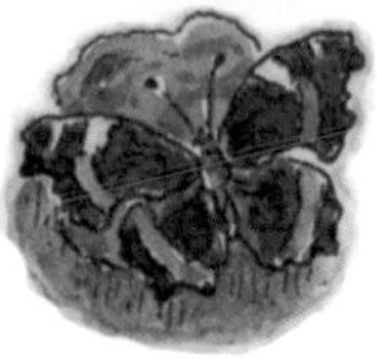

PART2 水的運用

PART3 石頭與土壤的運用

PART4 火的使用

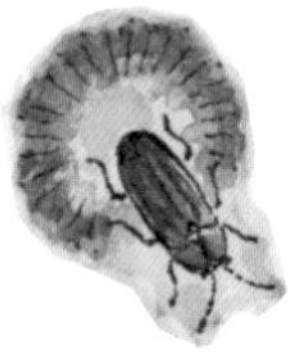

PART5 微生物的應用

PART6 利於山居生活的工具&修理術

插圖／大內正伸
照片／大內正伸・川本百合子
版面編排／Tortoise+ Lotus studio

※本書刊載的價格等情報乃取材當時資訊，現有部分已有所變動。
※依照本書介紹的方式來製作物品時請注意安全，且其行為為個人責任。

PART1
木材的運用

生長在深山裡的樹木，伸展樹根以儲存水分，不僅提供菇類、昆蟲們成長的環境，同時製造出土壤。木頭是最棒的ＤＩＹ素材，透過適當地採伐，將能夠大幅改變山林裡的環境。燃燒這些廢棄木材時，滿懷著對於樹木的關懷與寄託。

1. 自己就能做到的疏伐方法（準備篇）

日本的山裡滿布著杉木、檜木與日本落葉松。進行疏伐不僅能夠美化環境，還能讓樹木更加茁壯。這些疏伐木也能夠運用在DIY上。讓我們來學習每個人都能做到的疏伐基準（伐倒木與留存木的選擇方法）以及採伐方法吧！

從疏伐到乾燥
①首先尋找適合疏伐的山林。
我記得朋友在鄉下有一座杉木林……
誰來幫我疏伐啊
釣竿
如果要進行鋸谷式疏伐，那麼挑選木也很簡單！♪
②到山裡選木吧！
③採伐後進行葉枯法。
用鐵矢來拖拉、聚集木材。
④把樹幹上的枝葉修剪乾淨並橫切之後，把它們拖到山道上。
鐵皮浪板
鐵矢
插進樹幹的切面裡拖行樹幹的鐵製工具
⑤剝除樹皮後堆放起來。

適當的採伐時節

如果讀者在鄉村擁有一座山林就比較好解決，但若非如此，那麼是否有親戚朋友，擁有一座山林卻沒有去維護它呢？

如果不對杉木、檜木這類林木進行疏伐，不僅樹木無法茁壯成長，土壤也會變得貧瘠，山林便隨之荒蕪。因此，如果主動跟山林的所有者表示願意幫忙進行疏伐，想必對方也會相當開心。

首先，該在何時伐木呢？採伐樹木有最爲適當的時期，稱爲「採伐的時節」，通常是指八月的盂蘭盆節之後，一直到十二月底爲止。在這段期間樹木會停止吸收水分，有利於樹幹進行乾燥。此外，由於樹皮下的養分和昆蟲都很少，所以就算只是擺放著，也不必擔心會受到蟲害。但是，一旦進入一月，樹木就會開始吸收水分。樹木對季節的感受速度比人體來得早。

如果在六到七月這種水分吸收的巔峰時期進行採伐，樹幹中的水分會非常豐沛，彷彿能從斷面滲出水一樣，加上這些水分的重量，運送起來就會更加麻煩。

採伐下來的木頭乾燥後才能使用

無論哪種樹木，都必須經過乾燥。大家都知道，在家居生活館等處販賣的ＤＩＹ木材，無論是日本國產還是外國進口，都是經過乾燥的。生木在乾燥過程中，會收縮、彎曲，或者斷裂，所以木材經過充分乾燥後，去除不良部分，再加工成爲產品。

其中，杉木是特別難以乾燥的樹木，心材裡的水分難以去除。現在市面上的杉木幾乎都是在鍋爐室中進行連日高溫加熱去除水分後的人工乾燥材。這時，樹木中的精髓也幾乎都被去除。採伐時美麗的赤赭色在經過人工乾燥後，會轉變爲茶褐色，也會因油分的流失而使得表面失去光澤。味道聞起來也不太好，變成了乾枯的木材。

現在想要找到眞正的杉木材只得自己採伐並施行自然乾燥。自然乾燥的杉木無論是強度、光澤或香氣都相當出色，我希望讀者們也能夠品味到眞正杉木材的美好。

疏於疏伐的杉木林。由於林內陰暗長不出植被，導致土壤流失而荒廢。

進行疏伐的杉木林。明亮且健康，所以也能孕育其他種類的樹木，保水力也很高。

杉木材的葉枯乾燥

接著，讓我們認識自古流傳下來，能夠加快杉木乾燥速度的「葉枯」法。將採伐下的樹木連枝帶葉放置在樹林裡，隔年春天再除去枝葉搬運出樹林。在樹葉乾枯過程中，心材裡難以去除的水分，也能夠全都蒸散出來。這麼一來杉木樹幹的重量將大幅減輕，便能夠輕鬆地從山林中搬運出來。通常把樹幹放在泥土上，會受到蟲害（天牛的幼蟲與白蟻等會在木材上鑽出小洞），但這段期間昆蟲不會活動，所以不會遭到蟲害。

將樹皮剝除後，放置在通風良好處進行乾燥。剝除樹皮是爲了防止日後遭到蟲害，如果放在室外則必須加上屋簷或蓋上鐵皮浪板，再用空心磚等重物壓住。將這些樹幹放置一年以上再行使用（加工製造）會最爲理想。

能夠看見其荒廢的例子。外側明明就是綠的，內部卻……

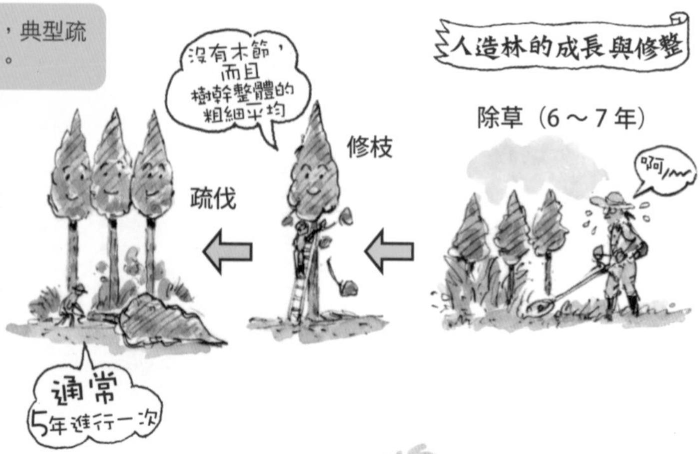

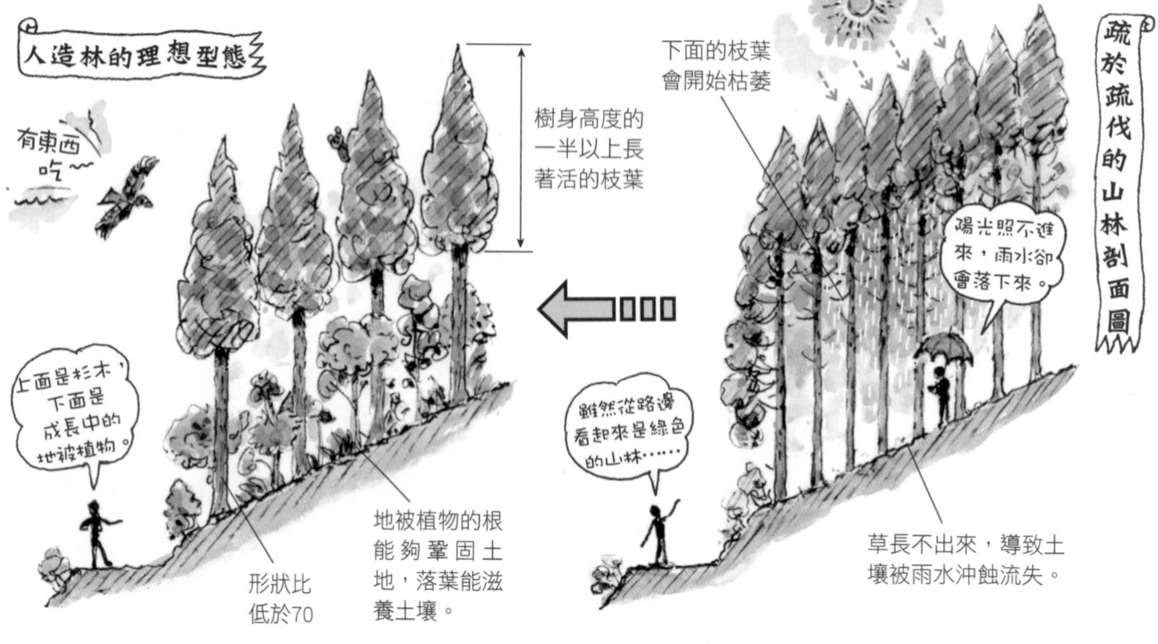

人造林的變化與現狀

那麼，假設眼前有座杉木林，對於應該砍伐的數量以及粗細等採伐基準，該如何決定呢？在此之前，讓我們先了解從種植到採伐爲止，人造林會經過哪些變化。

一般情況下，一公頃土地上會種植三千株樹苗，樹與樹間的距離是一點八公尺一株的密度。由於日本的山林溫暖潮溼，草長得很快，所以樹苗會被草掩埋掉。因此，每到夏季就必須除草。這樣子反覆進行六到七年後，樹木的成長會遮蔽陽光，草的成長就會減弱。在那之後，反覆施行「修枝」與「疏伐」，四十到五十年之後便能收穫（皆伐），這是過去林業的模式。戰後擴大造林時大量種植的杉木、檜木與日本落葉松，現在正是收穫時期。然而由於太慢進行疏伐，導致樹木無法茁壯成長，許多樹木的樹幹直徑只有二十到三十公分。

過去會將修枝後的樹枝作爲燃料，細的疏伐材也曾有熱銷時期，那時疏伐是以數年爲單位密集進行。然而，能源革命後，由於出現了能夠取代木材的素材、從國外進口木材、人事費用高漲等因素，很多山林就這麼被放棄了。

未經疏伐的山林，樹枝呈現交錯纏結的狀態，被遮蔽在下方的樹枝照不到太陽而逐漸枯萎。綠葉長得不夠多，光合作用便會減弱，樹幹也因此長不粗壯，細瘦的樹木林立，山林隨之黯淡，這種山林被稱爲線香林。這種樹林的地面照射不到光線，草也就無法生長。但是雨水卻會不留情地擊打地表，使含有養分的表土流失，形成水土流失的山坡。此外，多數人造林都是插枝樹苗，所以根的深度很淺。近年來集中豪雨所導致的土石流，起因大多是太晚疏伐以及插枝樹苗的人造林。

受到颱風摧殘的杉木林。形狀比超過80，就很容易會遭受風雪的災害。

打造強健森林的疏伐密度

樹幹細長的樹木禁不起颱風與雪害。由過去被大雪摧折的被害調查裡，所收集易折斷指標當中得知，樹高與胸高直徑（約到人體胸部高度）的比值（稱爲「形狀比」）在七十以下的樹木，對於風雪的抵抗力較強且不易折斷。樹的高度相同，樹幹粗壯的樹木比較耐得住風雪。

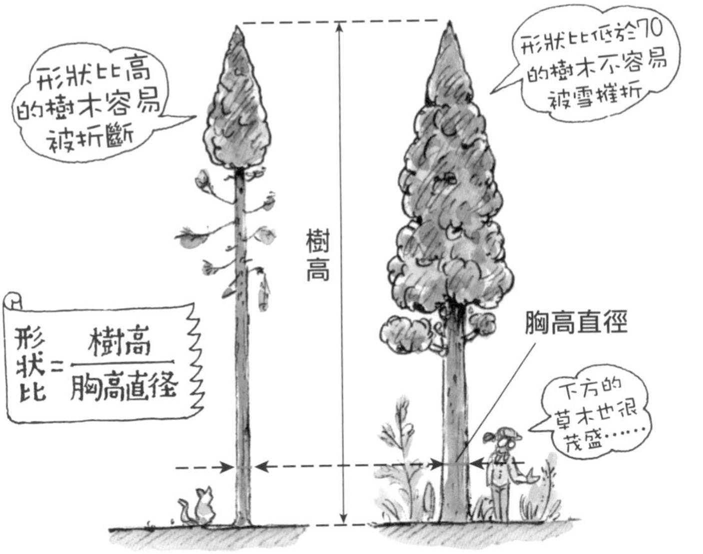
形狀比高的樹木容易被折斷
形狀比低於70的樹木不容易被雪摧折
樹高
胸高直徑
下方的草木也很茂盛……
形狀比＝樹高/胸高直徑

透過疏伐就能栽培出這樣的樹木。施行疏伐，綠色的枝葉便有了伸展空間，樹木就能夠茁壯成長。此外，陽光能夠照射到地表，草木自然也會生長出來。草木生長出來，土壤便不易流失，多樣化的植物群則能夠讓樹林中昆蟲的種類增加，成爲一座適合鳥類與動物們棲息的樹林。這些落葉、糞便與屍體又會再度回歸土地，成爲杉木的養分。疏伐有著數不盡的好處。

然而現在，有很多太慢進行疏伐而形狀比超過九十到一百的山林，還有很多可能受到風雪災害而折斷的線香林。像這樣子的山林就不能施行一般的疏伐，而是採行「剝皮枯萎（剝除樹皮）疏伐」，這種方法是直接將樹皮剝掉，讓樹木枯萎以產生空間（**第三十頁中將詳細介紹**）。由於這種方式無法採伐到疏伐木，所以如果想要取得木材，不妨針對部分樹木施行皆伐。此外，如果是遭受到風雪災害所形成「自然之斧的疏伐」的山林，便可砍伐那些剩下來狀況良好的杉木，其他的樹木就留著讓它們回歸山林。

用捲尺、釣竿與對照表得出採伐數量

接著就來介紹，配合林內樹木狀況，所進行合理的疏伐以及挑選樹木的方法。

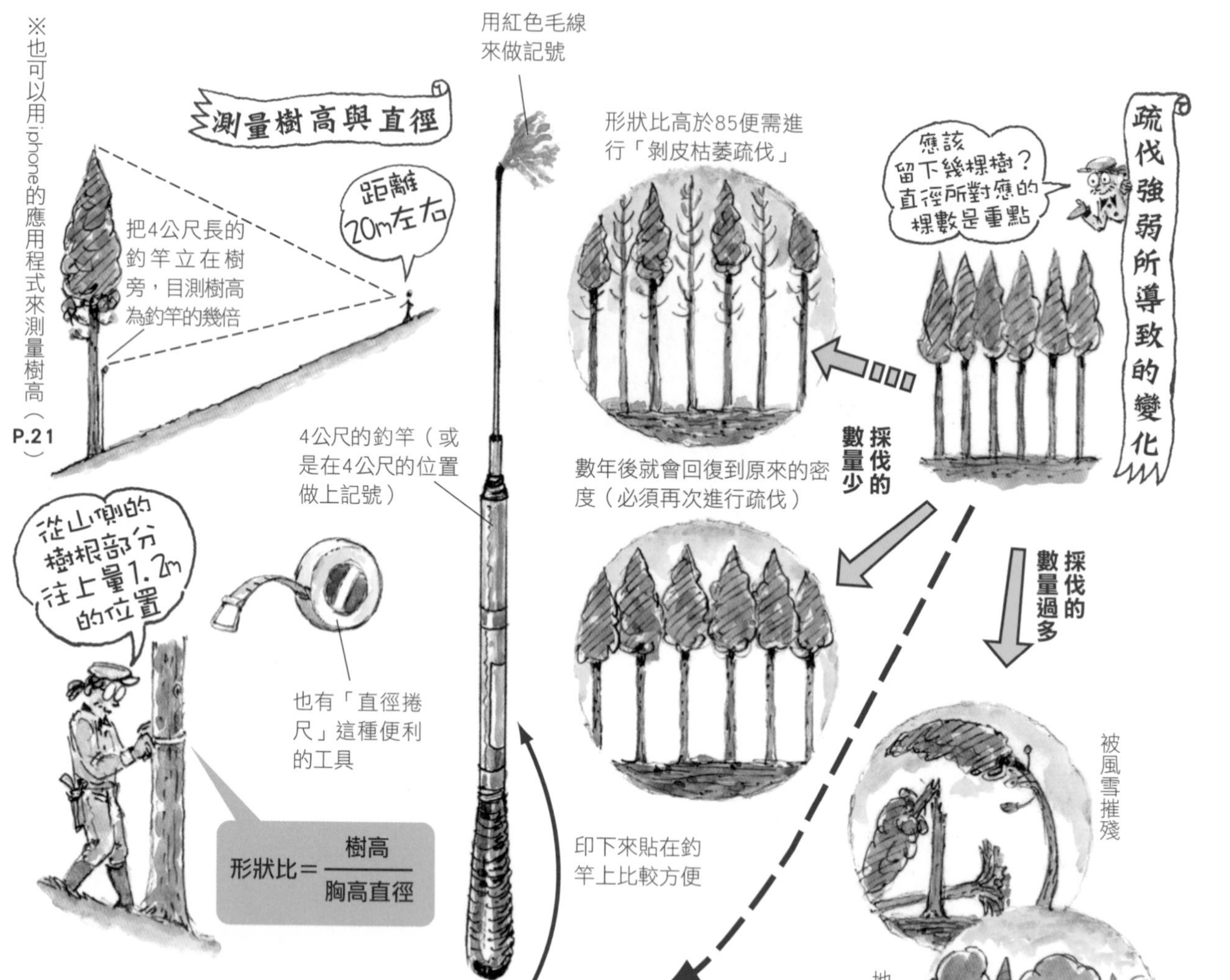

選木數量的對照表

30	24	20	18	16	胸高直徑（cm）
3	4	5	6	8	半徑 4m 內的數量

在一定面積當中，能夠成長的材積（樹幹的體積）總量是有上限的。因此，樹的數量過多則樹幹細，數量過少則樹幹粗。材積的總量幾乎都是固定的，疏伐過了頭、留下來的空間太多，就會自然而然地由雜草樹木們填補起來。也就是說，如果要把樹林作爲人造林來管理的話，那麼就必須保持形狀比低於七十，並以不要輸給次種樹木的密度來進行疏伐，就沒有問題了。

其標準就如同上圖中的對照表所示。以樹木大小（胸高直徑）對照出半徑四公尺的圓中所應保留下來的最少樹木棵數。只要控制樹木數量，在疏伐之後便能放置十年（十年後，隨著樹木成長又會回復到有點陰暗的樹林，因此必須再次進行疏伐），在管理方面也是最不費工的方式。若砍伐數量太多，不僅會輸給那些雜草樹木，樹林也會因突然過於乾燥而導致留存下來的樹木枯死，遭受風雪災害的危險也會增加，必須留意。

首先準備長四公尺的釣竿。在前端綁上紅色的毛線等物品作

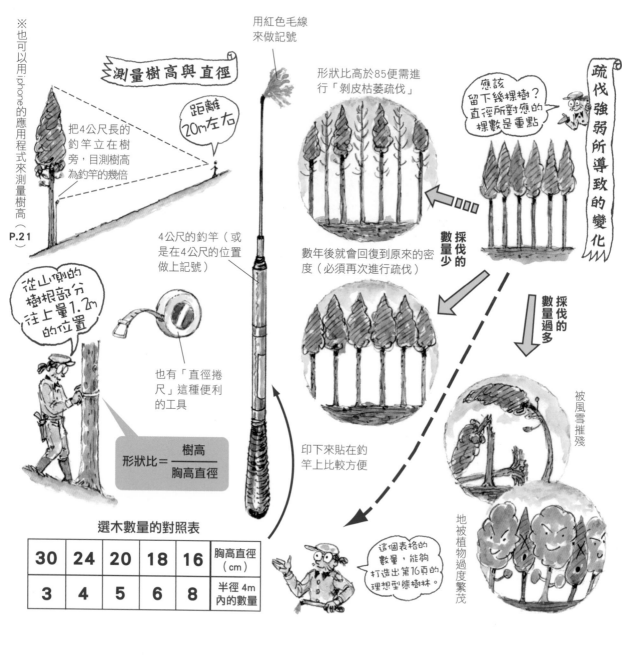

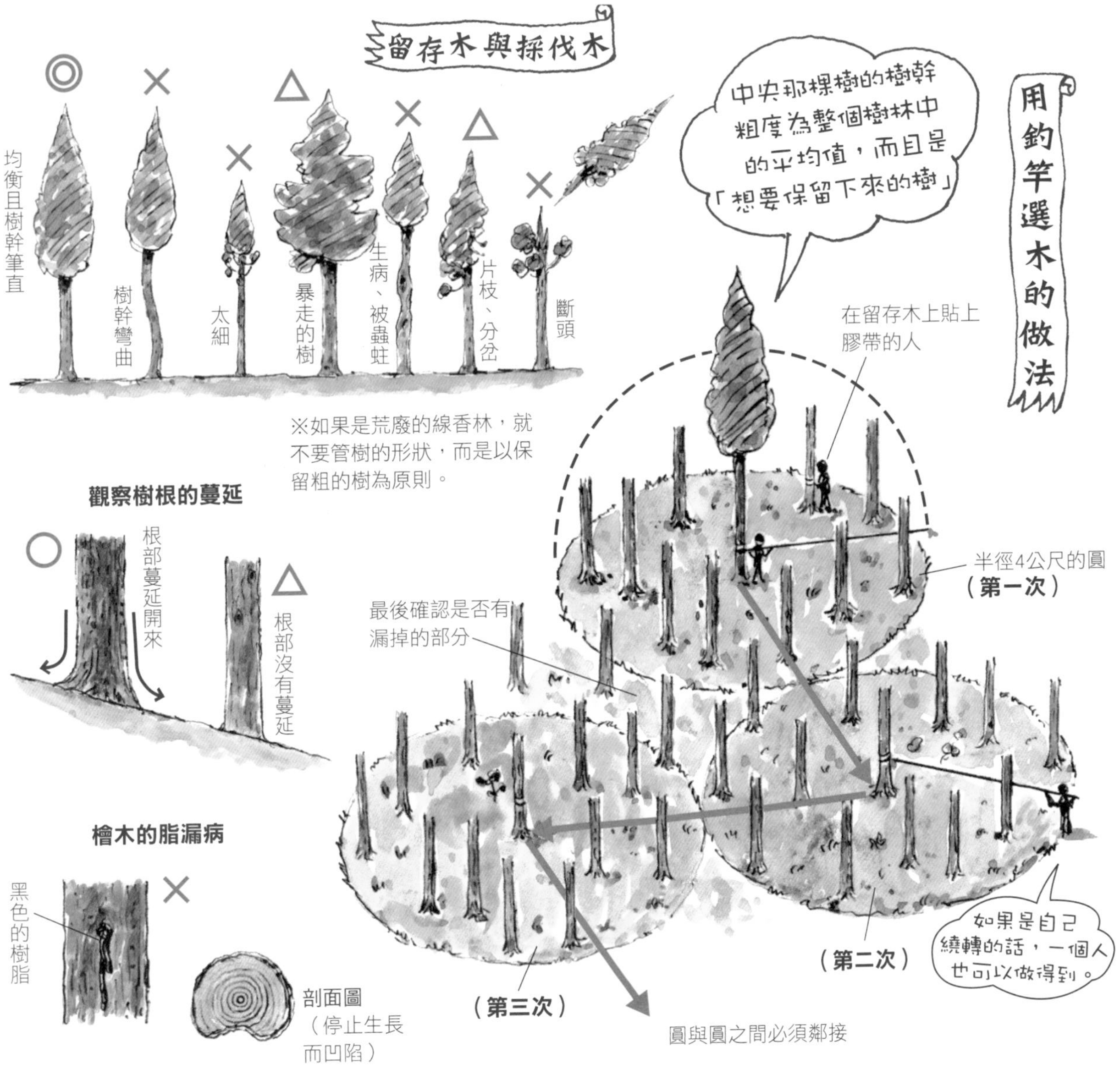
留存木與採伐木
均衡且樹幹筆直
樹幹彎曲
太細
暴走的樹
生病、被蟲蛀
片枝、分岔
斷頭
※如果是荒廢的線香林，就不要管樹的形狀，而是以保留粗的樹為原則。
觀察樹根的蔓延
根部蔓延開來
根部沒有蔓延
檜木的脂漏病
黑色的樹脂
剖面圖（停止生長而凹陷）
用釣竿選木的做法
中央那棵樹的樹幹粗度為整個樹林中的平均值，而且是「想要保留下來的樹」
在留存木上貼上膠帶的人
半徑4公尺的圓
（第一次）
最後確認是否有漏掉的部分
（第二次）
（第三次）
圓與圓之間必須鄰接
如果是自己繞轉的話，一個人也可以做得到。

爲標記。接下來準備測量樹幹直徑用的捲尺。進入樹林裡，站在品質良好的樹木（留存下來能夠在未來長成良木的樹木）旁邊。用捲尺測量（用捲尺繞著樹幹測量圓周，再除以圓周率三點一四）那棵樹的胸高直徑（距離地面約一點二公尺高位置的樹木直徑）。

以那棵樹爲中心，用釣竿繞著周圍畫一圈，數數看在半徑四公尺之內有幾棵樹（當作中心的那棵樹也要算進去）。因爲釣竿會碰撞到樹木，所以要用揮竹刀的方式畫圈。接著看對照表，如果胸高直徑爲十八公分，那麼半徑四公尺以內只需要留下六棵樹，如果實際上用釣竿繞一圈有十棵樹，那麼只要砍掉四棵樹就行了。

挑選樹木後做下記號

該砍掉哪棵樹呢？如果是疏於疏伐的山林，因爲品質不好的樹木太多了，所以要選枯死的、被雪壓斷枝頭的、彎曲的樹木等，這些是最該先被砍掉的樹木。但如果都沒有這類型樹木，

採伐時使用的三種工具

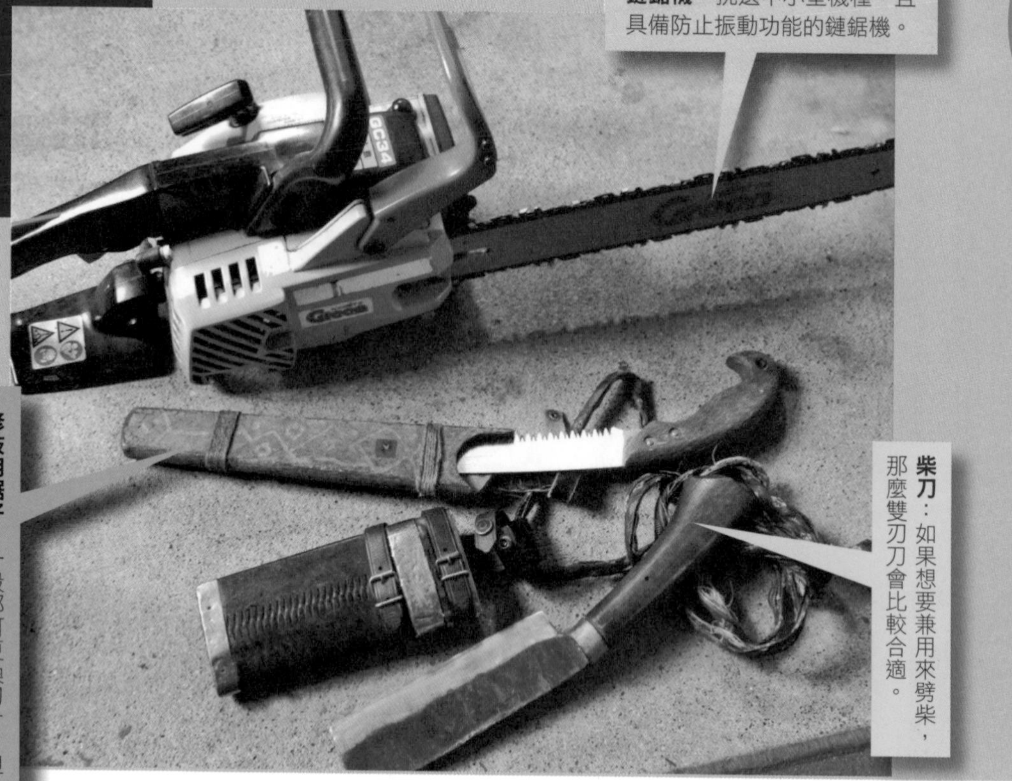
鏈鋸機：挑選中小型機種，且具備防止振動功能的鏈鋸機。
修枝用鋸子：一般都可更換刀片，但也可用鑽石銼刀來研磨。
柴刀：如果想要兼用來劈柴，那麼雙刃刀會比較合適。

就不知道該怎麼挑選了。為了長遠的未來設想，雖然把好的樹（筆直且比較粗的樹）留下比較好，但如果想要拿來使用，先砍掉好的樹木也無妨。

進行這種方法，通常砍掉的樹會比留下來的還要多，那麼就應該把做記號用的膠帶貼在「留存木」的樹幹上。尼龍製的繩子會隨著樹木的成長被包覆進樹幹裡，所以最好使用園藝專用的伸縮膠帶。顏色則是「白色」或者是「粉紅色」會比較醒目。標記好四公尺圓內的留存木後，就移動到旁邊的圓去，重複進行相同的擇木行為。在基地裡，圓與圓間不要留有空隙。最後針對漏掉的地方（膠帶的數量看起來比較少的地方），再用釣竿畫圈確認一次。

採伐所需的工具（斧頭、柴刀、鏈鋸機）

挑選好樹木後，終於要開始砍伐了，但在此之前，先介紹砍伐樹木所使用的工具。如果是直徑十五公分以下的樹木，可以用劈柴刀或者是短斧。如果是比那更大的樹，體力上會無法負荷，因此必須準備鏈鋸機。

在疏於疏伐的山林裡，常會有砍伐的樹倒壓在旁邊樹幹上的情形（所謂的「被壓木」）。為了解決這問題，必須先準備好繩子，其他還有木楔（把樹木抬起來）、轉環桿（環繞住被壓木並拉倒它）、鐵矢（用於搬運樹木）等便利的工具。

疏伐後，最好對留存木進行修枝處理，尤其是杉木，應該盡可能除去枯掉的枝葉（可能成為枯死的原因）。因此，需要梯子跟修枝用的鋸子。修枝用的鋸子，也可以在採伐細的樹木跟樹幹加工時使用，相當方便。

從疏伐到造材的過程中，會產生很多可作為燃料用的薪柴。本書中也會介紹薪柴的使用方法，剛剛提到的那些工具，也能夠運用在製造薪柴跟木工上。

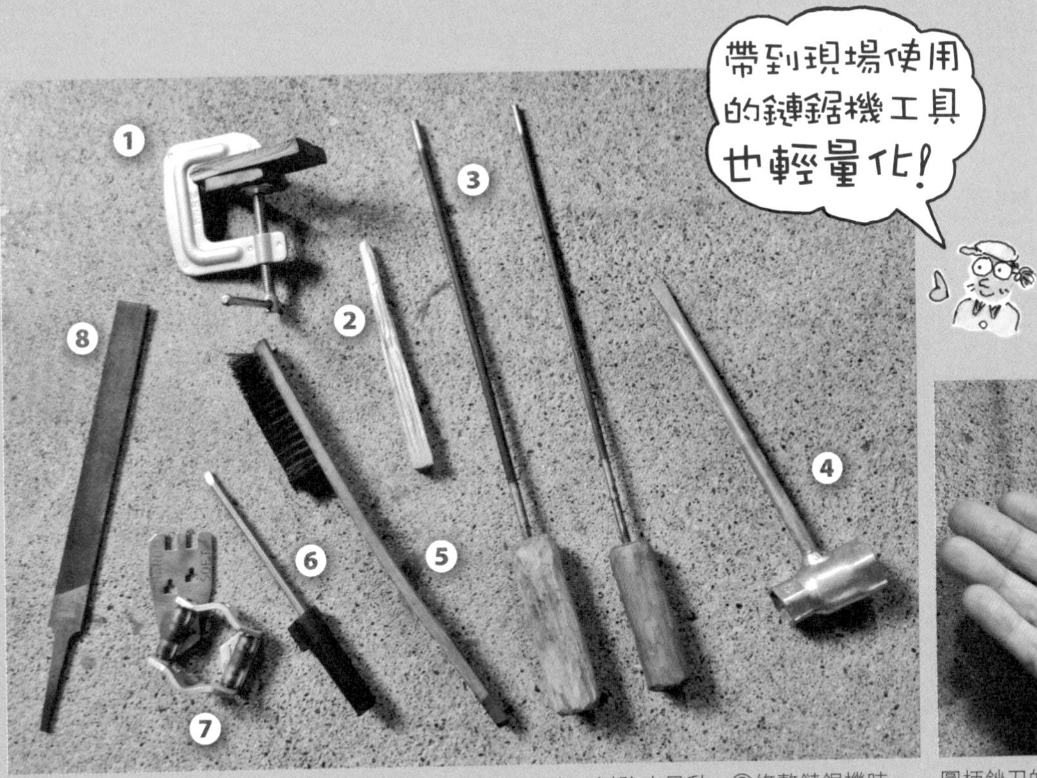

①修整鏈鋸機時使用的夾鉗。把刀柄抵在木片上夾住固定，以防止晃動。②修整鏈鋸機時，插在刀柄與鋸鍊之間的木棒。（也能夠防止鏈鋸機晃動）③修整鏈鋸機時使用的圓柄銼刀。④拆卸鏈鋸機用的扳手。（也可用火星塞扳手）⑤清除鋸屑的刷子。⑥調整化油器用的起子。⑦修整時使用的導片（Husqvarna製），也可以作為深度調整器使用。⑧調整深度時使用的扁銼刀。

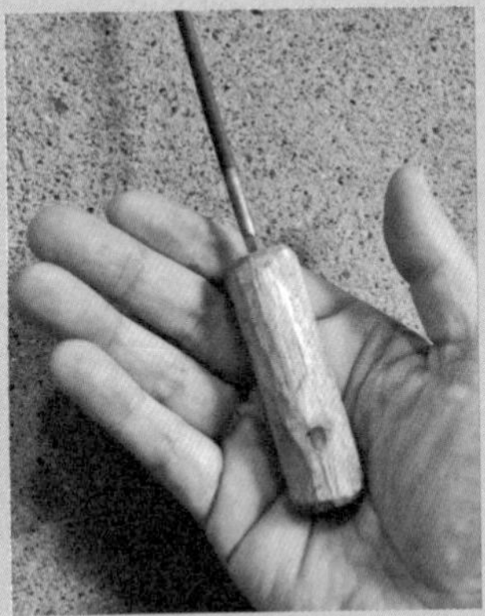

圓柄銼刀的刀柄小於手掌，便於施力且不易偏離失手。圖為自製的圓柄銼刀。

短斧
+
鐵矢

左圖：便於拖行樹幹的鐵矢
右圖的短斧其刀背可用來代替鐵槌，把鐵矢敲進樹幹裡，然後用繩子拖行。非常便於聚積木材。（參照**P.14**下圖）

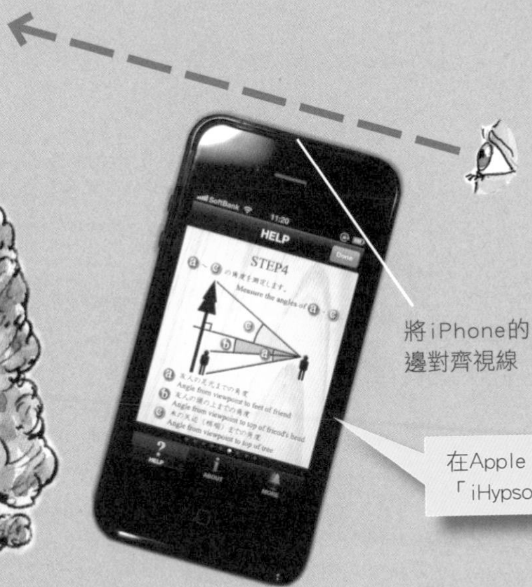

將iPhone的一邊對齊視線

在Apple Store可以免費下載測量樹高的軟體「iHypsometer」

ONE POINT 鏈鋸機講座

為什麼引擎發不動？

買了一把鏈鋸機，卻發動不了引擎！初學者常常會遇到這種狀況。原因有很多，最常見的是急得忘了拉啟動器、火星塞壞了等狀況。

有一個阻風門（Choke）能簡單地啟動引擎，開啟阻風門就能夠把大量的燃料送進氣缸裡。通常只要把阻風門打開，拉動幾次啟動器，引擎就會發出「噗嚕嚕嚕」的初期爆發聲。聽到這聲音後，把阻風門關上，然後再拉一次啟動器，引擎就發動。

不過，忘記把阻風門關上，或是錯過初期爆發音（意外地很小聲），而一直拉啟動器，氣缸內就會充滿燃料的溼氣，打溼了火星塞，火就點不著。

這時就只能等裡面自然乾燥。急用時，可以用扳手把火星塞拆掉，輕輕拉動啟動器，讓溼氣從火星塞孔裡散出來，也可用打火機在火星塞的前端點火，把火星塞烤乾。

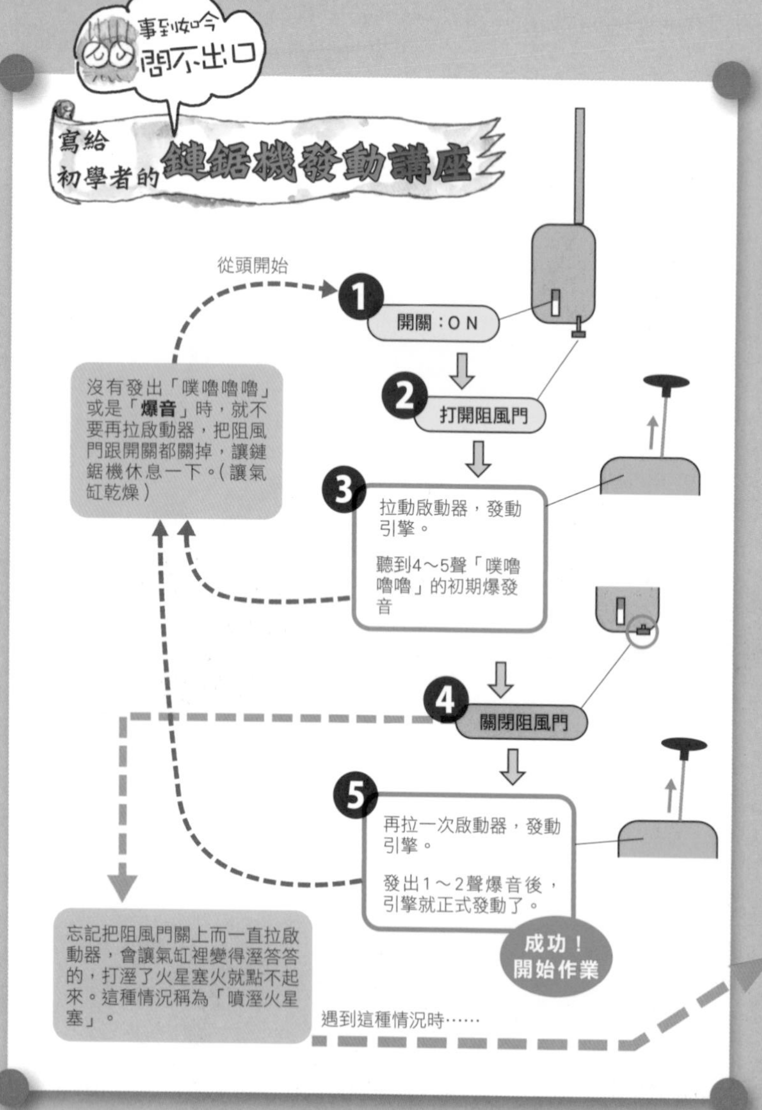

事到如今問不出口
寫給初學者的鏈鋸機發動講座
從頭開始
1 開關：ON
2 打開阻風門
3 拉動啟動器，發動引擎。
聽到4～5聲「噗嚕嚕嚕」的初期爆發音
4 關閉阻風門
5 再拉一次啟動器，發動引擎。
發出1～2聲爆音後，引擎就正式發動了。
成功！開始作業
沒有發出「噗嚕嚕嚕」或是「爆音」時，就不要再拉啟動器，把阻風門跟開關都關掉，讓鏈鋸機休息一下。（讓氣缸乾燥）
忘記把阻風門關上而一直拉啟動器，會讓氣缸裡變得溼答答的，打溼了火星塞火就點不起來。這種情況稱為「噴溼火星塞」。
遇到這種情況時……

磨出鋒利的刃刃！

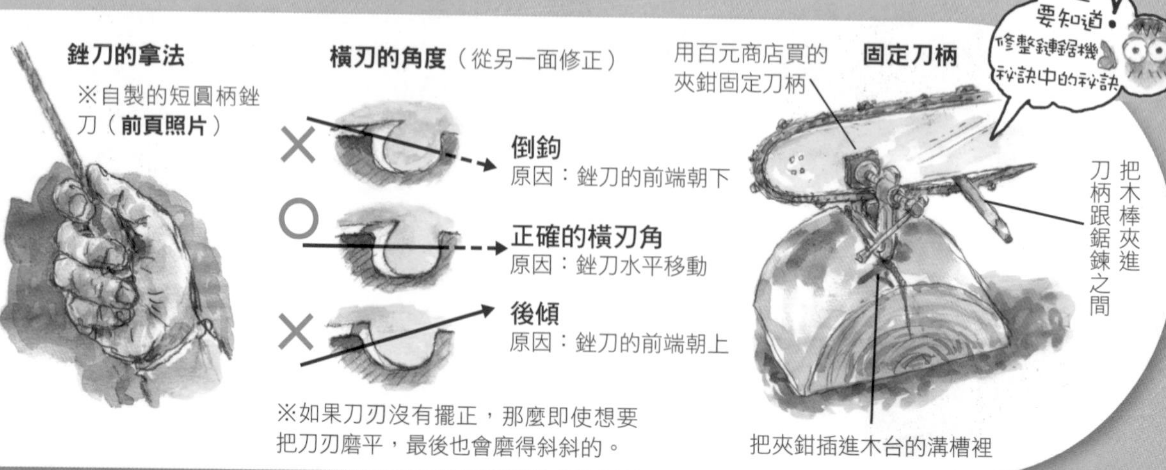

一定要知道！修整鏈鋸機秘訣中的秘訣
銼刀的拿法
※自製的短圓柄銼刀（前頁照片）
橫刃的角度（從另一面修正）
倒鉤
原因：銼刀的前端朝下
正確的橫刃角
原因：銼刀水平移動
後傾
原因：銼刀的前端朝上
※如果刃刃沒有擺正，那麼即使想要把刃刃磨平，最後也會磨得斜斜的。
固定刀柄
用百元商店買的夾鉗固定刀柄
把木棒夾進刀柄跟鋸鍊之間
把夾鉗插進木台的溝槽裡

用指甲從下方用力抵住，刀柄就不會歪掉。要運用大拇指跟食指來壓住左右的刃刃。

柴刀與鋸子的研磨方法

柴刀

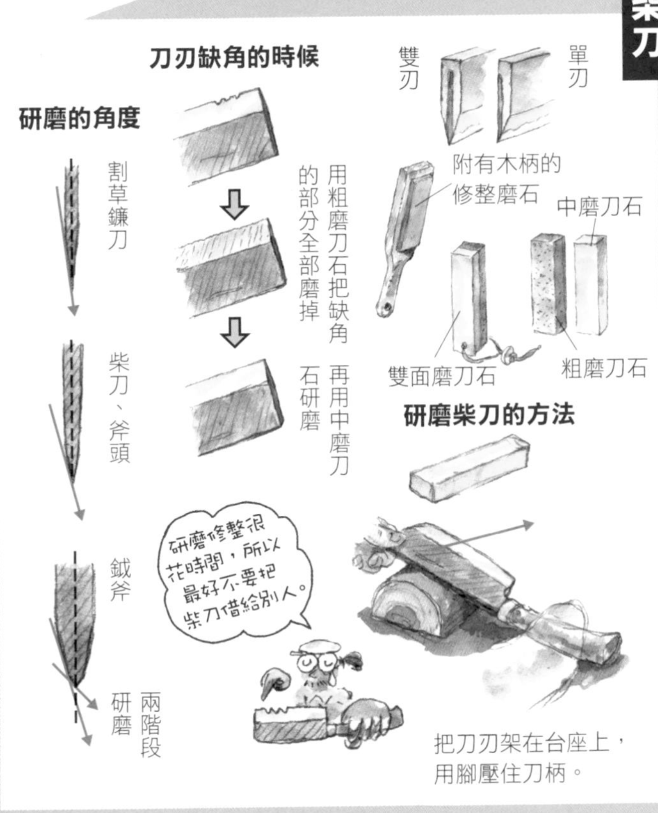

刀刃缺角的時候
用粗磨刀石把缺角的部分全部磨掉
再用中磨刀石研磨
研磨的角度
割草鐮刀
柴刀、斧頭
鉞斧
兩階段研磨
雙刃
單刃
附有木柄的修整磨石
中磨刀石
雙面磨刀石
粗磨刀石
研磨柴刀的方法
研磨修整很花時間，所以最好不要把柴刀借給別人。
把刀刃架在台座上，用腳壓住刀柄。

柴刀的刀刃有很多種形狀，有林業用的修枝刀，也有鐮刀跟柴刀的合體刀，但大致上可分為單刃刀跟雙刃刀。

單刃刀為鋼與軟鐵合成，鋼的那一面為平面、鐵的那一面則為單向刀刃。一般的小刀、雕刻刀、鑿刀跟刨刀等，都是使用這種刀刃。

另一方面，雙刃則是在軟鐵的兩側包上鋼，剖面為左右對稱的形態，刀如其名，左右兩側都需研磨，中央形成刀刃，最具代表性的就是日本刀、鉞斧跟斧頭。由於重心在中央，在下刀時不容易歪斜，所以從左右兩邊可以用同樣的感覺來下刀。如果是雙刃柴刀，在砍伐樹枝或是劈柴時，也可以正確下刀。

但是，雙刃比單刃還難研磨，這是因為在研磨兩側刀刃同時，還必須保持中央刀刃的筆直。

鋸子

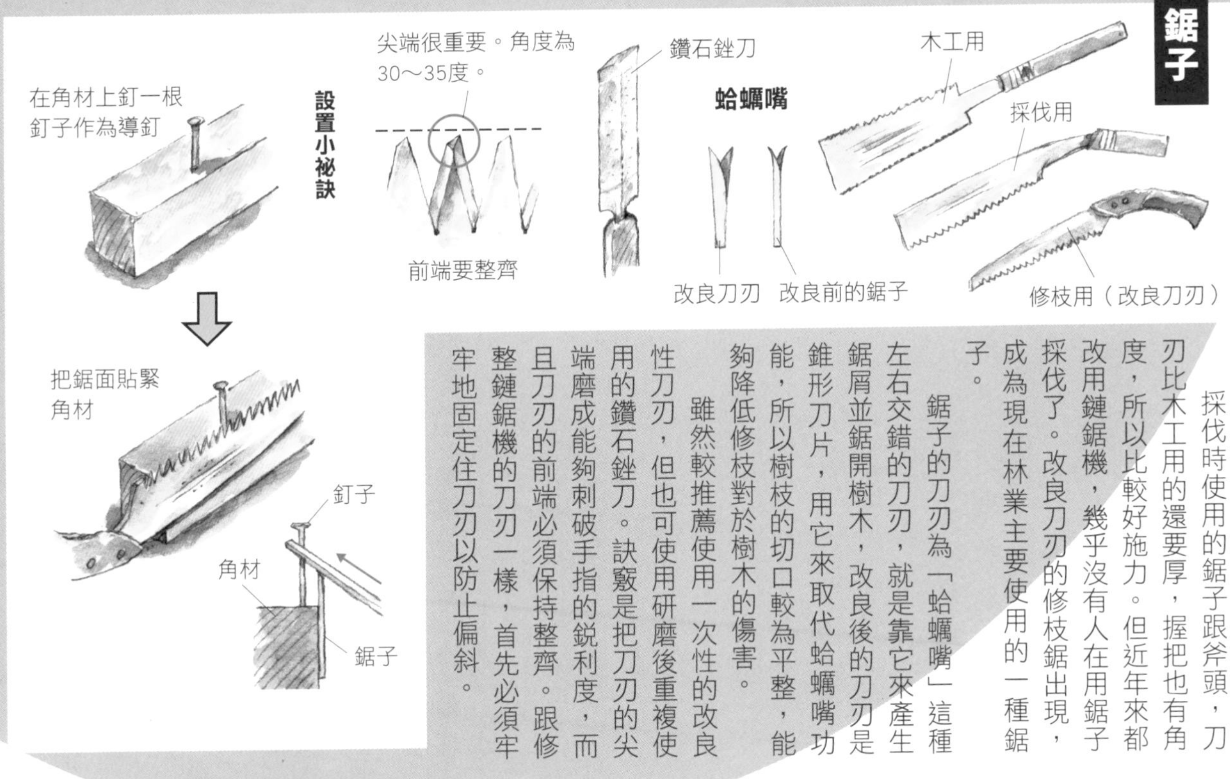

設置小祕訣
在角材上釘一根釘子作為導釘
把鋸面貼緊角材
釘子
角材
鋸子
尖端很重要。角度為30～35度。
前端要整齊
鑽石銼刀
蛤蟆嘴
改良刀刃
改良前的鋸子
木工用
採伐用
修枝用（改良刀刃）

採伐時使用的鋸子跟斧頭，刀刃比木工用的還要厚，握把也有角度，所以比較好施力。但近年來都改用鏈鋸機，幾乎沒有人在用鋸子採伐了。改良刀刃的修枝鋸出現，成為現在林業主要使用的一種鋸子。

鋸子的刀刃為「蛤蟆嘴」這種左右交錯的刀刃，就是靠它來產生鋸屑並鋸開樹木，改良後的刀刃是錐形刀片，用它來取代蛤蟆嘴功能，所以樹枝的切口較為平整，能夠降低修枝對於樹木的傷害。

雖然較推薦使用一次性的改良性刀刃，但也可使用研磨後重複使用的鑽石銼刀。訣竅是把刀刃的尖端磨成能夠刺破手指的銳利度，而且刀刃的前端必須保持整齊。跟修整鏈鋸機的刀刃一樣，首先必須牢牢地固定住刀刃以防止偏斜。

2. 自己就能做到的疏伐方法（實踐篇）

砍伐樹木雖然危險，但也有充分的暢快感。如果是帶著尋找DIY素材的想法進到山裡，那麼即使看起來只是普通的樹枝，也會變成一種很棒的素材。只要有過一次伐木經驗，我保證一定會想要嘗試看看手作生活的。充分注意安全，好好享受山林工作的樂趣吧！

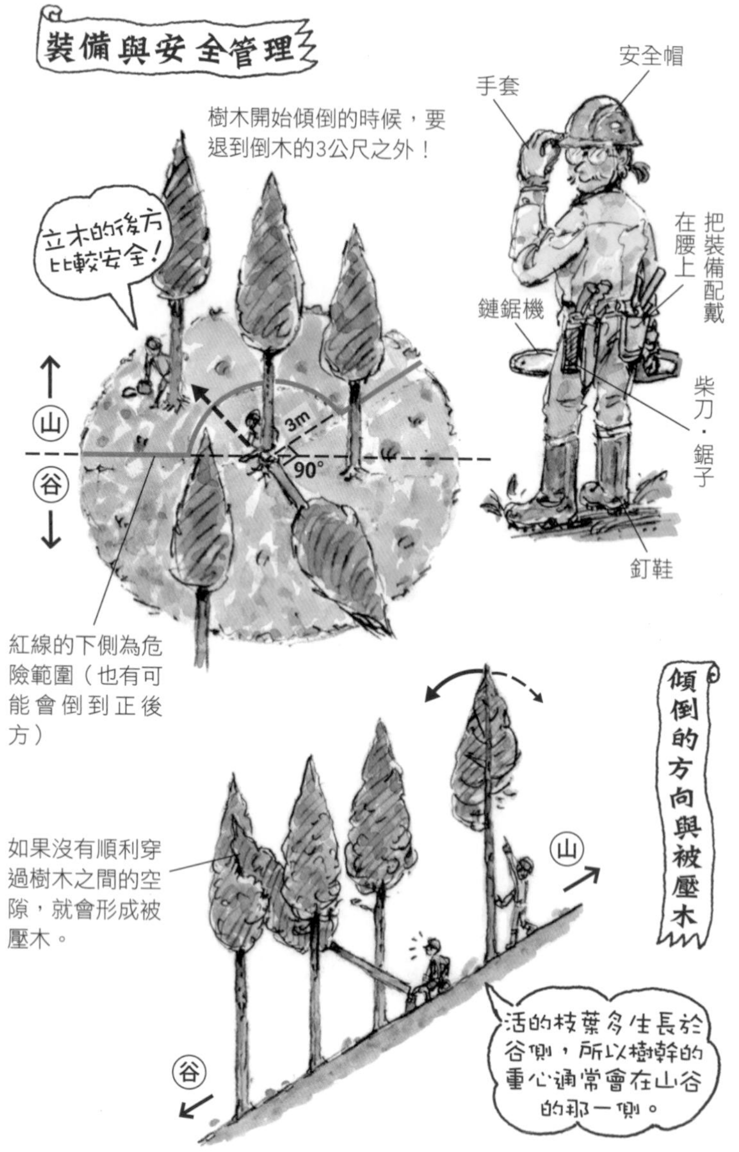
裝備與安全管理
樹木開始傾倒的時候，要退到倒木的3公尺之外！
立木的後方比較安全！
山
谷
3m
90°
紅線的下側為危險範圍（也有可能會倒到正後方）
安全帽
手套
把裝備配戴在腰上
鏈鋸機
柴刀・鋸子
釘鞋
傾倒的方向與被壓木
如果沒有順利穿過樹木之間的空隙，就會形成被壓木。
山
活的枝葉多生長於谷側，所以樹幹的重心通常會在山谷的那一側。
谷

伐木是非常危險的！

那麼，挑選完樹木後，終於要開始砍伐了。但在此之前，第一次砍樹的各位，必須十分留意。

在山的斜坡上進行砍伐，使用的是刀刃鋒利的鏈鋸機、要砍伐的是粗壯的樹幹，而且對手是大自然，充滿著颳風、起霧、溼滑等未知的危機，因此不僅要能妥善使用鏈鋸機，還需具備在山中步行的體力跟膽識。沒有經驗的人不要貿然進入山裡砍伐，而是要先跟有經驗的人一起進到山裡體驗與感受，或者是多參加森林自願者活動以累積經驗。

足部必須穿著日式橡膠襪或是靴子，如果穿運動鞋，泥土跟垃圾會跑進鞋裡，鞋帶在外面甩也很危險。把毛巾垂掛在脖子上如果被捲到鏈鋸機裡就糟了。手上要戴著軍用手套，手腕用橡皮筋套住。在山裡東西很容易不見，所以最好把工具都掛在腰帶上。頭戴安全帽則是常識。因為不僅會有落石，也會有被風吹落的乾枯樹枝掉下來。為了以防

1）先把藤蔓割斷

因為攀緣性植物好光，如果留著它們，就會在強度的疏伐之後迅速成長，並纏繞在留存下來的杉木、檜木上，所以必須割斷。

通常不會在疏伐的準備工作（除伐）中進行。

食茱萸

2）接下來砍掉不要的樹木

受到風雪災害而傾倒的樹木、弓形的大型彎木、枯木、跟留存木競生的闊葉樹等（例如食茱萸等），這種會妨礙作業進行、妨礙留存木成長的樹木必須先進行採伐。

3）確認留存木的數量

從樹高與「形狀比70」來算出胸高直徑，以此為基準尋找素質優良、沒有受到蟲害的樹木。如果沒有適合的樹木，那就尋找直徑較為接近的樹木。先挑選出中央木，再以中央木為中心，繞轉密度管理竿（4公尺長的釣竿），畫出半徑4公尺的圓，對照貼在釣竿上的表格（**P.18**）來確認圓內的殘留樹木量。這時不要忘了把中央木也算進去。

※在進行荒廢林的選木時，不可以只留下良質的樹木。如果把不良的樹木全都砍掉，環境會急遽變化，攀緣植物會攀纏在良質樹上，留存木受到強烈的陽光照射，蒸發作用過於旺盛而失去平衡，最後枯萎而死。即使沒有好的樹木，也必須依照對照表所示，留存下對應數量的樹木。把有用的闊葉樹（櫸木、椎栗、樫木、櫟樹等）也一起算進去。

4）選出留存木後貼上膠帶

通常是在伐倒木上貼膠帶，這次則相反過來。如此一來，可以懷著「為了保留優良樹木，而把周圍樹木砍掉」的想法，即使是在進行高強度疏伐，也不會感到猶豫不安。如果沒有符合形狀比70且樹高跟胸高直徑都符合的樹木，那就挑選最為接近的。留存的數量則以實際的直徑為基準來計算。不需嚴密遵守數值，可以作出像是在北側的斜坡上多砍一棵之類的臨機判斷。隨著作業進行，圓與圓之間一定會產生空隙，所以一定要在最後確認是否有遺漏的樹木。依照上面這些重點進行，選出與對照表相符的棵數之後，選木就完成了。

5）砍伐沒有做記號的樹

朝著安全的伐倒方向依序砍伐。

6）最後確認樹枝的交纏情況

一棵樹與其他樹之間的接觸，最多只能兩棵。

如果部分會接觸到三棵還可以接受，四棵的話就太多了（選木失誤），必須再度調整砍伐。

更加詳細請見參考用書▶《圖解 這麼做就可以打造山林》（鋸谷茂・大內正伸合著／農文協）
▶《鋸谷式 新・疏伐手冊》（鋸谷茂監修・大內正伸著／全林協）

萬一，要準備好急救用具。最後記住，不要一個人到山裡進行作業。

伐倒的方向與安全確認

專家在伐倒樹木時，爲了避免傷到木材，會讓樹幹倒往山谷那一側。但疏伐的樹木，直徑大多在二十五公分以下，所以不太會傷到樹幹。找出容易伐倒的方向，讓樹木確實朝那個方向倒去（把粗大的樹木交給專家處理，或者是累積經驗，讓自己成爲專家後再去處理）。所謂「容易伐倒的方向」是①樹木的重心所傾向的方向。②有容納伐倒木空間的方向。如果是在斜坡上，枝葉會朝著山谷方向生長，所以重心通常會在山谷那側。如果是在平坦的地面上，則必須仔細觀察樹幹朝著哪一邊微傾。

如果朝著跟①的相反方向伐倒，鋸子或鏈鋸機就會在過程中被夾在樹幹裡，這時必須用繩子等可用來拖拉的工具，或是用木楔把樹木抬起來。如果不遵循②的規則，就會讓樹幹倒在別的樹上，形成「被壓木」。處理這種

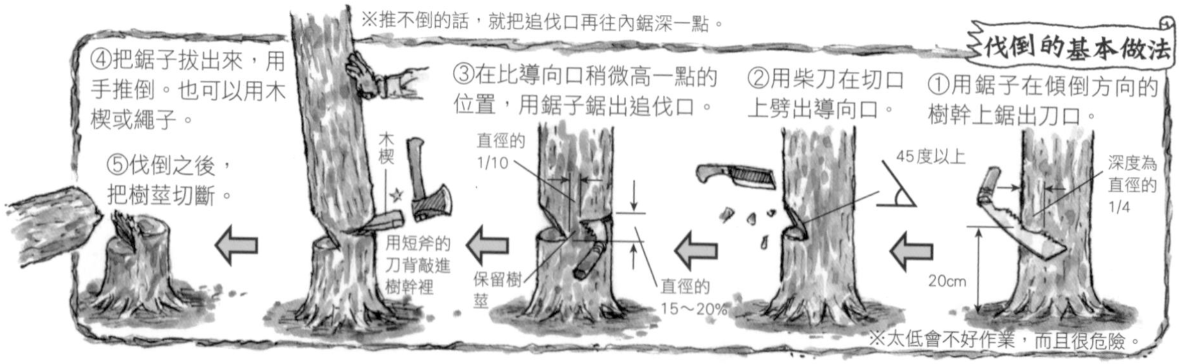
伐倒的基本做法
※推不倒的話，就把追伐口再往內鋸深一點。
①用鋸子在傾倒方向的樹幹上鋸出刀口。
深度為直徑的1/4
20cm
※太低會不好作業，而且很危險。
②用柴刀在切口上劈出導向口。
45度以上
③在比導向口稍微高一點的位置，用鋸子鋸出追伐口。
直徑的1/10
保留樹莖
直徑的15～20%
④把鋸子拔出來，用手推倒。也可以用木楔或繩子。
木楔
用短斧的刀背敲進樹幹裡
⑤伐倒之後，把樹莖切斷。

導向口的重要性
※樹莖的作用等同於門的合頁
把45度三角板的長邊貼著導向口，尖端所指的方向就是樹木傾倒的方向。
10度
傾倒方向
樹莖
這條線必須保持水平
15m
2.6m
導向口位置偏離十度，就會在十五公尺遠的地方造成二點六公尺偏差。
為了不要形成下頁提到的被壓木，必須好好做出正確的導向口！
保留地被植物
攀緣植物要切斷
使用繩子
稱人結
傾倒方向
盡可能將套繩套在樹幹的上端部分
距離傾倒方向最近的一棵樹
以別棵樹為支點，利用滑輪跟繩子來拉。
一開始傾倒，就立刻放開繩子，躲到樹的後面去。
讓樹倒向非重心方向的時候
A
B
雖然重心在A，但想要讓樹倒往空間較大的B，這時可使用繩子或是楔子
使用楔子
林業用的楔子（強化塑膠製）
鏈鋸機的刀柄
樹莖
導向口
用兩塊楔子把樹幹抬高

被壓木，是每年都會發生事故的危險作業。樹木愈粗，重量就愈重，破壞度跟危險度也會增加。

為確保安全，應該要遠離樹木傾倒的位置，在倒下來的那一刻躲到其他樹後面更能預防意外事故發生。此外，如果是大批人馬進入山裡作業，那就必須分成二到三人一組，各組之間取出不會彼此影響的距離來進行作業，在伐倒樹木時，發出聲音以相互確認位置。盡可能在同一條等高線上活動，不要有上下不同的位置。

不要在雨天進行是戶外作業的常識。颱強風時，樹木會嚴重搖動，所以也建議不要作業。

準備與伐倒的基本知識（導向口、追伐口）

首先，將伐倒木周圍的雜草樹木都清除乾淨，以免妨礙砍伐作業，其他草木則是留存下來以維持生態環境（但藤木等攀緣植物會與留存木攀纏在一起，因此必須切斷）。

建議一開始先使用鋸子跟柴刀，利用它們砍倒一些較細的樹

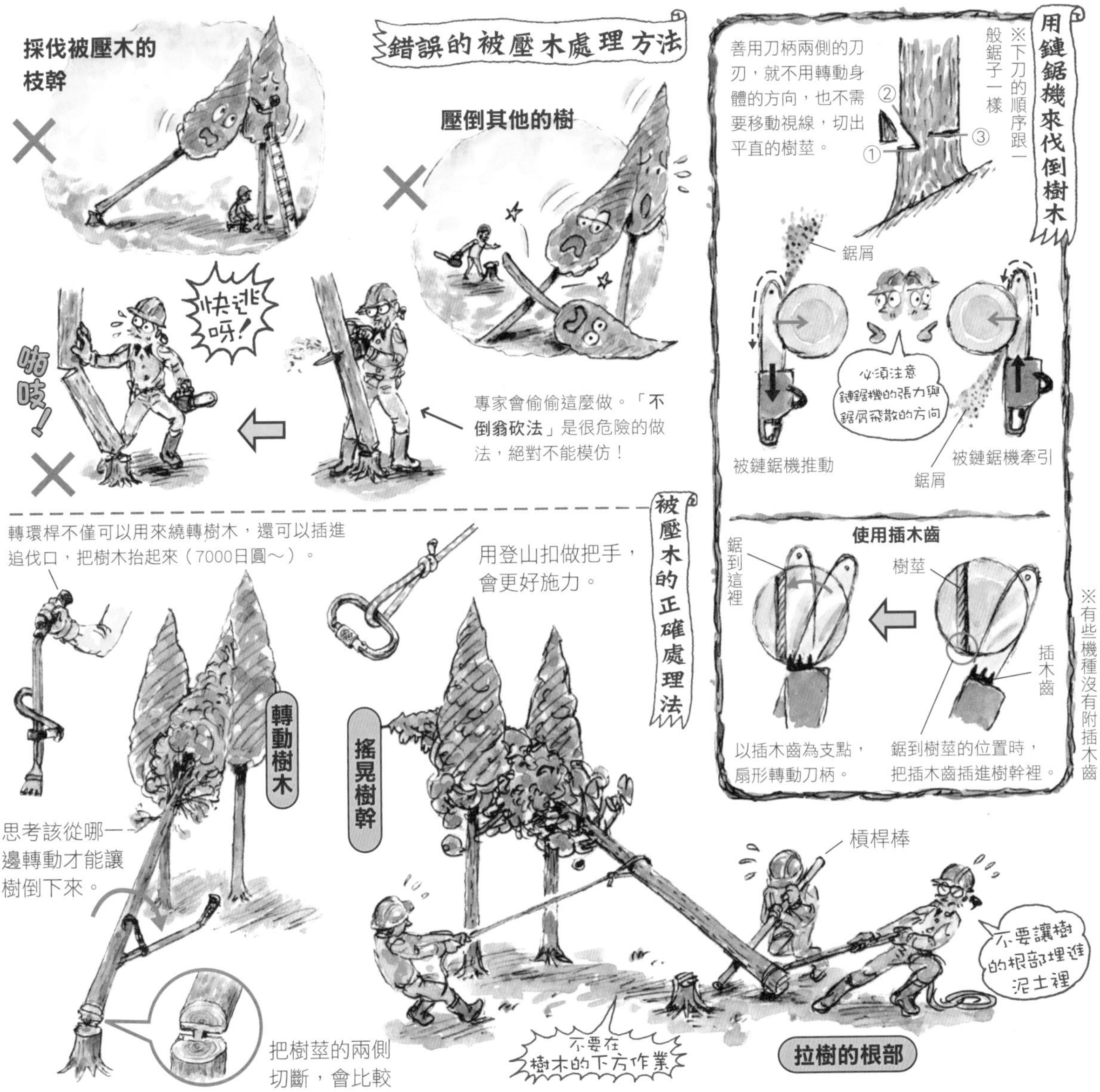

木，抓到感覺後再開始用鏈鋸機。決定砍倒方向後，在其直角方向先用鋸子或劈柴刀砍出一道導向口，接著在樹幹另一面，稍微高一點位置砍出追伐口。

導向口與追伐口必須跟鋸子的刀面保持水平，並留下一些水平的樹莖，然後用手把樹幹推倒，也可以用繩子拉倒。就算樹的直徑只有十公分，也必須遵循這種做法，才能夠安全且確實完成作業。導向口的切線，作用就如同門的合頁，所以保持水平並且確實地與傾倒方向保持垂直，是很重要的基本做法。

如果是使用鏈鋸機，在斜坡上會有錯覺而很難保持水平，但只要將左邊的把手往下壓一些，幾乎所有機種的鏈鋸機鋸面都會呈現水平，或者可先在室內試試，用水平儀來確認誤差。

被壓木的處理

依照前述方法來選木，從斜坡下方往上依序砍伐，就能開闢出充足的空間，而且避免被壓木的產生。但在荒廢的檜木林裡，樹枝都附在樹幹上，所以必須做

好會產生很多被壓木的心理準備。

只要設法施力，就能夠把想要推倒的樹推倒，但把壓在下面的樹也推倒，或是用被壓木來壓倒其他的樹等，都是很危險的做法，絕對不能這麼做。建議以綁上繩子搖晃樹幹，或是拉動樹幹根部等方式，就可以把樹拉倒了。粗的樹幹比較難拉動，用繞轉棒來翻動的成效較佳。

必須留意特殊的樹木

在滿布遭受風雪災害而大幅度彎曲的樹木、折斷的樹木的樹林裡，使用鏈鋸機會讓樹枝亂飛、斷落，或朝著意料之外的方向傾倒，所以初學者最好不要隨便動手。

此外，腐爛的樹幹裡沒有樹莖，因此無法掌控傾倒方向，傾倒的速度也會很快，必須小心留意。樹芯腐爛、中空的樹木也有可能會在鋸追伐口時突然傾倒。

剪枝與圓切

檜木或是落葉松在採伐之後，最好要進行剪枝作業（從分枝點下刀），杉木則因要進行葉枯法，所以在隔年春天搬出時，再進行剪枝。用鏈鋸機剪枝，必須小心樹枝會亂飛。把鏈鋸機貼著身體比較不容易累。由於剪枝會消耗燃料，所以也可用柴刀來劈。

圓切（鋸樹幹）就是垂直鋸開樹幹。思考該從哪個方向開始鋸，刀柄才不會被夾住，接著從切開時不會產生逆刺的地方下刀。如果樹幹比較粗，就可以像**前頁**提到的，繞著ㄈ字形鋸，刀柄就不會被夾住了。

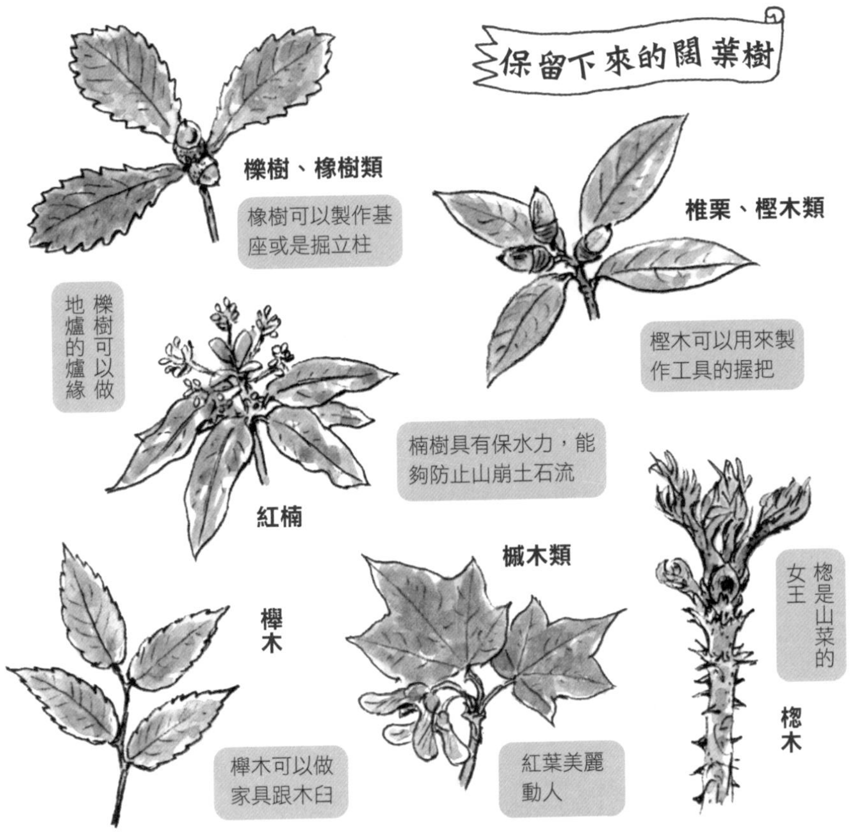

保留下來的闊葉樹
櫟樹、橡樹類
橡樹可以製作基座或是掘立柱
櫟樹可以做地爐的爐緣
椎栗、樫木類
樫木可以用來製作工具的握把
楠樹具有保水力，能夠防止山崩土石流
紅楠
槭木類
紅葉美麗動人
櫸木
櫸木可以做家具跟木臼
楤是山菜的女王
楤木

確認與修枝作業

接下來，在採伐後，抬頭看看留存木的樹梢。樹梢接觸到幾棵樹呢？如果是依照前述的方法選木，那麼應該只會接觸到一、兩棵樹，如果碰到了三、四棵，那麼樹木的密度就還是太高，必須再砍掉一棵。

為了未來著想，必須盡可能對良質樹木進行「修枝」。修枝的基本做法是「把枯掉的枝葉修剪掉」、「把活著的枝葉（附有綠葉的樹枝）修剪到剩下樹高的一半」。

接下來作業的重點是，不要把分枝點的支座削掉。要做到這點，就必須使用改良過的修枝鋸（要有熟練技術，才能用柴刀來完成正確的修枝作業）。

可以架上輕便的鋁梯，爬到樹上修枝，如果帶著粗鐵絲，也可以在現場用疏伐材製作梯子。

享受之後的育林作業

疏伐結束後，不要把樹林裡的野草跟闊葉樹採伐掉，自然放置下來，到了下次疏伐時（十年後），闊葉樹一定也長大了，就會形成上層是杉木、檜木，中層是闊葉樹的混生林。

在人造林中成長的闊葉樹，枝葉枯萎後，筆直的樹幹可做成薪柴。特別是櫟樹類、橡樹類、樫木類、楠樹、櫸樹、橡樹類等，即使是生長在杉木、檜木的人造林裡，只要條件完備，也能夠長成高大樹木，作為薪柴的價值也會很高，所以最好不要砍掉它們。

在陽光強烈的地方，還會長出楤木、山葵、紫萁等山菜，堇花等早春的花朵也會一一綻放。不僅能夠獲得薪柴，還有許多樂趣。

3. 剝皮疏伐 取得杉木的木材！

一提到檜木柱就會聯想到高級木材，但鄉下的山裡有很多荒蕪的檜木林，將這些樹木進行「剝皮疏伐」，就會成為非常理想的乾燥樹幹。將這些芳香怡人且強度高的檜木樹幹加工，試著運用在老民宅的再生DIY上。

剝皮疏伐後的檜木林。落葉之前會有兩到三年呈現這種景觀。

杉木施行剝皮枯萎法的例子，看起來更紅了。

樹皮剝除的長度約為樹幹直徑的七倍以上。

「剝皮枯萎法」

如果要對像是細長豆芽菜般的廢荒林（形狀比在八十五以上）進行伐倒疏伐，樹木間的空隙會過大，容易遭受到風雪災害，所以必須採取具有疏伐效果，又能同時讓它們保持站立姿態的「剝皮枯萎疏伐」。

這種方法會在砍伐自然林改植檜木或杉木時使用，因爲砍伐了高大的闊葉林，之後的整理會非常麻煩，所以就讓它們以站立姿態來乾枯，這是從過去流傳下來的方法。先用柴刀沿著樹幹割一圈，斬斷水分運輸的管道，而使樹木枯萎，因此稱爲「剝皮枯萎法」。

人造林再生的契機

杉木或檜木的樹皮很容易剝除，將大片的樹皮剝掉（胸高直徑七倍以上的高度），也具有相同效果，能夠使樹木枯萎。

將樹皮剝除後不久，樹木上乾枯的枝葉就會掉落，在樹林中形成跟疏伐類似的空間。這些乾枯的樹木還能成爲留存木的後

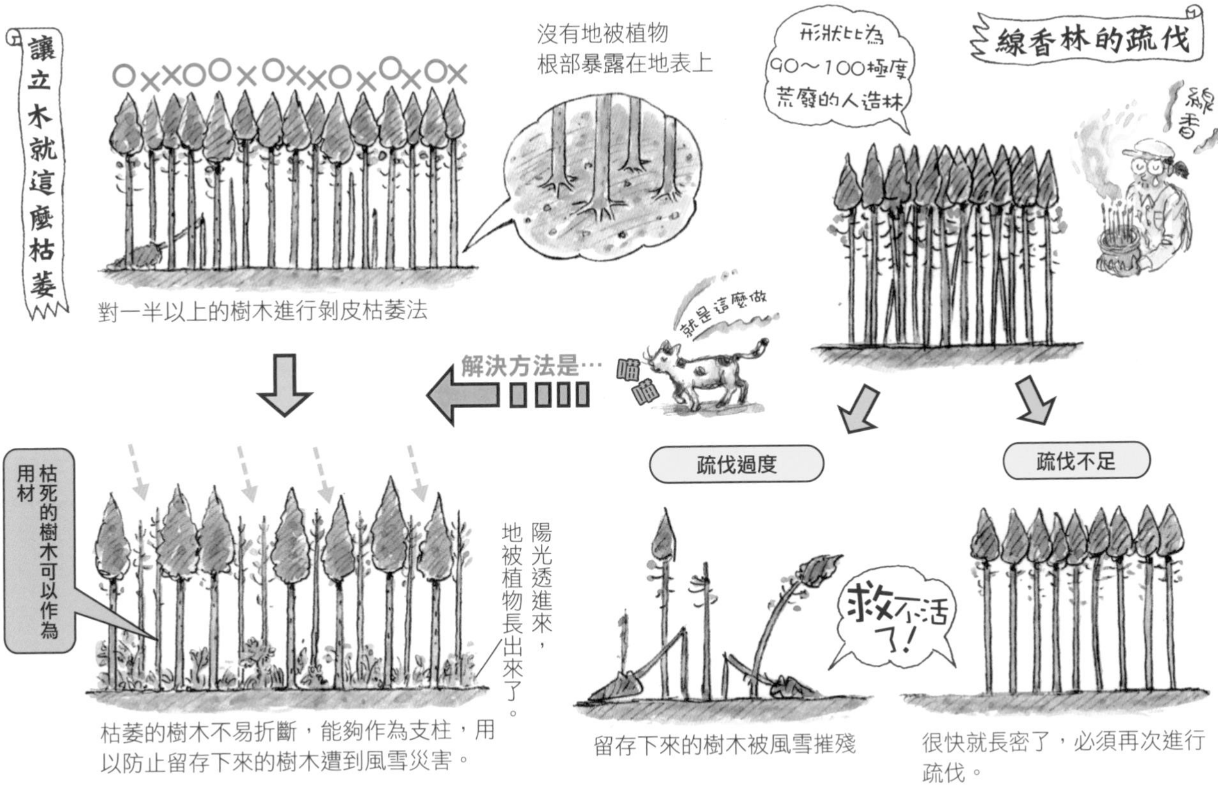

盾，防止它們遭受風雪災害。

此種疏伐方式的好處是不需要鏈鋸機等工具，所以在車輛無法駛入的深山裡也能夠進行，而且因爲危險性較低，即使志願者或是小孩子也能做得到。現在將其改名爲「剝皮疏伐」、「閃耀間伐」，成爲人造林再生的契機，日本的非營利組織（Non-Profit Organization，簡稱NPO）等機構，也積極舉辦這類活動。

剝除樹皮後的木材是高級木材

這些剝除樹皮後枯萎的樹木們，約在兩年後會乾燥，採伐下來就能夠成爲良材。因爲這些剝皮疏伐的樹木上都還長有樹葉，所以木材的芯也會徹底乾燥而不易脆裂。雖然樹木乾枯會讓蟲入侵，啃食出小洞，但如果先剝除樹皮，就可以免除這些煩憂（因爲天牛這種害蟲是在樹皮上產卵，幼蟲則是在樹皮下度過搖籃期）。但將其放置五到十年後，就會開始腐壞，所以如果要把這些樹木製成木材，最好在三年內進行採伐。

現今林業並未遵循原本秋季到冬季的採伐期，而是一整年都在進行採伐，然後在製材廠以人工高溫加熱，強制木材乾燥。雖然木材不會壞掉，但會失去香氣跟色澤，變得又乾又脆。

然而，經由剝皮枯萎法取得的木材，是非常理想的自然乾燥材，只要實際去製材就會發現，檜木等木材有著極佳的芳香跟驚人的美麗光澤。且因爲樹幹裡的水分在樹林裡就已去除掉，樹幹變得輕巧，因此像是柱材那樣子的樹幹用肩膀就能夠扛著走了。

採集剝皮樹木的選木

剝皮疏伐是爲了在荒廢的線香林施行強度疏伐時，避免樹林遭受風雪災害而誕生的疏伐技術。原本枯萎的樹木是爲了取代支柱而被保留下來，但若是以採伐爲目的，只要視情況所需，來調整採伐的數量即可。夏天剝除樹皮，兩年後的秋天（兩年到兩年半後）就可進行採伐。

通常在疏伐時，會砍伐掉素質較差的樹木，保留下好的樹木，但也可以挑選一些能運用的

正在剝樹皮。疏於疏伐的檜木林裡很陰暗，無法孕育其他的植物。

過了9月以後，樹皮就會不好剝除。

從鋸子的切口把柴刀伸進去，就可以輕鬆地剝除樹皮。最佳季節為5～8月。

▶疏伐的效果浮現，陽光透入林床，自然而然地長出草與闊葉樹木。

▶剝皮後的第三年。樹葉徹底枯落，樹幹上流出樹脂。把它採伐下來作成柱子。

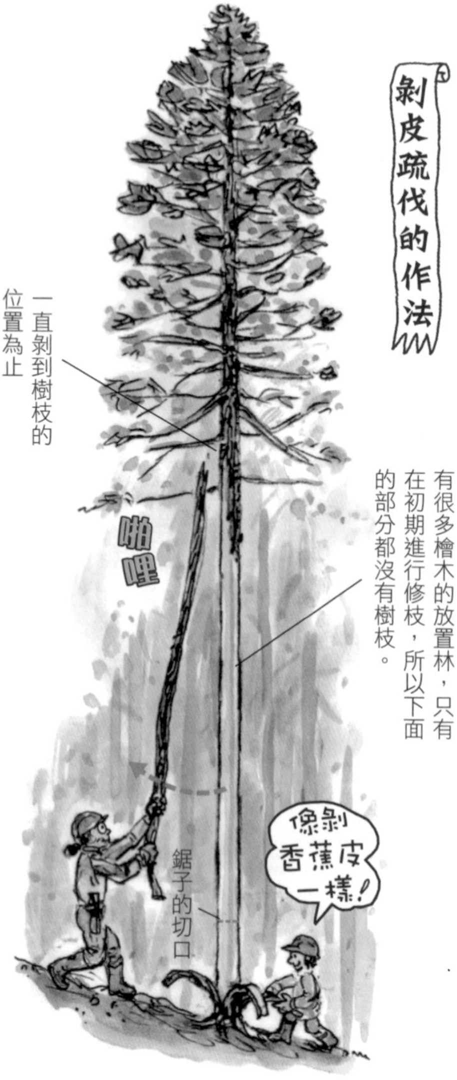
剝皮疏伐的作法
一直剝到樹枝的位置為止
有很多檜木的放置林，只有在初期進行修枝，所以下面的部分都沒有樹枝。
啪哩
像剝香蕉皮一樣！
鋸子的切口

拉住一端的樹皮，一邊搖晃樹皮一邊往上剝，是很有趣的作業。鋸子切口下方的樹皮也要剝到根部的位置。

（粗大、筆直的樹木）不要砍掉，而是把樹皮剝掉，之後再進行採伐。如果是狀況良好的樹林，那就挑選想要拿來製成木材的樹木，對其進行剝皮疏伐。如果是極度荒廢的線香林，那麼就依照**第十八頁**的表格來選木、進行剝皮疏伐，再以馬賽克狀分布方式進行部分皆伐，這麼一來就可以採集到稍微好一點的樹木了。

剝除樹皮與採伐枯萎樹木的技術

剝除樹皮的方法很簡單。先用鋸子繞著樹幹割一圈，再用劈柴刀縱向割一刀，就能輕鬆地剝除樹皮。從下方往上剝，能剝到很上方的位置，但這種作法有季節限定，樹木吸收水分的五到八月是最適當的時期。在其他季節，樹皮非常難以剝除，作業效率很差，最好不要這麼做。

在伐倒剝皮樹木時，有件事情必須注意，乾燥的樹木比生長的樹木要堅硬，所以很難砍伐，數量多時，用鏈鋸機比用鋸子來得快。此外，枯萎的樹木上少了

樹幹的簡易製材

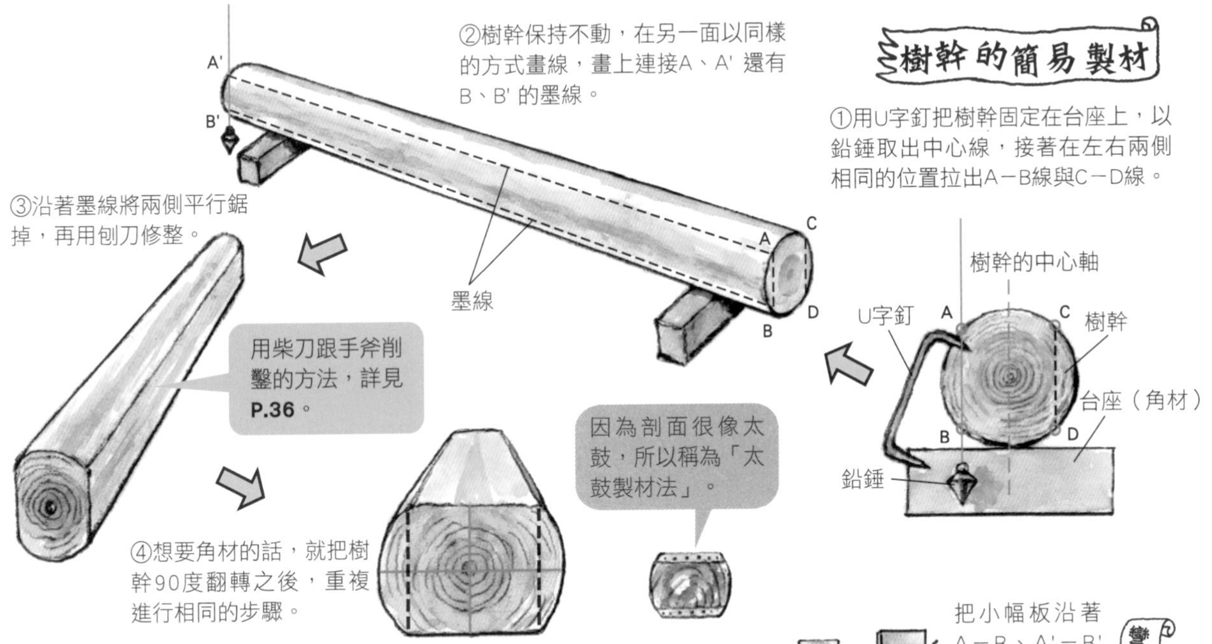
①用U字釘把樹幹固定在台座上，以鉛錘取出中心線，接著在左右兩側相同的位置拉出A－B線與C－D線。
樹幹的中心軸
U字釘
樹幹
台座（角材）
鉛錘
A
B
C
D
②樹幹保持不動，在另一面以同樣的方式畫線，畫上連接A、A' 還有B、B' 的墨線。
A'
B'
墨線
③沿著墨線將兩側平行鋸掉，再用刨刀修整。
用柴刀跟手斧削鑿的方法，詳見P.36。
④想要角材的話，就把樹幹90度翻轉之後，重複進行相同的步驟。
因為剖面很像太鼓，所以稱為「太鼓製材法」。

用動力來簡易製材

使用動力來進行樹幹的加工製材，通常會採用下列幾種方法、工具機種。

①軌道上裝有滑動的鏈鋸機（例：商品名「LOGOSOL」）
②在軌道上移動的小型帶鋸（例：商品名「Horizon」）
③用來製材的大型圓鋸（例：商品名「石原改良型」）

全都是利用引擎來產生動力的「移動式製材機」，是在採伐現場使用的製材機具。作為個人DIY使用的話，價格太過於昂貴（70～180萬日圓），刃刃的研磨也很不容易。其中最便宜的是①的鏈鋸機類型，但連續使用會耗掉許多燃料，而且會產生大量鋸屑。另外，使用時會連續產生爆音，所以耳罩是必需品。也可以把樹幹拿到當地的小製材廠，請他們幫忙製材加工（稱為「賃挽」）。照片為正在試用自製鏈鋸機製材機的筆者。

彎曲樹幹的太鼓製材

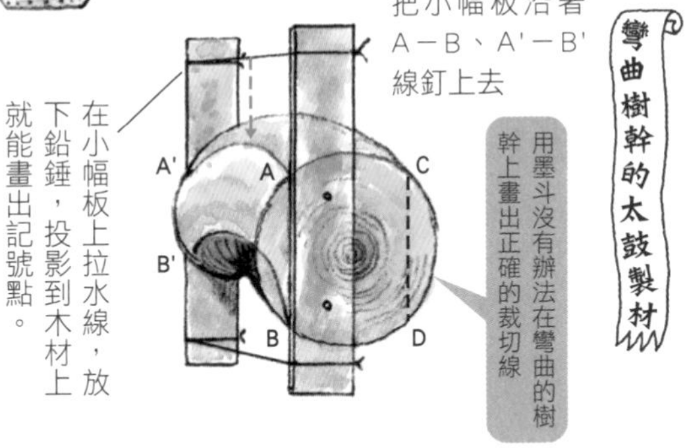
用墨斗沒有辦法在彎曲的樹幹上畫出正確的裁切線
把小幅板沿著A－B、A'－B' 線釘上去
在小幅板上拉水線，放下鉛錘，投影到木材上就能畫出記號點。
A'
A
B'
B
C
D

用彎曲的木材來做橫梁時，可以像上圖一樣，順著箭頭的方向把兩側削掉，這樣子的拱形能夠提高橫梁的強度。

樹葉，在傾倒時空氣的抵抗力較少，所以傾倒速度會比想像中還要快，事先確保躲避的地方，充分注意安全。

將砍下來的樹幹橫切成三公尺一段，再將它們搬運到車道上，用卡車來載運。由於已經剝除樹皮，所以搬起來很輕鬆，也不會弄髒裝卸的平台。如果橫切成每段二點六公尺，那麼用輕型箱型車也能夠搬運。

用樹幹來做柱子

剝皮疏伐而來的檜木材，比杉木材來得緻密且強度很高，是最棒的柱材。含有芯的柱材容易裂開，所以會在柱材上剖一刀，稱爲「人工裂口」，但剝皮材的芯非常乾燥，所以很少裂開。把樹幹就這麼作爲掘立柱*來搭建小屋，或者是將一到兩面進行平面製材後，當成老民宅的補強柱來使用。

如果疏伐材又細又彎，雖然無法製成筆直的方形角材，但可以保持樹幹的原狀，或是以接近原狀的形狀來使用，既厚實強度又高。將樹幹的側面削平時，必

*譯注：**先在地上挖洞然後將柱子基部埋進洞中。**

把剝皮疏伐得來的樹幹當成手工材料，以及改裝老民宅時的抱柱。

泛著光澤的漂亮杉木材，順著舊柱子的基礎、基座的凹凸來雕鑿。

螺栓為3/8乘以180公釐、螺旋鑽直徑9公釐

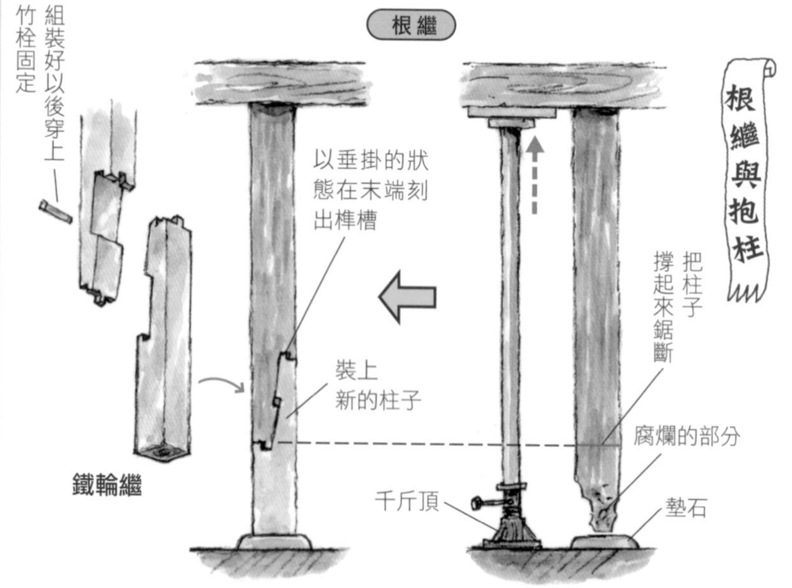
根繼與抱柱
根繼
組裝好以後穿上竹栓固定
以垂掛的狀態在末端刻出榫槽
裝上新的柱子
把柱子撐起來鋸斷
腐爛的部分
千斤頂
墊石
鐵輪繼

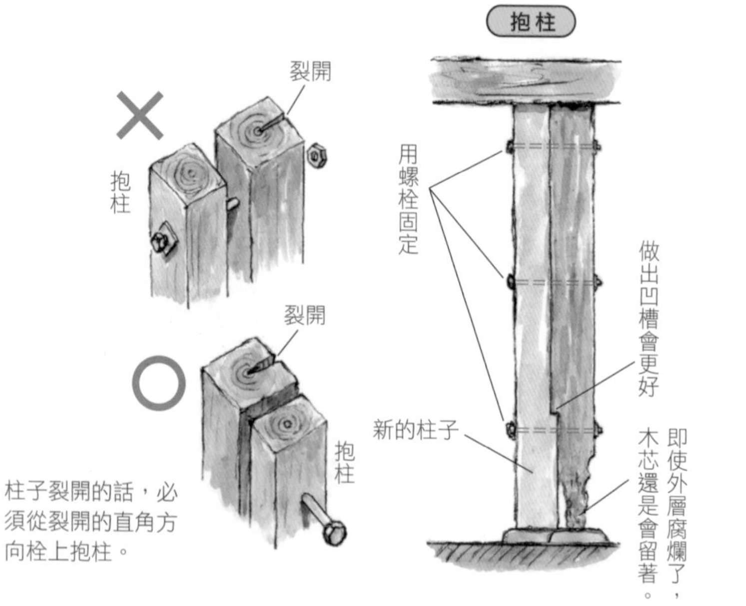
抱柱
裂開
抱柱
裂開
抱柱
用螺栓固定
做出凹槽會更好
新的柱子
即使外層腐爛了，木芯還是會留著。
柱子裂開的話，必須從裂開的直角方向栓上抱柱。

須先將樹幹平放固定，在兩端的斷面上用鉛錘量出垂直線，再用「墨斗」將兩端的垂直線連結起來，並在樹幹的側面畫出平行的切割線，接著用鏈鋸機或鋸子以及楔子，沿著切割線來削鑿（**第三十六頁**中將詳述），最後再以手斧跟刨刀修整斷面。如果是想要左右兩面削平的木材，那就先用鉛錘取出中心線，然後將樹幹左右兩等分，再取出切割線即可。

用「抱柱」來補強

改裝老民宅時，經常需要修補腐爛的基座或柱子。把腐爛的部分鋸掉補上新柱子，稱爲「根繼」。這種傳統技術的工法很複雜，對於外行人而言難度太高，所以可以加上「抱柱」，用螺栓來固定，剝皮疏伐時的檜木材是最爲適合的材料。

在我把老民宅的廚房改裝成地爐房時，就曾經用剝皮疏伐時採伐來的檜木，做成補強用的抱柱。把抱柱裝進鴨居裡，再把舊的建具移設過來，看到自己親手採伐來的樹幹就這麼成爲柱子的

用劈開的木材來做畫框

▲活用剖面的凹凸面來製成簡單的畫框。用螺絲來固定L形切口。
◀把紙連環話劇的圖畫貼在木框內側展示，跟內容很相襯，感覺很不錯。

劈開放置兩年半的乾枯檜木。通常被捨棄掉的疏伐材，倒在地上經過兩年，會充滿被蟲蛀蝕的洞，但剝皮枯萎的木材不僅沒有被蟲蛀，還徹底乾燥了。

製作木製直角定規

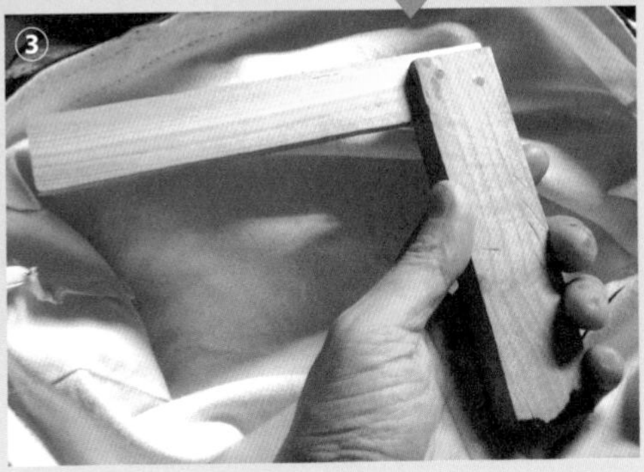

製作木工時常用來測量立體直角的「直角定規」，材料為剝皮疏伐的檜木①把平行削好的檜木板裝進桃木的溝槽裡，讓兩者保持直角後用黏膠固定②黏膠乾了以後，用螺旋鑽鑽洞，插入竹釘固定③完成！

當成薪柴

據説檜木的語源是「火之木」*，其薪柴燒得旺盛且具有特殊的芳香。

一部分，有種難以言喻的愉快心情。

可做成優質的薪柴或當成雕刻材料

雖然剝皮疏伐得來的樹幹表面很光滑，但畢竟長年立在樹林裡，受到風吹雨淋，表面生苔、樹脂流淌等，實際的質地並不是那麼漂亮，但只要用砂紙研磨樹幹表面，就可以活用，成爲活潑有趣的內裝材。

當然它們也是品質優良的薪柴，放進火爐裡燃燒，會散發出檜木特有的香氣。不過，只要把它們剖開來，看到木紋肌理，就會忍不住想要拿來當成ＤＩＹ素材，做成各種東西。檜木不像杉木有著部分柔軟的肌理，檜木整體都是硬質的，很適合拿來雕刻。**上方照片**就是運用檜木的肌理製成簡易畫框、木製直角定規的活用例子。

*譯注：「檜木」與「火之木」的日文發音皆為「HINOKI」。

4. 劈砍、削鑿、從樹幹變成厚木板

疏伐得來的樹幹，根據不同部位的特徵來善加運用，而且只要用楔子，就可輕鬆將杉木、檜木的樹幹剖開，再用斧頭削鑿，即能完成一片厚木板。將這些厚木板儲存起來，可應用在各式各樣的DIY製作上。

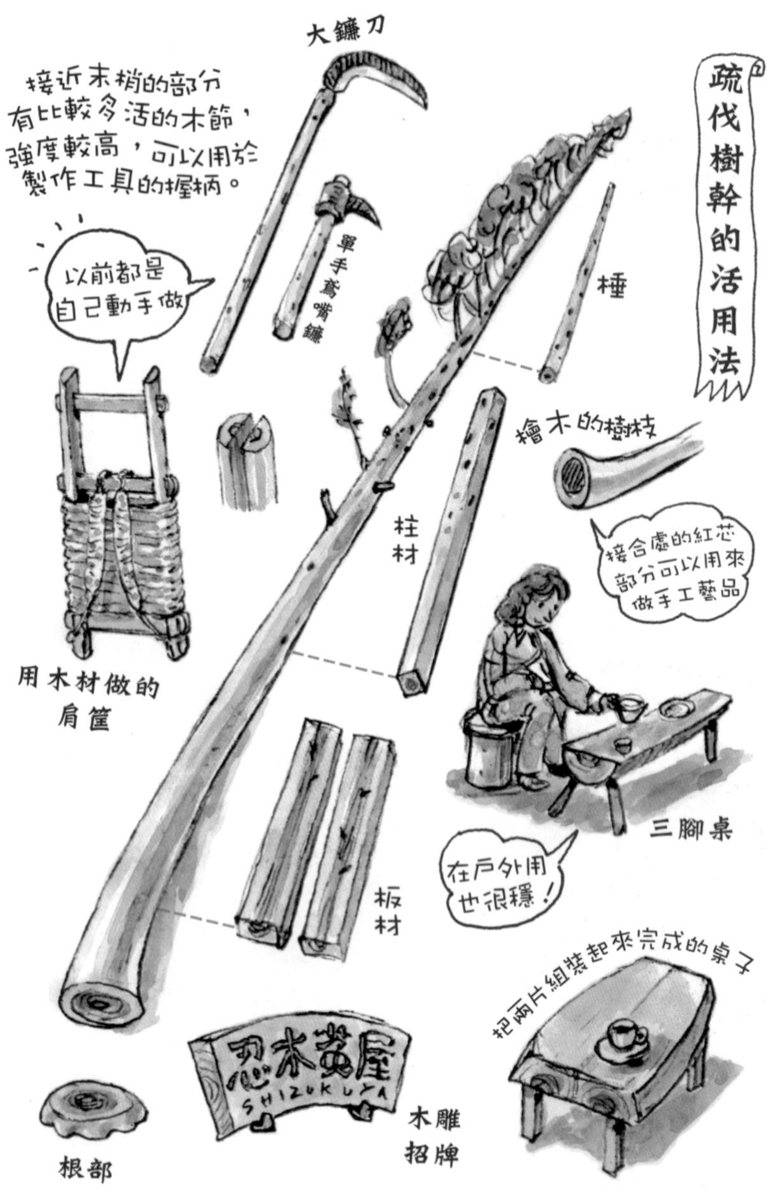

樹幹部位與木材特徵

樹幹根部有很多彎曲的地方，即使做成木板，也會有很多翻翹起來的部分，所以通常會把它們丟掉。然而因爲很厚實，所以也可把它們從中間剖開，做成具有野性的椅子或桌子，或是運用它們木節少的特質來製成雕刻看板。

一番玉（由地面往上算，約三公尺左右的部分）是木材當中最棒的部分。大部分的一番玉都沒有木節，非常便於加工。樹幹再往上些的位置，就會有枯樹枝所形成的木節，木材有很多死節，加工成木板後就會變成節穴，這是因爲樹木在立木時，枯掉的樹枝落掉，樹幹上那些枯死部分被年輪捲進樹幹裡，形成死節，如果是在初期就辛勤修枝的木材，就幾乎沒有這種死節。

愈接近樹梢，樹幹的直徑就愈細，活著的木節也愈多。在用刨刀加工時，木節前後會有逆木紋，很難加工，但活木節的強度很高，天然乾燥的木材，其木節會帶有紅色，色澤很漂亮，所以也可以把這種木節應用在設計上。

從樹幹變成厚木板

把樹幹製成木板，也可以使用鏈鋸機，但在鋸木過程中，會因鏈鋸機鋸子部分的厚度而產生大量木屑，所以如果樹幹比較細，良品的產量就會很差。其實用楔子就可以輕鬆剖開杉木跟檜木，接下來介紹的方法，就是先把楔子敲進樹幹的芯，再用斧頭劈開，即可把樹幹從中對剖成兩半。

使用這方法雖然會有大量的破片，但全部都能當成燃料或薪柴，非常推薦在日常中會使用到地爐、火爐、石窯等的人採取這方法。

樹幹放久，斷面上會出現裂口。順著這些裂口把楔子敲進樹幹的芯裡。如果樹幹比較短，可以立著敲打，但把樹幹橫放，用腳壓住固定，再用鐵鎚以鐘擺的方式來敲擊，既安全又好施力。把第一根楔子敲進去後，再敲進第二根。這時，第一根楔子就會脫落，接著再把第一根楔子敲進比第二根還要前方的位置裡。

只要不偏離樹幹中芯，那麼即使有木節，也能夠用這方法來剖開樹幹。沒有歪曲扭轉，品質良好的樹幹即使長到兩三公尺，也能夠剖得開，但如果木材太長，之後的加工會非常麻煩，所以最好不要超過兩公尺。

削鑿的訣竅

剖面處的扭曲跟凹凸部分，用斧頭來削鑿修整。把木材立起來，從上往下削鑿，第一下會是斧刃敲進木頭裡的感覺，第二下才是把碎屑削下來。像這樣子有節律地削鑿，從上而下慢慢移動削鑿位置，木板表面就會逐漸平整，熟練後，削面就會出現像波浪般的紋理，就像是用手斧雕鑿的一樣。左手壓在比斧頭落下還

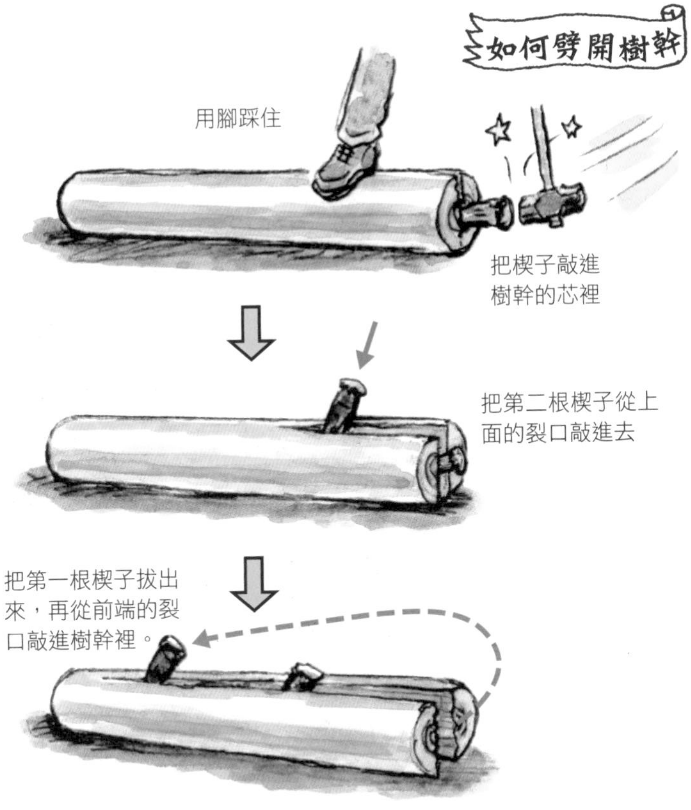
如何劈開樹幹
用腳踩住
把楔子敲進
樹幹的芯裡
把第二根楔子從上
面的裂口敲進去
把第一根楔子拔出
來，再從前端的裂
口敲進樹幹裡。

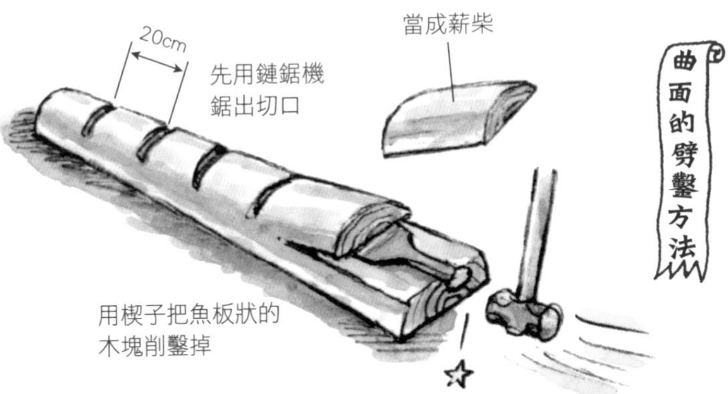
曲面的劈鑿方法
20cm
先用鏈鋸機
鋸出切口
當成薪柴
用楔子把魚板狀的
木塊削鑿掉

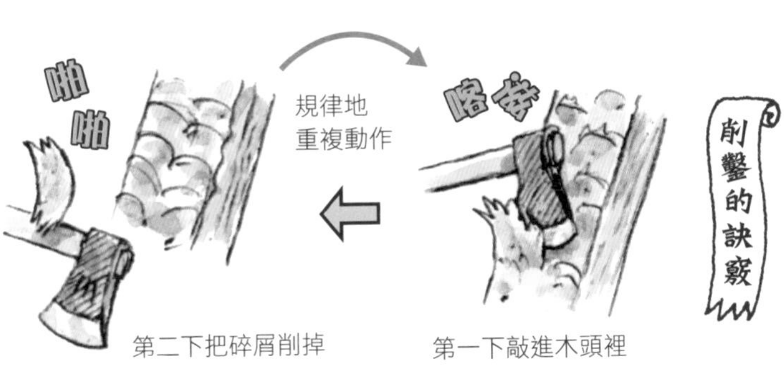
削鑿的訣竅
啪
啪
喀嚓
規律地
重複動作
第二下把碎屑削掉
第一下敲進木頭裡

把樹幹擺在台座上，用左手壓著，鑿到比較低的位置時，要彎下腰來鑿。

※短斧（斧頭）的重量為包含握把的總重量

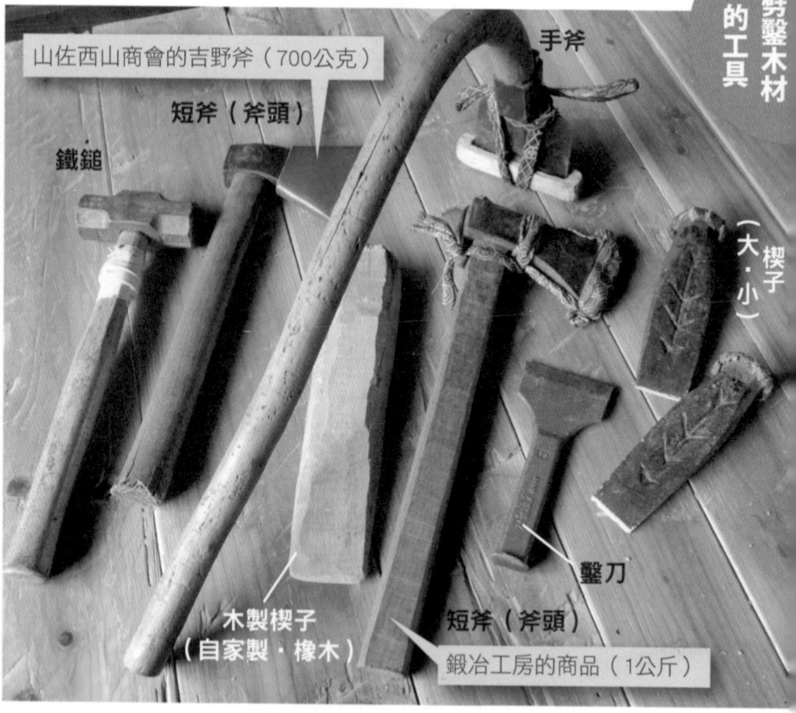
山佐西山商會的吉野斧（700公克）
短斧（斧頭）
鐵鎚
手斧
楔子（大・小）
鑿刀
木製楔子（自家製・橡木）
短斧（斧頭）
鍛冶工房的商品（1公斤）

要稍微高一點的位置，絕不能把手腳放在斧頭落下的方向上。

如果劈到逆木紋上，刀刃會嵌進去，這時就把木材倒過來，從反方向劈（木節的前後絕對會有逆木紋）。

斧頭是以自身力道來控制的工具，建議準備兩把重量不同的斧頭。重的那一把破壞力較大，可以一擊敲下比較厚的木片。先大致削鑿一遍，再用輕的那把來修整，效率會比較好。

用鏈鋸機在樹幹表面那側（有半圓形突起那一側）每二十公分割一道裂口後，用楔子剖開，再用斧頭劈鑿，很快就能完成。但是刀刃會卡在木節裡，所以必須一刀一刀仔細地劈。最後再用斧頭把兩側的耳朵劈掉，粗製的木板就完成了。

用目測來判斷平面。習慣了以後就會正確又有效率
喵～

修整與上塗料

雖然可在過程中使用電動刨刀或圓鋸，但如果想要取得正確的平面，就會削掉很多木材，產量也會減少，所以不妨最後用手工刨刀來修整，至於斧頭劈出來的痕跡跟削除木節時的凹痕，就這麼保留下來會比較有趣。如果介意突出的部分或是高度相差太多，那就用小刀或雕刻刀，針對那些部分進行修整。

直徑二十公分的疏伐材，能夠製成兩片四到五公分厚的木板。把這些劈鑿過的木板就這麼存放起來，可運用在各式的DIY上。如果是杉木，芯的部分通常會泛著紅色，把那一側呈現出來將會非常漂亮。

在把工作室的廚房改裝成地爐房時，就是用這些厚木板來鋪成地板。下面那側不需要用刨刀

內側保留著削鑿的凹痕，木頭碎屑可以當成爐竈或地爐的燃料。

用刨刀修整表側，些許的不平整更添「韻味」。

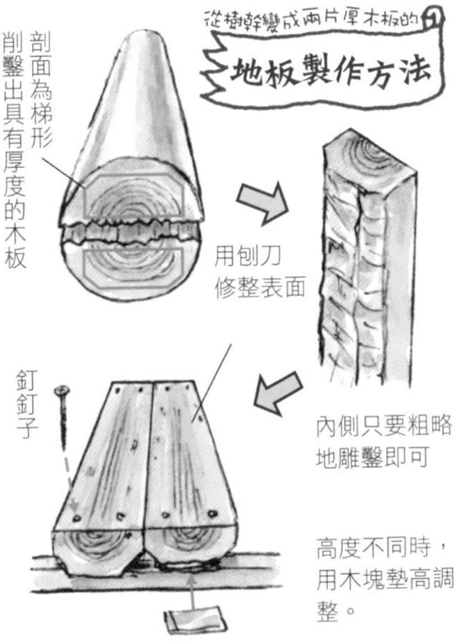

從樹幹變成兩片厚木板的
地板製作方法
剖面為梯形
削鑿出具有厚度的木板
用刨刀修整表面
內側只要粗略地雕鑿即可
釘釘子
高度不同時，用木塊墊高調整。

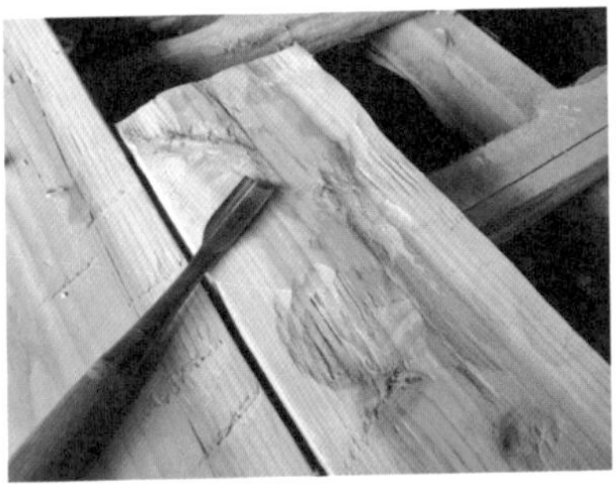

用丸形鑿刀修整不平整的地方

◀這些木板每片都不太一樣，必須一片一片觀察與組裝。傷痕、蟲蛀的洞或是木節都能成為設計的一部分。

鋪好地板的地爐房

▼十個月後，地爐房的地板泛著光澤。

修整，斷面呈梯形也沒關係，所以這部分可省下一番功夫，而且因為木板夠厚，所以也不用割出嵌合凹槽。用刨刀正確削整木板接合面的地方，然後用釘子把木板固定在欄柵墊條上，這是有釘子才能完成的做法。

地板表面不上塗料，這麼一來不僅能夠調節溼度，而且冬暖夏涼。使用葉枯法的天然乾燥杉木材含有油分，因此會產生天然光澤，在使用地爐時，用抹布擦拭地板，顏色的韻味會漸漸增加，光澤更加明顯。

5. 用杉木板來挑戰拼疊板與斜角鳩尾榫！

這些疏伐得來的樹幹，不光只有用鏈鋸機粗略加工這種用途而已。不妨試著用纖細的木構造「拼疊+斜角鳩尾榫」來做吊鍋的蓋子吧！雖然只是鍋蓋，但只要成功一次，就能學會基本的木工雕刻技術，並創造出更多不同的新花樣。

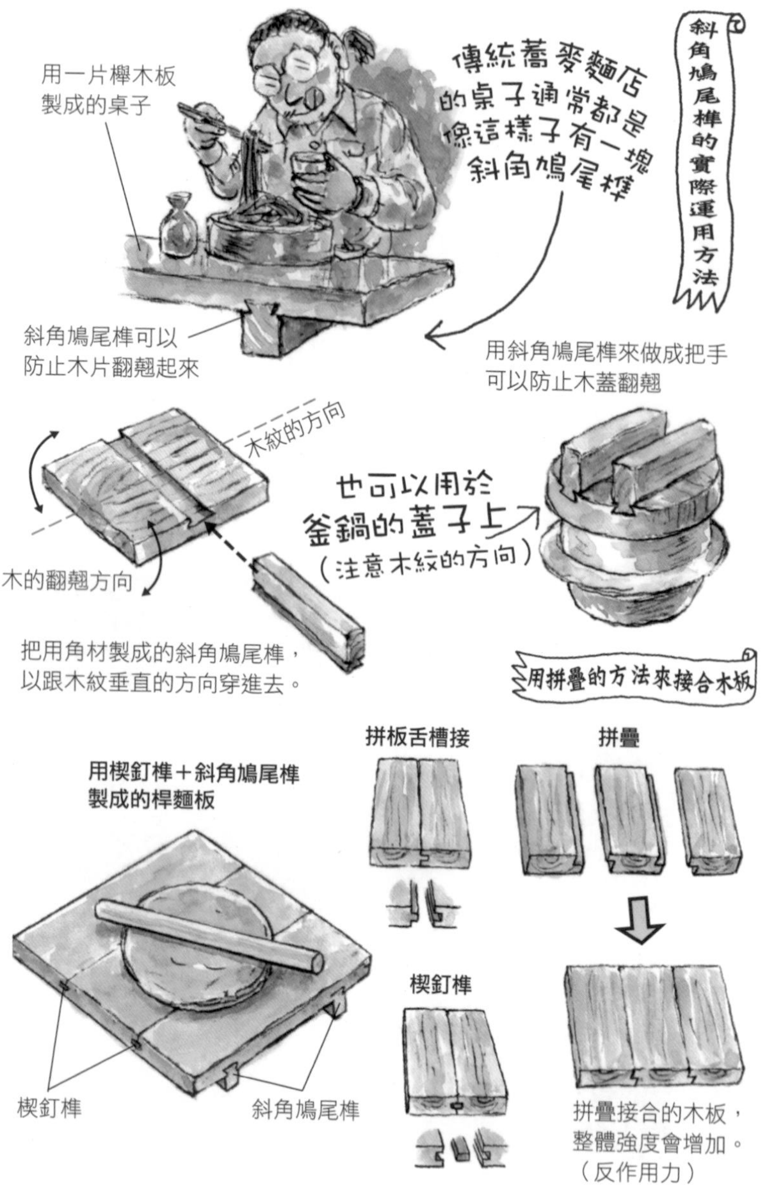
斜角鳩尾榫的實際運用方法
傳統蕎麥麵店的桌子通常都是像這樣子有一塊斜角鳩尾榫
用一片櫸木板製成的桌子
斜角鳩尾榫可以防止木片翻翹起來
用斜角鳩尾榫來做成把手可以防止木蓋翻翹
木紋的方向
也可以用於釜鍋的蓋子上
（注意木紋的方向）
木的翻翹方向
把用角材製成的斜角鳩尾榫，以跟木紋垂直的方向穿進去。
用拼疊的方法來接合木板
拼板舌槽接
拼疊
用楔釘榫＋斜角鳩尾榫製成的桿麵板
楔釘榫
楔釘榫
斜角鳩尾榫
拼疊接合的木板，整體強度會增加。（反作用力）

用「斜角鳩尾榫」來做鍋蓋

試試用木材來製作地爐吊鍋的鍋蓋吧！在直徑大約三十公分的正圓形上，加上木製把手的鍋蓋。二手的吊鍋幾乎都沒有附鍋蓋，所以對於想要開始嘗試過著使用地爐的山居生活者而言，想必這是相當必要的東西。

市面上販售的木製鍋蓋（比較小的是烹飪鍋蓋）都是在一片圓形木板上，以「斜角鳩尾榫」嵌上一條角條作爲手把。鍋蓋必須承受料理的蒸氣，而且因爲是用在食物上，所以不能含有膠合板跟黏著劑，用螺絲或釘子也會生鏽，很快就壞掉了。此外，鍋蓋一下子吸收熱氣和水分，一下子又發散出來，很快就會翻翹變形。爲了防止鍋蓋變形，與其用釘子以點狀固定，用面來固定的斜角鳩尾榫效果好上太多了。如果是用一整片木板當成面板的桌子，也可以用斜角鳩尾榫來防止其變形。斜角鳩尾榫又稱爲「吸附木」，就是在強調此效果。

但對外行人而言，要做像桌子那種長度的斜角鳩尾榫加工很不容易，但如果是鍋蓋大小的話，應該

把細的樹幹削鑿成木板

◀削鑿後的杉木板

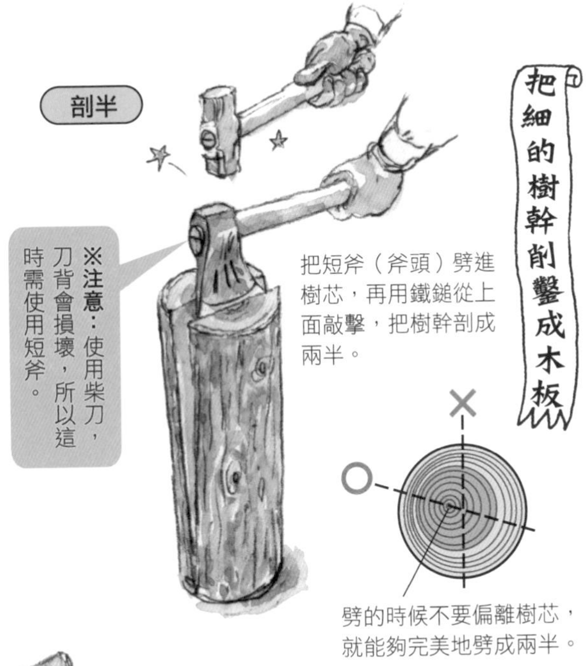

剖半
把短斧（斧頭）劈進樹芯，再用鐵鎚從上面敲擊，把樹幹剖成兩半。
※注意：使用柴刀，刀背會損壞，所以這時需使用短斧。
×
○
劈的時候不要偏離樹芯，就能夠完美地劈成兩半。

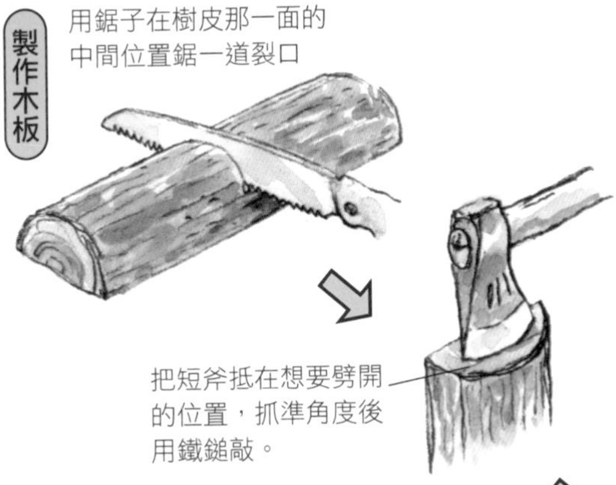

製作木板
用鋸子在樹皮那一面的中間位置鋸一道裂口
把短斧抵在想要劈開的位置，抓準角度後用鐵鎚敲。

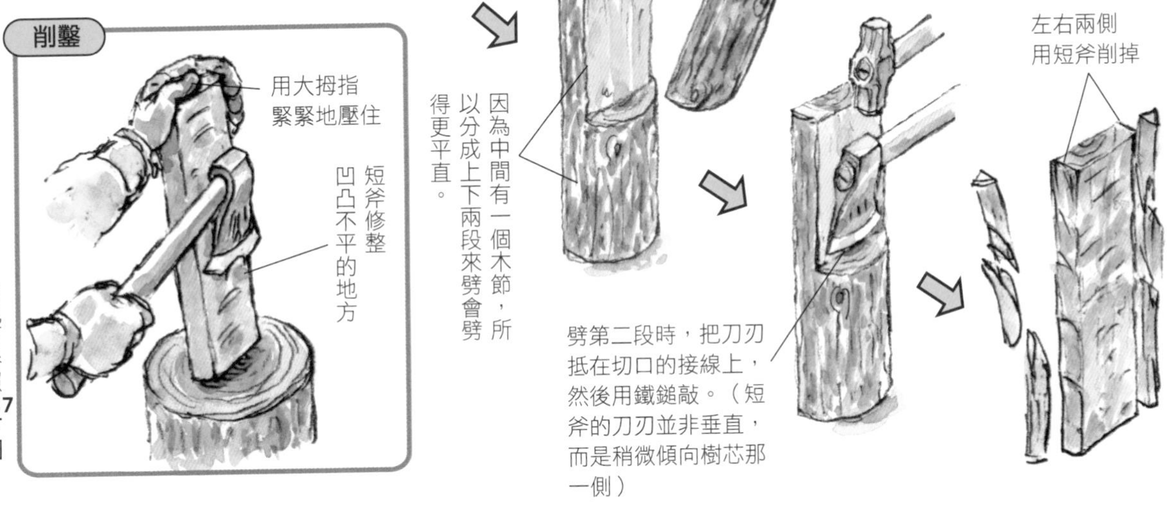

因為中間有一個木節，所以分成上下兩段來劈會劈得更平直。
劈第二段時，把刀刃抵在切口的接線上，然後用鐵鎚敲。（短斧的刀刃並非垂直，而是稍微傾向樹芯那一側）
左右兩側用短斧削掉
削鑿
用大拇指緊緊地壓住
短斧修整凹凸不平的地方
※也可參照P.37下圖

不算太難。因爲沒有辦法從疏伐的木材裡採取到三十公分以上的木板，所以必須用四小塊杉木板來「拼疊」，然後試著在那上面以斜角鳩尾榫來裝上把手。因爲杉木很輕，所以稍微厚一點也無妨，有一點厚度也比較好加工。

拼疊・拼板舌槽接・楔釘榫

在接合面板時，切除木板側面厚度的一半然後彼此接合，之間就不會留有縫隙，木紋的方向一致，強度也會增加，這稱爲「拼疊」。

此外，把斷面切成凹凸形狀來接合的方法，稱爲「拼板舌槽接」，經常用在地板的拼接上（雖然加工起來比較麻煩，但一體感的強度也會增加）。還有一種「楔釘榫」，是在凹槽裡加上其他材料來補強接合處。

過去，蕎麥麵或烏龍麵的桿麵板，大多是把四片木板用楔釘榫來接合，下面再裝上兩條斜角鳩尾榫作爲桌腳。使用楔釘榫不會削減木板的寬度，所以在拼接珍貴的良質木材時，就能增加拼接的幅度。

接下來，材料就如同**三十七頁**圖示，先用楔子把木材劈開，再用

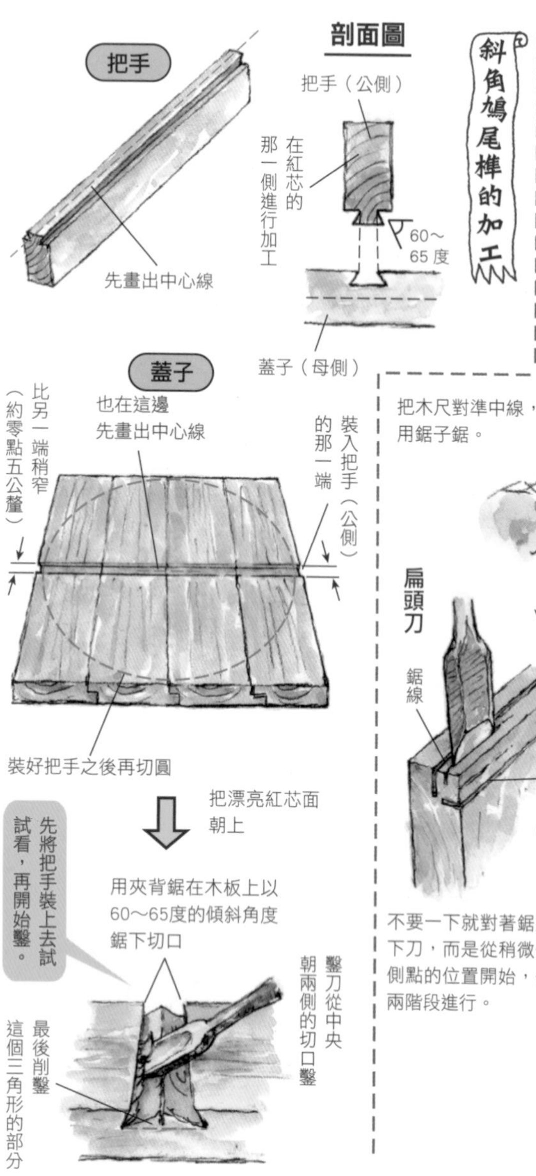
斜角鳩尾榫的加工
把手
先畫出中心線
剖面圖
把手（公側）
在紅芯的那一側進行加工
60～65度
蓋子（母側）
蓋子
也在這邊先畫出中心線
比另一端稍窄（約零點五公釐）
裝入把手（公側）的那一端
裝好把手之後再切圓
把漂亮紅芯面朝上
先將把手裝上去試試看，再開始鑿。
用夾背鋸在木板上以60～65度的傾斜角度鋸下切口
鑿刀從中央朝兩側的切口鑿
最後削鑿這個三角形的部分

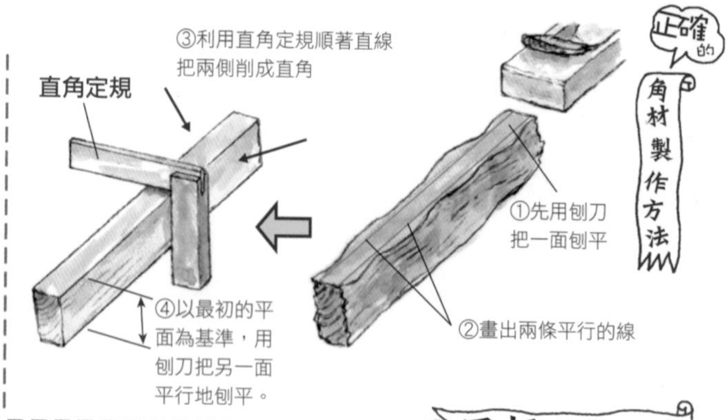
正確的角材製作方法
①先用刨刀把一面刨平
②畫出兩條平行的線
③利用直角定規順著直線把兩側削成直角
直角定規
④以最初的平面為基準，用刨刀把另一面平行地刨平。

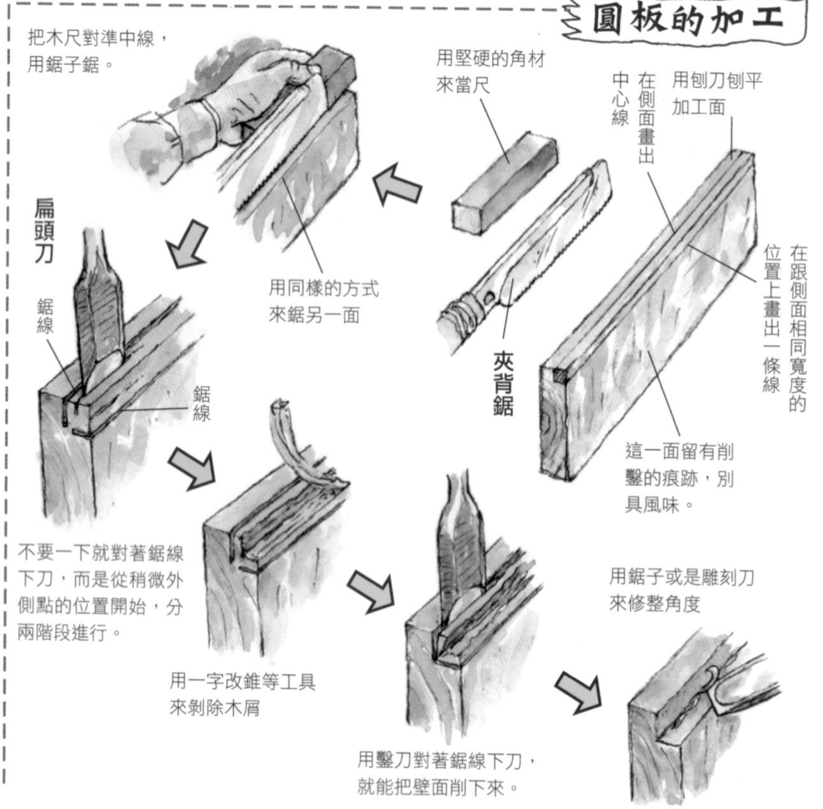
圓板的加工
用刨刀刨平加工面
在側面畫出中心線
在跟側面相同寬度的位置上畫出一條線
這一面留有削鑿的痕跡，別具風味。
用堅硬的角材來當尺
夾背鋸
把木尺對準中線，用鋸子鋸。
用同樣的方式來鋸另一面
扁頭刀
鋸線
鋸線
不要一下就對著鋸線下刀，而是從稍微外側點的位置開始，分兩階段進行。
用一字改錐等工具來剝除木屑
用鑿刀對著鋸線下刀，就能把壁面削下來。
用鋸子或是雕刻刀來修整角度

手斧削鑿成厚木板。利用夾背鋸或畦引鋸（雙面鋸）在木板跟把手接合的部分鋸出溝槽（六十到六十五度傾斜角），再用扁頭刀雕鑿。

把手部分，則是先用刨刀修整，再用直角定規量取角度，製作出正確的角材。斷面爲長方形，其短邊的長度就是刻在圓板上溝槽的寬度。

製作斜角鳩尾榫的訣竅是，在用夾背鋸刻母槽時，先鑿出些許錐度，這麼一來在嵌入把手時，就可緊緊嵌合在一起。先刻出拼疊板，然後把拼疊板拼起來，用直尺跟自動筆準確畫出斜角鳩尾榫的平行線。以此線爲基準，再於板子上刻畫出錐狀凹槽位置。因爲已經有鉛筆的筆跡了，就可以把木板分開來，一片一片加工。

斜角鳩尾榫與拼疊木板的加工訣竅

雕好公母的部分後，就可以開始用木槌將把手嵌進圓板上。如果太硬而敲不進去，再用雕刻刀來修正雕槽。

將把手嵌進木板後，利用線在圓板上畫出一個正圓，再用接木鋸

用木槌來組裝，一邊組裝一邊削鑿調整。

木板跟斜角鳩尾榫的接合處是這種複雜的形狀

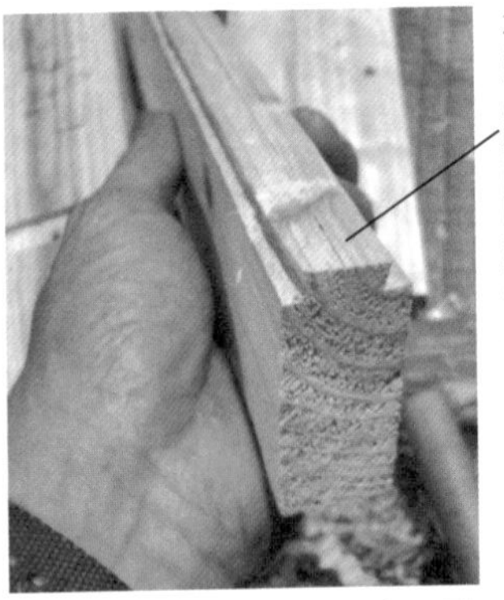
在強度較高的紅芯那一側刻出榫公側的加工。如果想要寬一點的把手，那就讓榫的深度槽淺一些，母側的凹槽也會比較好鑿。

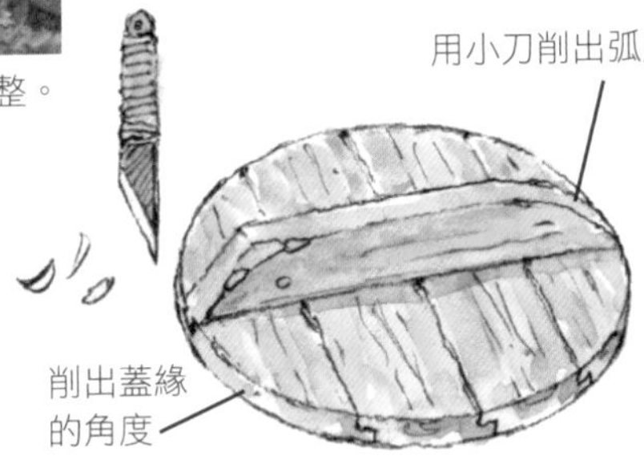
用小刀削出弧度
削出蓋緣的角度

◀將把手邊緣的角切掉

完成！

用接木鋸從反面把圓板切下來

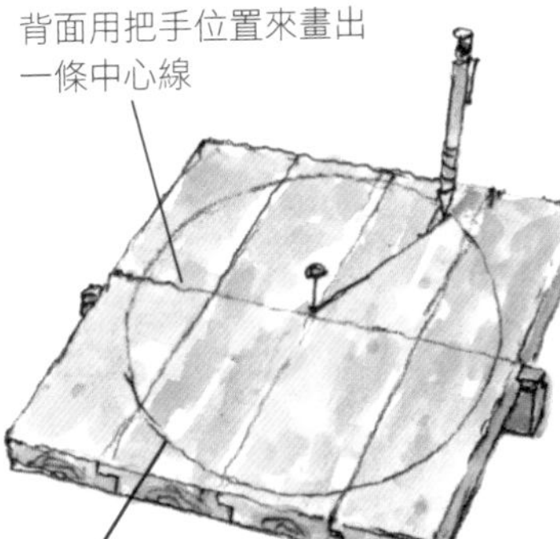
背面用把手位置來畫出一條中心線
用大頭針跟線來畫圓

蓋子跟鍋子形狀契合的話，那就是一個很棒的雕刻作品♫

把圓切割下來，接著在把手上切出兩個角，並修整整體角度，就完成了。

不需再上塗料或上油，最好也不要以使用燃燒器來燒灼拋光的「燒杉法」加工。因為在使用過程中，鍋蓋會漸漸被地爐燻染成茶褐色，不久後就會閃耀著黑色光芒。自然乾燥的木頭，木材的油分會愈用愈從內部滲透出來，所以不需上塗料。而之所以能夠期待這種效果，就在於沒有使用電動打磨機來打磨。打磨過的木材乍看下表面很平滑，但其實表面上有著細微不平整的木刺。所以經過打磨的木材，如果不上塗料就不容易瀝乾，也很容易發霉。

與其用刨刀來磨平木板，不如保留削鑿痕跡，會更有韻味。

斜角鳩尾榫跟拼疊板這種組合，完全不需要用螺絲或釘子，就能把兩者緊密接合起來，這點想必很令人驚訝吧！而且蒸氣會使木頭膨脹，能讓這種木結構更加緊實，這種木材的特質，沒有使用釘子跟黏著劑反而成了重要關鍵。

◀一邊劈柴，一邊觀察木頭質地。

6. 從湯匙到木臼都可以樹幹跟薪柴來做

住在山村，可以輕鬆取得樹幹跟樹枝。靠著薪柴度日，就會遇到一些若當成柴火燒掉將很可惜的好木材。小到湯匙、大到櫸木製的木臼，現在就來介紹如何從生木開始，製作成各種小玩意的技巧。

保留木材剖面紋路的圓空雕

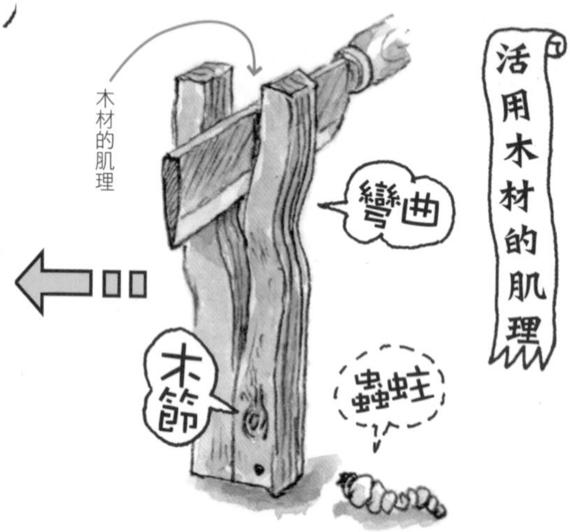
活用木材的肌理
木材的肌理
彎曲
木節
蟲蛀

使用易於造型的杉木

住在鄉下或山裡，最容易取得的木材應該是杉木吧！因爲用杉木燃燒的火持續力不強，所以不太拿來用在火爐裡，但用在炊煮用的竈裡，卻是非常棒的薪柴。用柴刀能像劈竹子般把杉木劈開。把這些細的薪柴綑成束時，杉木的尖刺很硬，會刺痛雙手。

但是用腳卻踩不斷這些薪柴，因爲它的纖維並沒有被切斷，所以反作用力會更強。但整體來說，杉木屬於較柔軟的木材，只要用刀類就可以輕鬆加工。因爲可以憑直覺來運用，所以用來做成小東西，或是老民宅的小改裝，都是很方便的素材。

杉木的斷面會有絨布般的光澤，用砂紙研磨會把這些光澤都磨掉，但用手刨刀或小刀來造型，就能活化這些光澤。劈杉木薪柴時，會看到杉木那美麗的紅色木芯，或是木節的木紋變化跟曲線，把這些都燒掉就太可惜了，不如試著把它們拿來做成食器，像是筷子、奶油刀或是拆信

用雕刻刀把杉木雕成吃沙拉用的叉子跟湯匙。柄的裝飾為即興創作。

留有雕鑿的痕跡，別具風味。抹上食用油後就完成了。

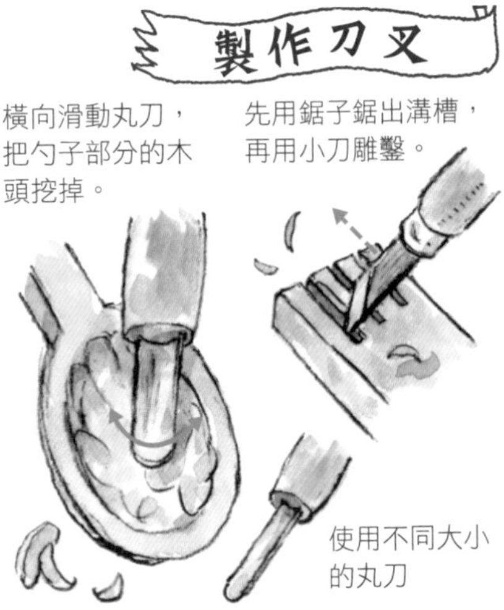
製作刀叉
橫向滑動丸刀，把勺子部分的木頭挖掉。
先用鋸子鋸出溝槽，再用小刀雕鑿。
使用不同大小的丸刀

大豆就是要用這個拍

把豆類外殼拍掉的工具。把手跟槌面一體的橫槌強度較高。

橫槌

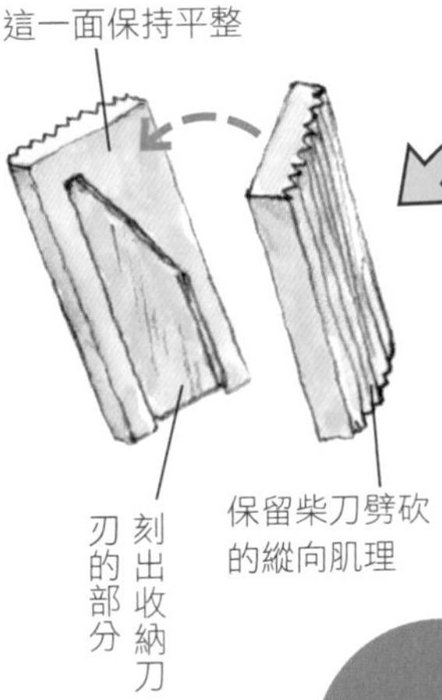
這一面保持平整
刻出收納刀刃的部分
保留柴刀劈砍的縱向肌理

刀鞘

刀。

應用縱向肌理來造型

在劈薪柴時會浮現縱向的纖維肌理，杉木的縱向肌理尤其明顯，這是因爲木紋在冬天跟夏天的硬度差很多，因此，即使是經過平滑修整的杉木板，用久之後木紋會逐漸立體化（「浮造法」與「燒杉法」就是讓這種特徵更加明顯的加工法）。

圓空*所雕造的佛像，就是善用這種柴刀鑿出來的面而加以造型。此外，像是以前的農具也是經年累月後，讓其木紋更加立體，這就是工藝之美的醞釀與展現。

在準備開始DIY時，雖然知道要先用刨刀把木材的表面磨平，但也許試著活用木材本身的縱向肌理、彎曲跟木節等凹凸形狀，會別具風趣。

讓食物更加美味的杉木

也可以把劈下來的杉木板，直接拿來當成盛裝食物的托盤。將剛出爐的麵包或是披薩擺放在杉木板上，由於杉木板會吸附食

*譯注：**圓空（1632～1695年），日本江戶時代的天台宗法師及雕刻家。其佛像雕刻的表面原始而粗糙，沒有加工修飾。**

▶兩種杉木製的奶油刀

用杉木材來做KIRITANPO* 的扁木棒

桌子、台座、薪柴都是杉木。既然住在山村裡，就想用杉木來做這些生活用具。

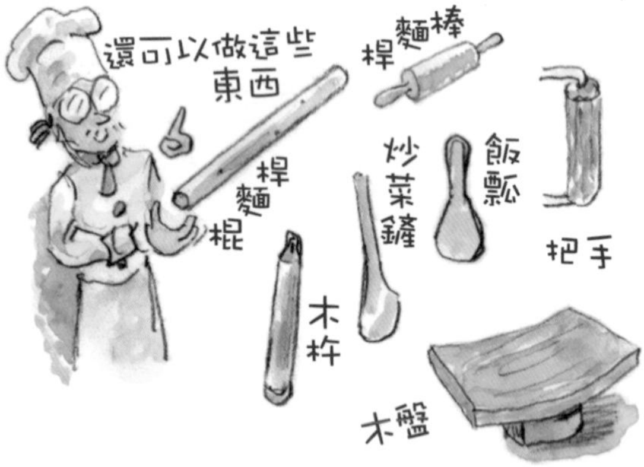

杉木杯墊。作法：把杉木板稍微烤黑後用刷子刷乾淨，再用乾毛巾擦拭。

◀杉木筷。用小刨刀可以輕鬆地把筷子刨圓。

物散發出來的蒸氣，所以更保有食物的爽脆度。如果木板的表面髒了，用柴刀削掉一層後又是嶄新的一面盤子了。

附帶一提，從以前開始，杉木就被做成桶子、糖果罐、包裝食物的薄木片等，跟食物的關係深遠。不僅是因爲杉木具有殺菌效果，它的香味也能讓食物更加美味，還能促進味噌、酒、醬油、醃漬物等食品的發酵。

木板托盤用久了愈來愈薄，那可以用兩片木板把生肉或是切好的魚夾在中間，放到冰箱裡，就成了食品用的吸水片。它們能夠吸取食物中多餘的水分跟臭味，使食材變得更加美味。當然，最後只要拿來當成薪柴，燒掉就可以了。

「生木木工」雕造的容器

不過，光是木板托盤跟用小刀加工，算不上是什麼工藝，你一定會想要再深入一點，把它們做成缽或是木盤子吧！

雖然用木工轆轤來做是最爲合適的方法，但無論是工具或技術，都必須達到專業程度，所以

*譯注：KIRITANPO（きりたんぽ），將米飯搗過後串在木棒上，放到爐火上烤的一種料理。

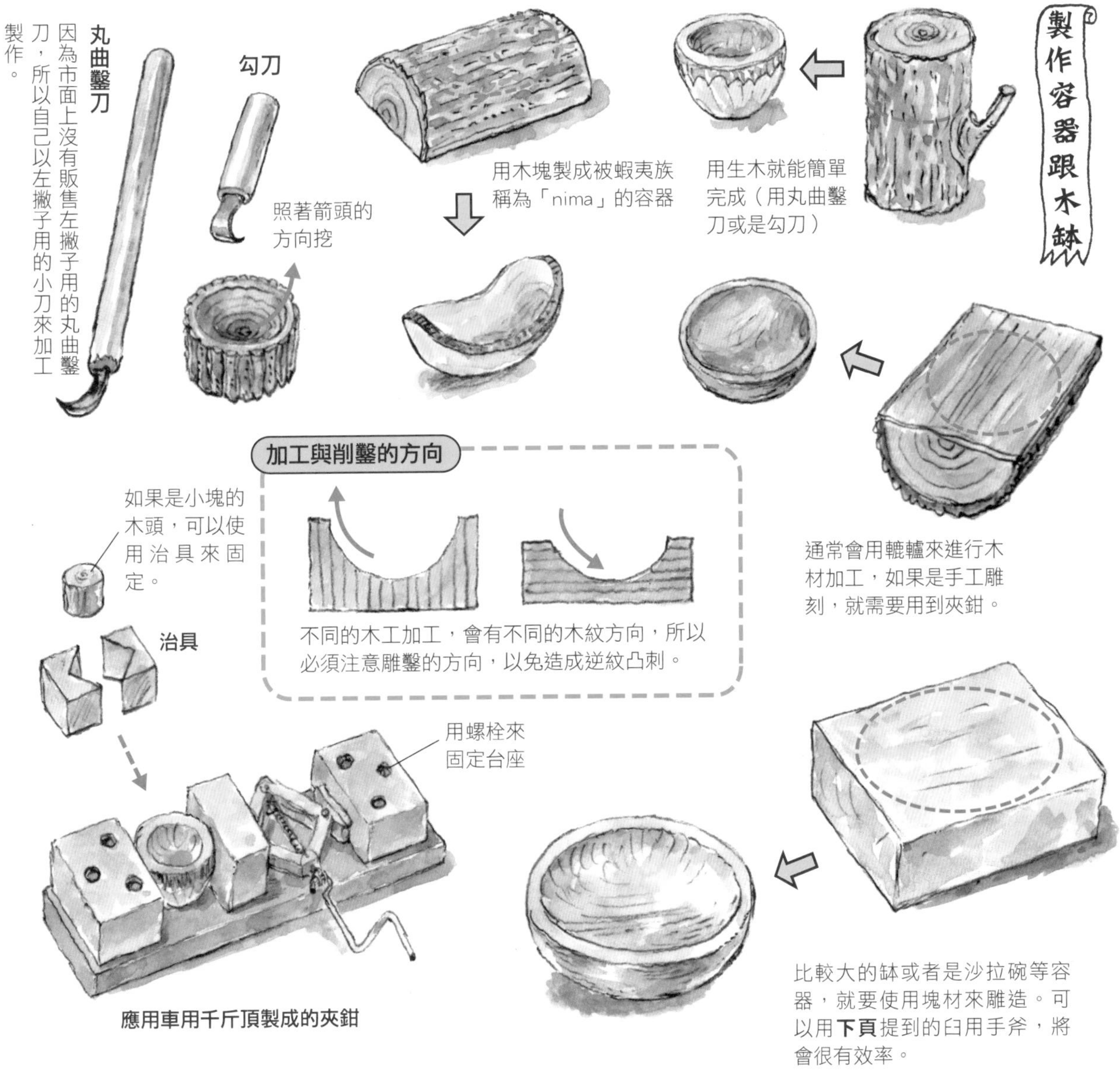
製作容器跟木缽
用生木就能簡單完成（用丸曲鑿刀或是勾刀）
用木塊製成被蝦夷族稱為「nima」的容器
勾刀
照著箭頭的方向挖
丸曲鑿刀
因為市面上沒有販售左撇子用的丸曲鑿刀，所以自己以左撇子用的小刀來加工製作。
通常會用轆轤來進行木材加工，如果是手工雕刻，就需要用到夾鉗。
加工與削鑿的方向
不同的木工加工，會有不同的木紋方向，所以必須注意雕鑿的方向，以免造成逆紋凸刺。
如果是小塊的木頭，可以使用治具來固定。
治具
用螺栓來固定台座
應用車用千斤頂製成的夾鉗
比較大的缽或者是沙拉碗等容器，就要使用塊材來雕造。可以用**下頁**提到的臼用手斧，將會很有效率。

在這裡就介紹手雕的方式。

雕製小湯匙或是小酒杯，必須使用丸刀，稍微大一點的盤子就用圓鑿跟木槌來雕。最好用兩種大小不同的丸刀來雕鑿。外側用平鑿刻出形狀，再一邊觀察內側與外側的曲線弧度，保持相同的厚度，來雕鑿內側。

手工雕刻是很費工的，但我有個好方法可以省點力氣，就是用生木來雕刻。如果是用剛砍下來還沒有乾燥的木頭，容易雕刻的程度會令人大吃一驚。不過在雕刻完成之後，乾燥的過程中多少會產生一些變形與扭曲。

尺寸愈大，所使用的夾鉗就愈重要，如果有丸曲鑿刀或勾刀等工具，那就能加快雕鑿速度。

雕鑿木臼

在我剛住到村子裡的老民房時，附近住了一位家裡有火爐的老爺爺，他把砍下來的木材堆放在荒廢的田地上，並會在那塊地上燒一些分岔的樹枝、樹根，或是細的樹枝等很難劈開的木材。他聽說我家裡有地爐，就跟我說「如果你可以拿走這些木材，也

在鄉村裡有很多沉睡的優良圓木材
手工雕鑿木臼

把側面受傷的部分削掉（被蟲蛀了小洞而無法使用）

先用手搖鑽鑽出一排孔洞，再順著這些孔洞用鏈鋸機鋸出一道道溝槽。

▶用斧頭像在劈開這些方塊一樣地雕鑿。

▶用臼、手斧粗略地雕鑿，灑一點水會更好雕。

▲最後用四方反刨修整

用鏈鋸機鑿出網狀的溝槽，要小心亂飛的木片。

用臼、手斧以環繞的方式，或是由下往上像在挖東西一樣把木頭鑿出來。

製作木臼必備的工具

臼用手斧
（重量850g）

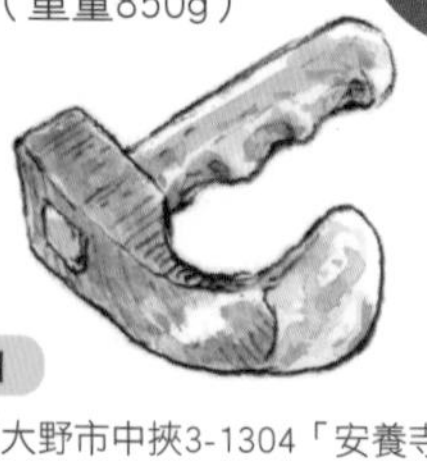

購自
福井縣大野市中挟3-1304「安養寺屋」
http://www3.ocn.ne.jp/~hamono2/

四方反刨
兩邊都呈弧面的刨刀，備有一台將會非常方便。

算是幫了我一個大忙」，所以我就得到許多薪柴。

那位老爺爺還給了我一塊準備要拿來做成臼的櫸木塊。雕鑿木臼，必須用「臼用手斧」這種特殊工具。我在骨董市場跟老工具店找過，但不是太貴就是不合適。最後上網在福井的鍛冶店買了一把全新的。

櫸木材的纖維縱橫交錯，就算是生木也很難劈鑿，更何況是乾燥後的櫸木就跟石頭一樣硬，連鏈鋸機的刀柄都會被彈開。一開始先用手搖鑽在木塊上鑽出一排洞，再順著這些洞用鏈鋸機（先將刀刃研磨成硬材用的鈍角刀刃）切出一道道溝槽。

切鑿出網狀溝槽後，就可以開始用斧頭順著方塊砍鑿，再用鏈鋸機粗略地雕鑿（這時木片會亂飛，必須小心），接下來就輪到臼用手斧登場了。

用手斧由下往上，像在挖東西一樣把木頭鑿出來，這樣不僅不會產生逆木刺，鑿面也會非常平滑，最後再用四方反刨來修整。開始使用手斧後，會發現完成的速度竟比想像中還要快，不由得覺得工具真的是很偉大。

那年年尾，跟朋友一起辦了場盛大的搗麻糬大會，把麻糬送到老爺爺家時，他也非常開心。

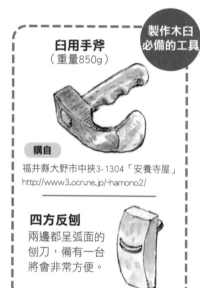

認識古代的 木臼 製法

細腰臼

在登呂遺跡等彌生時代的遺跡當中，所展示的木臼都為細腰形。當時的木臼不是拿來搗米飯，主要是用來為穀物脫殼。照片為北海道蝦夷族所使用的木臼，據説一直到明治時期為止，都是用這種木臼來為粟或小米脫殼。所用的杵稱為「縱杵」，是沒有握柄的棒狀杵（跟玉兔在月亮上用的是同一種）。臼身之所以會凹陷進去，是為了便於把附著在臼裡面的粉末倒出來，而且較為輕巧，便於搬動。縱杵的施力力道雖然不強，但是脫殼並沒有像搗米飯那種揉壓的動作，所以用縱杵也就夠了。

蝦夷族有一種小臼（下圖），供獨居老人搗用自家用的少量穀物，這種臼會與東南亞地區，用來搗蒜或香料的石缽聯想在一起。在沒有櫸樹分布的北方國家，則會使用桂木來製作木臼。

蝦夷族的小臼「**橫臼**」

古代的手斧

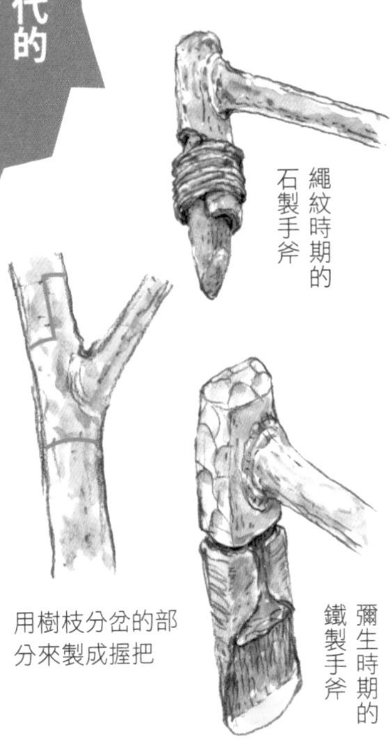
繩紋時期的石製手斧
用樹枝分岔的部分來製成握把
彌生時期的鐵製手斧

熱雕木臼

如果有直徑30公分的櫸木塊，就可以用熱雕法來製作小型木臼。

用橡木做的木槌
用來搗泥土等

在本書「PART4」，製作披薩窯時，會用到從山裡採集而來的黏土，這時就可以利用這個木臼，把黏土中的小石頭搗碎，以精製黏土。

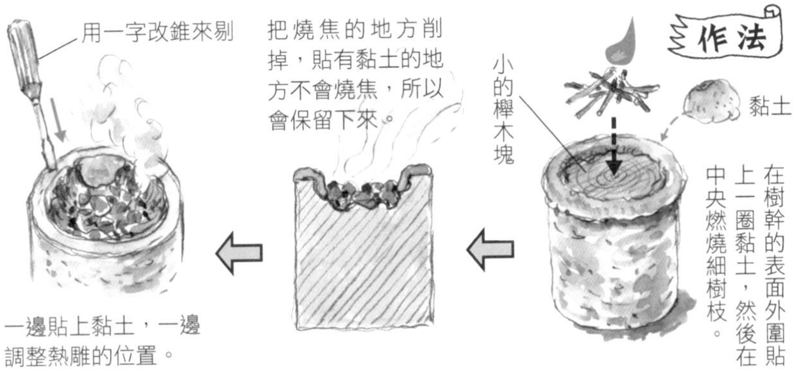
作法
小的櫸木塊
黏土
在樹幹的表面外圍貼上一圈黏土，然後在中央燃燒細樹枝。
把燒焦的地方削掉，貼有黏土的地方不會燒焦，所以會保留下來。
用一字改錐來剔
一邊貼上黏土，一邊調整熱雕的位置。

7.

用掘立柱來立招牌與搭小屋

從繩紋時代留傳下來的「掘立」手法，非常簡單。只要有樹幹，就可以最低限度的工具跟工夫來搭起一間小屋。用兩根柱子可以立起一面招牌、用四根柱子可以搭建小屋或輕型卡車的車庫，也可以搭座小亭子，做成露天浴場或石窯。

▶在背面釘上剖半的細樹幹，具有補強與防止木板翻翹變形的功能。

▼招牌背面的簽名。

▶正在裝屋頂部分的金屬配件。

招牌的外框以蛋為概念來裝飾。

設計圖

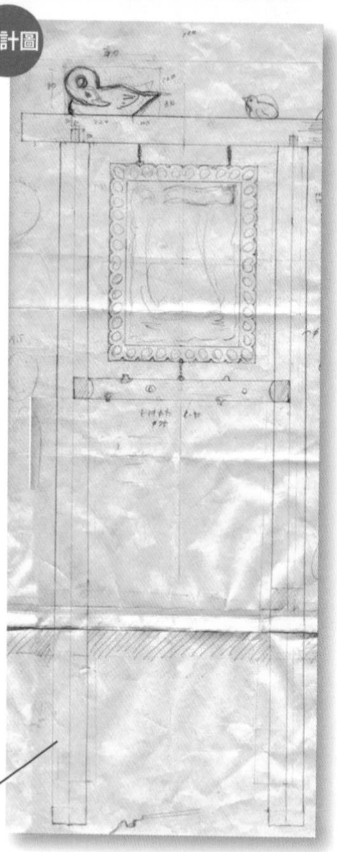

因為是設置在田埂上，所以埋進地面中的深度為60公分。

樹幹圓木材是很堅固的

未經製材的樹幹在構造上很強韌，這是由於樹幹裡的纖維並未被切斷。雖然用木材來組構成木構造建築並不是件容易的事，但自古以來，在山村裡有一種簡樸的小屋搭建方法，稱為「掘立」。把梁架在樹枝分歧處，再用繩子綁縛棰木。木材會跟繩子愈來愈契合，就能夠牢牢地固定住。

古老繩紋時代的堅穴式住宅就是這種類型，直到昭和三十年代左右，日本各地的炭燒師們便以這種方式，使用當地素材（繩子部分以攀緣植物替代）來搭建小屋。現在依然可在山間看到一些穀倉是用這種方法搭蓋而成。（現在用粗的鐵絲來取代繩子）

掘立柱是埋在土裡加以固定，所以不需考慮該如何與地基做連結，且柱身本身能夠獨自站立，所以比想像的還要堅固。

柱子選擇、立柱方式

掘立建築的缺點是柱子埋在地底下的耐久性，但如果先針對埋起來的部分進行碳化熱處理，即使是

裝在屋頂上的親子天鵝。

用四塊角材拼起來（用強力膠黏）的木塊來雕天鵝，然後用油性顏料上色。（最後才裝上眼睛）

用四片木板來做招牌。

把細樹幹剖成兩半。

完成！

設置半年後，背景是長高的稻米。

左上圖：燃燒柱身的表面，使其炭化（防止腐蝕）。考慮到美觀問題，因此必須先用鋁箔紙包住邊線。

左圖：刻鑿屋頂的榫孔。為了不要破壞木頭，所以跟木紋垂直的方向要輕、順著木紋的方向則可以使勁地敲鑿，接著把芯挖空。

杉木或檜木也能維持很長的時間（約十到三十年左右※）。在山中村落裡還有一些用栗木搭建的小屋，如果是建在排水良好的地方，可以維持五十年以上。附帶一提，掘立柱不需過度在意所使用的木材是否已經徹底乾燥。

至於柱子埋在土裡的深度，如果是軟質土就埋入六十公分，硬質土則埋入四十公分左右。先在洞穴底部鋪上小石頭鞏固基盤，然後把柱子埋進去。在填入小石頭搗固的階段，一直到柱子完全固定住之前，必須用鉛錘來確認柱身是否與地面垂直。

※掘立柱使用年限會根據素材情況有很大差異。去除樹木精油的「人工乾燥材」會腐朽得非常快。非人工乾燥的木材也必須遵守採伐的時節，如果是在樹幹澱粉質含量高的春夏所採伐，很容易遭到蟲害。採伐最佳時節請參照本書**第十四頁**。

用疏伐材來做掘立招牌

上方照片是在知名水鳥棲息地附近的田邊，所豎立的掘立招牌。因爲是「冬季水田」的說明看板，所以雕了一對親子天鵝當作候鳥象徵，把牠們裝在帶樹皮的半圓形樹幹所做成的屋頂上。

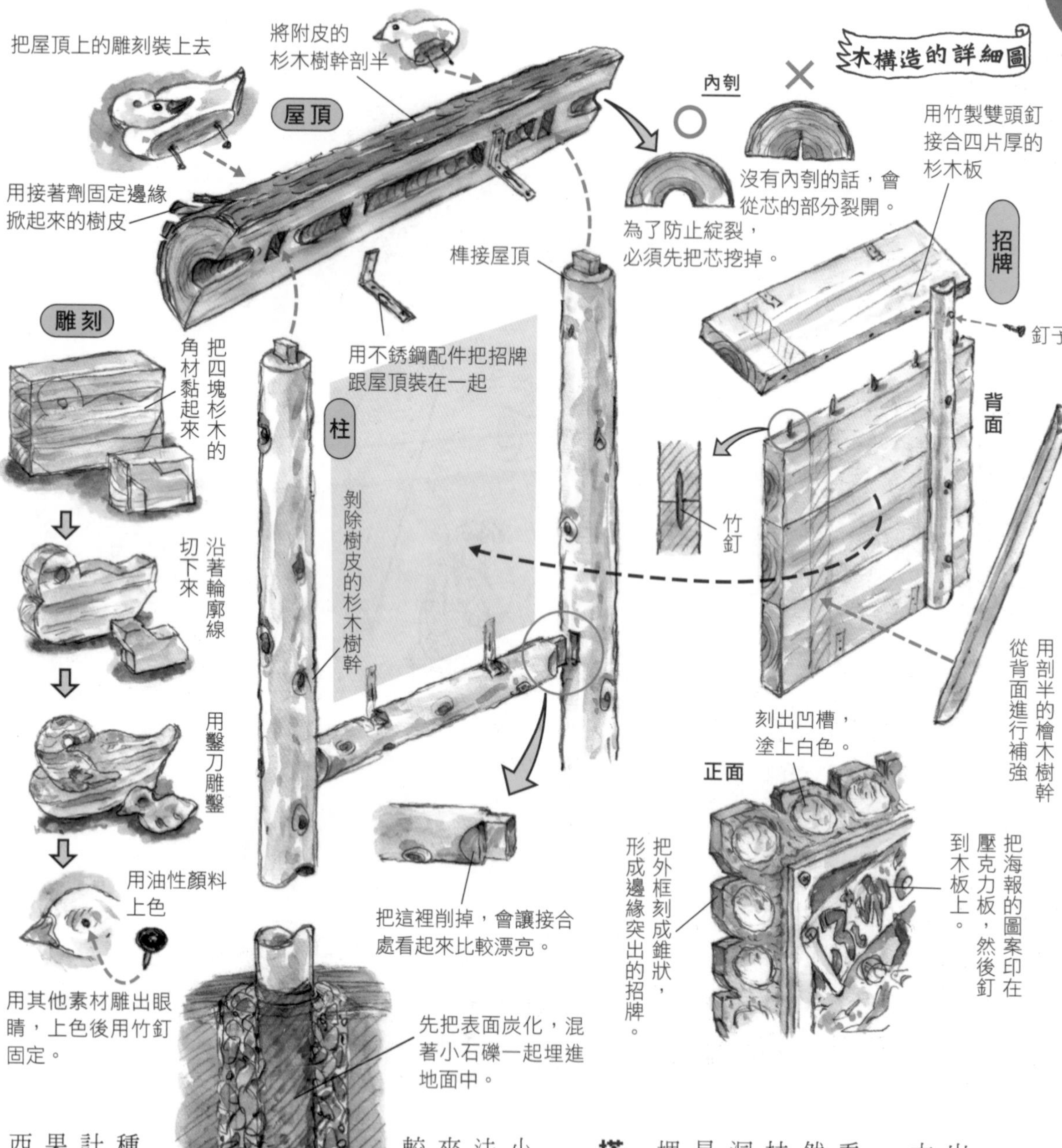
木構造的詳細圖
把屋頂上的雕刻裝上去
將附皮的
杉木樹幹剖半
屋頂
用接著劑固定邊緣
掀起來的樹皮
內刳
沒有內刳的話，會
從芯的部分裂開。
為了防止綻裂，
必須先把芯挖掉。
用竹製雙頭釘
接合四片厚的
杉木板
榫接屋頂
招牌
釘子
雕刻
把四塊杉木的角材黏起來
用不銹鋼配件把招牌
跟屋頂裝在一起
柱
背面
竹釘
剝除樹皮的杉木樹幹
沿著輪廓線切下來
用剖半的檜木樹幹從背面進行補強
用鑿刀雕鑿
刻出凹槽，
塗上白色。
正面
用油性顏料
上色
把這裡削掉，會讓接合
處看起來比較漂亮。
把外框刻成錐狀，形成邊緣突出的招牌。
把海報的圖案印在壓克力板，然後釘到木板上。
用其他素材雕出眼
睛，上色後用竹釘
固定。

先把表面炭化，混
著小石礫一起埋進
地面中。

招牌上的插畫，是先用電腦輸出印在壓克力板，然後釘到無垢杉木板。

像這種用兩根柱子支撐起來的看板，必須先把各個部分組裝好，然後在地面上挖兩個洞，最後再把柱子插進洞裡固定住。先確定兩個洞的深度是否一致，接著確認柱身是否與地面保持垂直，最後把柱子埋進去固定住。

搭建小屋必須先立柱子

搭建小屋時，如果是倉庫那種小規模建物，可以採用立招牌的做法，但通常會先把柱子一根根立起來，然後在上面架上桁條，這麼做較省時，且一個人就能完成。

想要正確立穩建物的柱子，必須先確認柱身是否爲四角形。一般的建築工地現場，會拉水線跟使用大矩這種木製的直角三角尺，現在則使用計算機來計算三角形的斜邊長，如果是用智慧型手機的話，可以到卡西歐（CASIO）的計算網站，使用

杉木皮屋頂

先用廢棄的材料鋪設野地板

蓋上廢棄的紙盒

鋪上杉木皮，擺上劈開的竹竿

再用石頭壓住竹竿

◀可以用木鏟或是刮刀來剝除樹皮

存放起來的杉木皮，只要泡水就能恢復到原本柔軟的狀態

披薩窯的亭子

替用石頭、黏土跟磚塊做成的披薩窯（**詳見P.90**）蓋一座亭子。柱子的直徑為110～140公釐、桁條直徑為100～140公釐的杉木樹幹，棰則是使用廢棄角材

立柱的方法

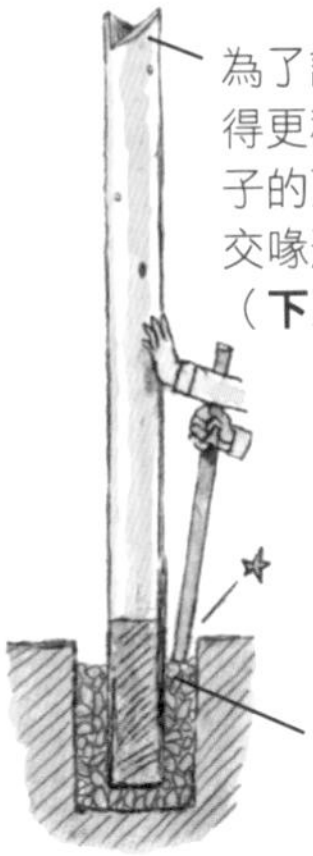
為了讓桁條架得更穩，在柱子的頂端切出交喙形切口。（**下頁**）
倒入小石子跟土壤來搗固基礎

在屋頂鋪上杉木皮、透光的塑膠浪板、廢棄的鐵皮浪板（三色屋頂）。用竹製的排水管把雨水引到瓶子裡。

「畢達哥拉斯定理」這程式（※）來計算。

決定了立柱位置，就可開始挖出深度相同的洞。先在棒子上做出深度的記號，然後把棒子插到洞裡測量，如果想要更加精準，則必須拉出水線取出水平高度，在柱身相同的位置上做下記號，然後以此記號去對齊水線。

架上桁條、綁上棰

把四根柱子的一端切成V形後埋進地底，然後在上面架上桁條，再用U字釘固定。接著綁上棰木，骨架就完成。可以用疏伐材的上端樹枝來做棰木（參照**第三十六頁**），把棰木架到桁條上後，用粗鐵絲固定。

用釘子固定棰木上的野地板，再蓋上鐵皮浪板作爲屋頂。屋頂的斜度不需太大，最好不要有斜度，這樣在屋頂上面作業才會安全又輕鬆。

用杉木皮做屋頂的材料

如果嫌鐵皮浪板看起來有點廉價，那鋪上杉木樹皮也別有趣味。在秋冬採伐的杉木，樹皮很難剝除，但春夏的杉木皮則可很輕鬆剝

※http://keisan.casio.jp/exec/user/1322628316

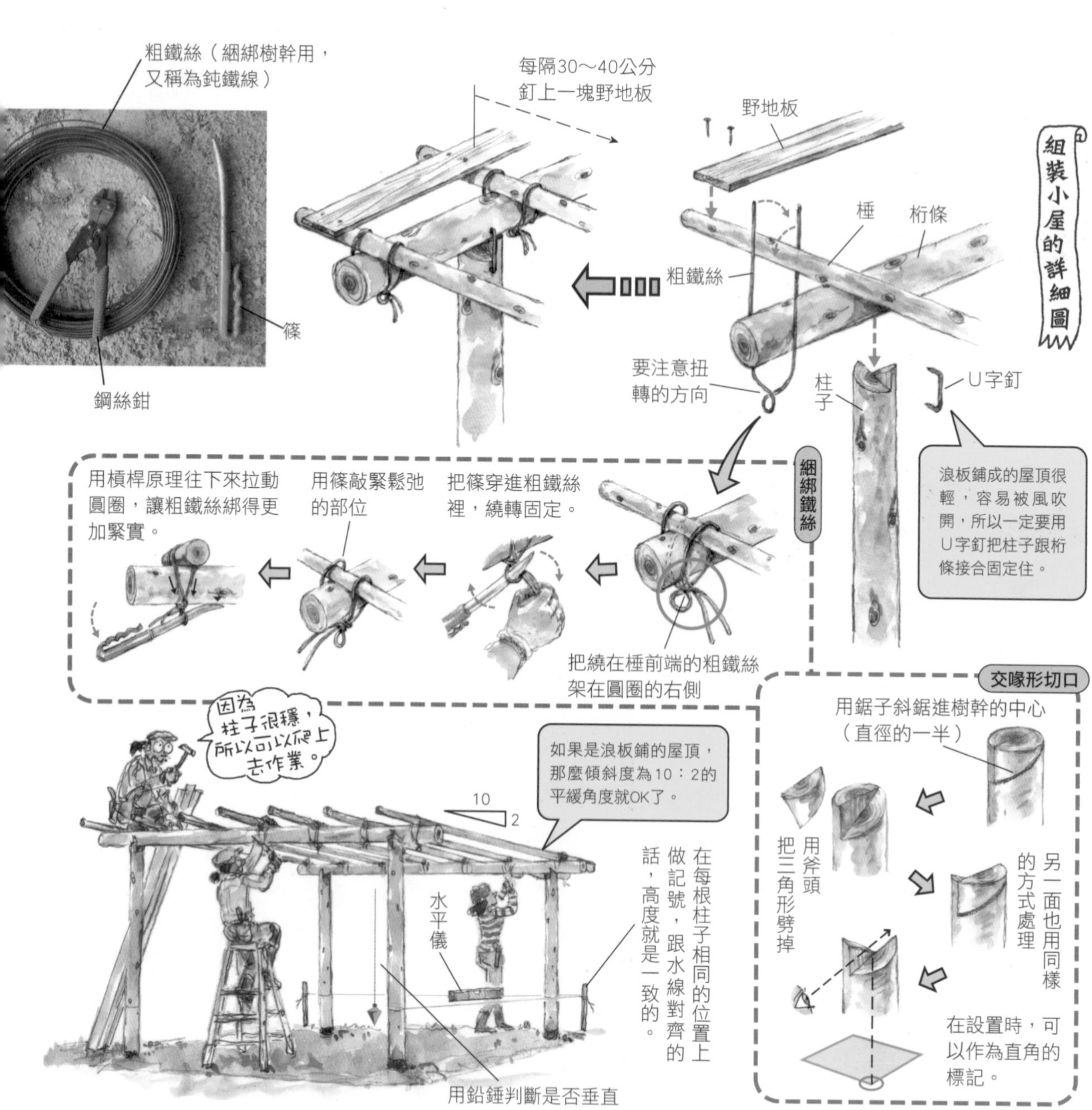

下來，不妨在採伐薪柴的大量疏伐時，把剝下來的樹皮裁成五十公分的長度綑起來保存，要用時只要泡水就可以恢復平整了。

用目視來調整

即使已經統一了柱子高度，但所承載的木材，其頭尾部分的直徑會略有差異，所以最上端無法保持正確的水平。而且棰木也是使用樹幹製成，這就讓整體的高度變得更加不平整。這時可把凸出的部分削掉，或是墊上木片去調整高度，讓目視起來呈水平狀態。雖然明知道實際高度並不相同，但也算順利解決了問題，這跟使用規格固定的角材來做DIY是不一樣的，別有箇中趣味。

配合屋頂的素材鋪設野地板

浪板的紋路是縱向，雨水的流動方向不會紊亂，是可獨立使用的素材，所以浪板下的野地板可以排得疏一點。杉木皮的紋路則不固定，所以必須先密合的釘上野地板，鋪上防水布，再於上面蓋上杉木皮。

野地板
浪板屋頂
桁條
椽木

特別注意壁面必須要避開桁條

挾方杖
斜撐

椽木上裝排水管跟金屬配件，再用挾方杖跟斜撐補強。牆壁也只是簡單釘上浪板而已。

基本的傾斜式屋頂

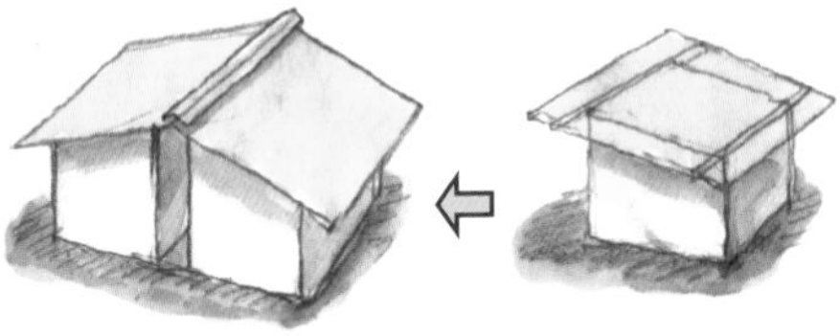

把兩片屋頂合起來，就能完成懸山式屋頂。

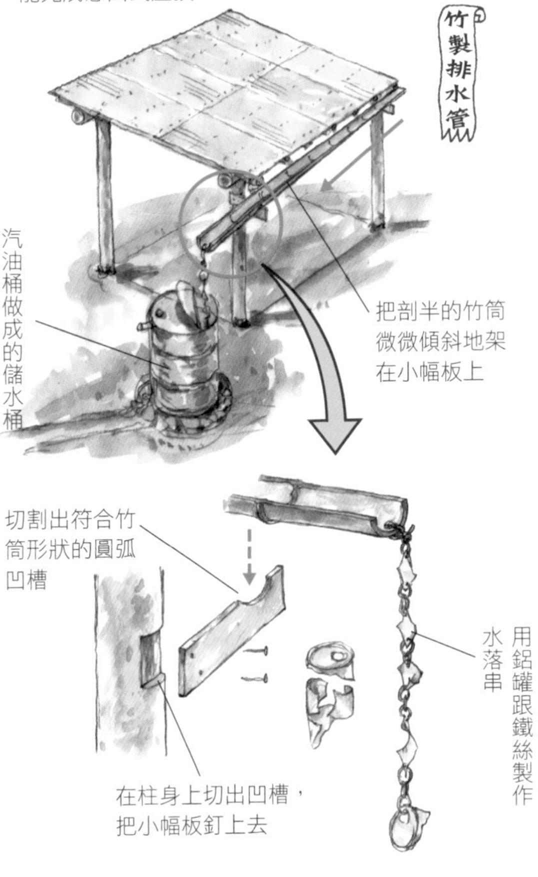
竹製排水管
汽油桶做成的儲水桶
把剖半的竹筒微微傾斜地架在小幅板上
切割出符合竹筒形狀的圓弧凹槽
用鋁罐跟鐵絲製作水落串
在柱身上切出凹槽，把小幅板釘上去

主梁
梁
屋架支柱

用栗木柱搭建而成的車庫（約為三十年前的建築）。梁是後來加上去的，架上屋架支柱，再加上主梁。牆壁為玻璃門建具。

在桁條上架上梁，直接用間柱頂住。梁用螺栓來接合（紅色圓圈的位置）。挾方杖上方的空間，可以用來堆放柴木。

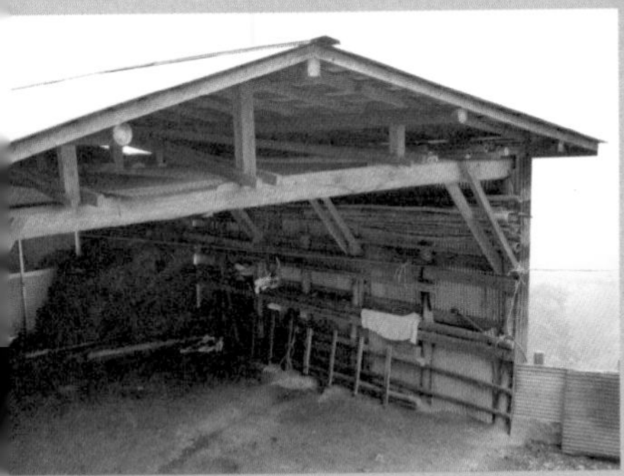

用樹幹的末端部分搭建束立小屋。柱子為掘立柱。

柱子的細部。使用分岔的栗木樹幹，把桁條架在上面，兩側用U字釘補強。

釘浪板的方法

用專用於浪板的傘釘（附有橡膠墊）把浪板釘到野地板上。為了避免材料浪費，應在設計時就先確定好現成材料尺寸以及屋頂大小，考慮浪板重疊的寬度跟釘釘子的間距等問題。

由於浪板重疊的部分必須要用釘子固定，所以下面一定要有野地板。釘釘子時要另外架一塊踏腳板，站在上面作業才不會傷到浪板。

疏伐與年輪的關係

你們知道年輪是如何生成的嗎？在樹木的樹幹與樹皮之間，有著一層「形成層」，陽光所引發的光合作用，以及從地底吸取的養分，會使形成層產生新細胞。也就是說，就像是從外側一層層包上去，樹木就這麼變得愈來愈粗。夏季成長的速度較快，冬季較慢，所以會形成一條條紋路——也就是年輪。

那麼，如果不施行疏伐，綠葉就會枯萎，光合作用減少，從地底吸收的養分銳減，理所當然的成長速度會減緩，年輪的幅度也會隨之變窄。調查那些疏於疏伐的樹木後發現，中心部分的年輪幅度很寬，外側的年輪卻很密。還能夠以年輪的幅度來推斷，如果經過適當的疏伐，這棵樹木能夠長得多粗。木材當中最重要的紅芯部分之所以無法增加，也是疏於疏伐所導致的結果。

疏伐所導致年輪與心材（紅芯）的變化

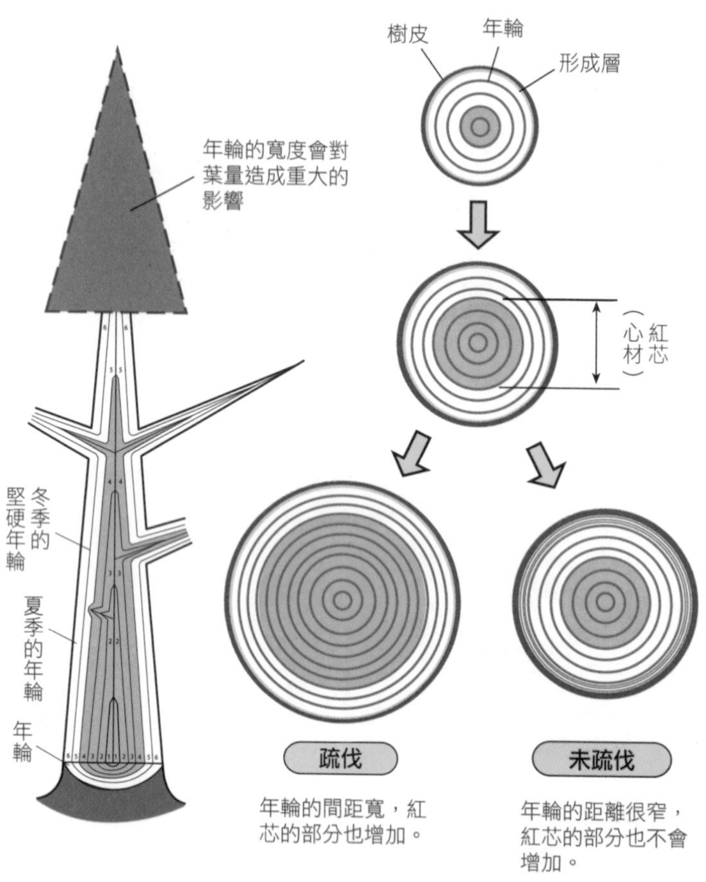
年輪的寬度會對葉量造成重大的影響
冬季的堅硬年輪
夏季的年輪
年輪
樹皮
年輪
形成層
紅芯（心材）
疏伐
年輪的間距寬，紅芯的部分也增加。
未疏伐
年輪的距離很窄，紅芯的部分也不會增加。

雕刻材的分類一覽

作為雕刻材的闊葉樹，可以分成木紋明顯的環孔材，與木紋不明顯的散孔材。前者像是櫸木製的木碗，後者則是製作浮世繪用的日本厚朴。浮世繪會用山櫻來雕，因為它的質地堅硬但容易雕刻，不容易產生逆向突刺，是最佳的版畫畫材。

從大棵櫪樹中得到的大塊木材，最適合用來做成木缽。鎌倉的雕刻品則多為桂木。對照圖鑑在山裡尋找雕刻材，是相當有趣的一件事。

環孔材	**a.櫸木類** 榆樹、櫸樹、象蠟樹、刺楸、栗樹、桑樹	木紋明顯。質地堅硬且具韌性，適合用來製成木盤等輕薄工具。
散孔材	**b.櫻木、槭木類** 色木槭以及其他的槭樹類、山櫻、水目櫻、上溝櫻等	漂亮具光澤的白色木材。有點硬但很好加工，最適合用來做漆器。（只需使用少量的打底顏料）
	c.山毛櫸、櫪木類 櫪樹、山毛櫸、燈台樹、桂樹、日本厚朴等	質地柔軟易加工，但難以乾燥且容易變形。量多容易取得。
	d.野茉莉類 野茉莉、大柄冬青等	色白、輕巧、柔軟，易於加工。很好上色，適合用來雕刻、做成玩具。尤其是野茉莉不容易裂開，在複樹種林中很多，易於取得。

PART2 水的運用

水源於山中，被土壤淨化。能夠免費獲取優質水的山裡，乃是河流的水源地，水田也獲得充沛的灌溉……。謹記那些匯聚於水中的眾多生物，試著與波光閃耀的水嬉戲吧！

1. 把山中的清水引到家裡簡單的設備與配管方法

在森之國度日本，山裡的水是很美味的！如果已經再生了山中的廢棄屋，或是在森林裡打造了一間小屋，那麼我強力推薦從山溪裡引水。接下來將介紹從取水到中繼的儲水槽，一直通到家裡的引水基本知識跟配管，還有淨化混濁水的裝置及其製作方式。

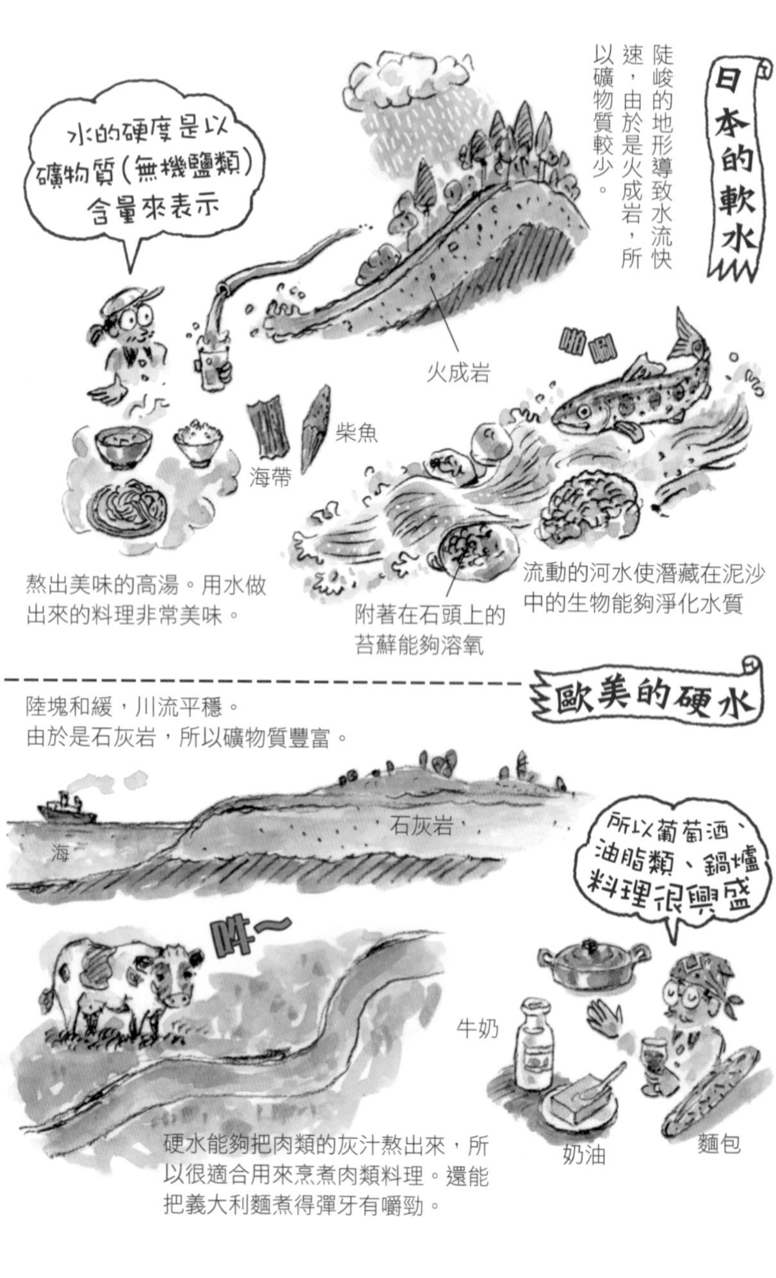

日本的軟水
陡峻的地形導致水流快速，由於是火成岩，所以礦物質較少。
水的硬度是以礦物質（無機鹽類）含量來表示
火成岩
柴魚
海帶
熬出美味的高湯。用水做出來的料理非常美味。
附著在石頭上的苔蘚能夠溶氧
流動的河水使潛藏在泥沙中的生物能夠淨化水質
歐美的硬水
陸塊和緩，川流平穩。
由於是石灰岩，所以礦物質豐富。
石灰岩
海
所以葡萄酒、油脂類、鍋爐料理很興盛
哞～
牛奶
奶油
麵包
硬水能夠把肉類的灰汁熬出來，所以很適合用來烹煮肉類料理。還能把義大利麵煮得彈牙有嚼勁。

日本山裡的水是軟水

日本各地都有名水或湧泉，直到現在依然有許多山中聚落是使用山泉水作爲水源。過去都是以石造的水路或竹管引水，但維修不便，現在有了鹽化塑膠管、黑色塑膠管等較輕且堅固的素材，因此能夠從距離遙遠的地方引水。

我也是像這樣靠著山泉水過了好幾年，不僅不用付水費，而且味道甜美。用這些水做的料理很美味，尤其是麵食類跟湯品最爲出色。煮麵湯或洗麵水也可再利用，就算全部都用相同的食材，那湯頭的美味程度，是都市自來水所無法相提並論的。如果用薪柴爐火來烹飪，美味程度將會倍增，用山泉水和薪柴炊煮的米飯，任誰吃了都會讚嘆。

日本山泉水幾乎都是軟水，口感溫醇，生飲就很好喝，而且能夠把高湯中的美味成分帶出來。用山泉水泡的咖啡或茶，味道與香味都能很直率地散發出來。適用於清淡料理，因爲山泉水有優秀的滲透性，所以不會造

以鐵鍋盛接溢流的水

剛把水源設置好時使用的集水槽。水從這裡透過黑色塑膠管自然地流出來。

溢流的排水道上形成一塊小溼地，令人欣喜地長了很多山葵跟九輪草。

◀黑色塑膠管中的水流進中繼儲水槽裡。枯水期時就用鹽化塑膠管引水潭的水。

把水從中繼儲水槽引到更大的儲水槽中，就能供應好幾戶住戶共同使用。

修理堵塞的水管，水的問題必須立刻解決。

從黑色塑膠管到鹽化塑膠管，以專用的接合管來連接。

成身體負擔（相反地，平地上的井水由於長時間滯留在地底，所以多爲硬水）。

其實是很辛苦的……

可是，這些泉水的水源保養相當麻煩。取水點跟中繼儲水槽都需定期清理，每逢大雨一定得去現場巡視。地下管線堵住了，水出不來，最後也查不到是哪裡堵住（因爲是四十年前埋設的工程），只好買黑色塑膠管把管線改到地面上。此外，在枯水期，水源處的水量不足，爲了增設中繼儲水槽與裝配管線，花了很多時間。

水管結凍就會停水，靠山泉水過活的人，最怕的就是水管結凍。如果管線裝配在北側，有可能一直到春天，在水管的結冰消融前都沒辦法使用山泉水。雖然山泉水不用付費，縱使把水龍頭開著讓水直流也無妨，但剛從都市裡搬進來的新人們，還是會緊緊地拴上水龍頭。

如果每次都請水管工程業者來施工，會花上好一筆錢。但現在只要去家居生活館，就有齊全

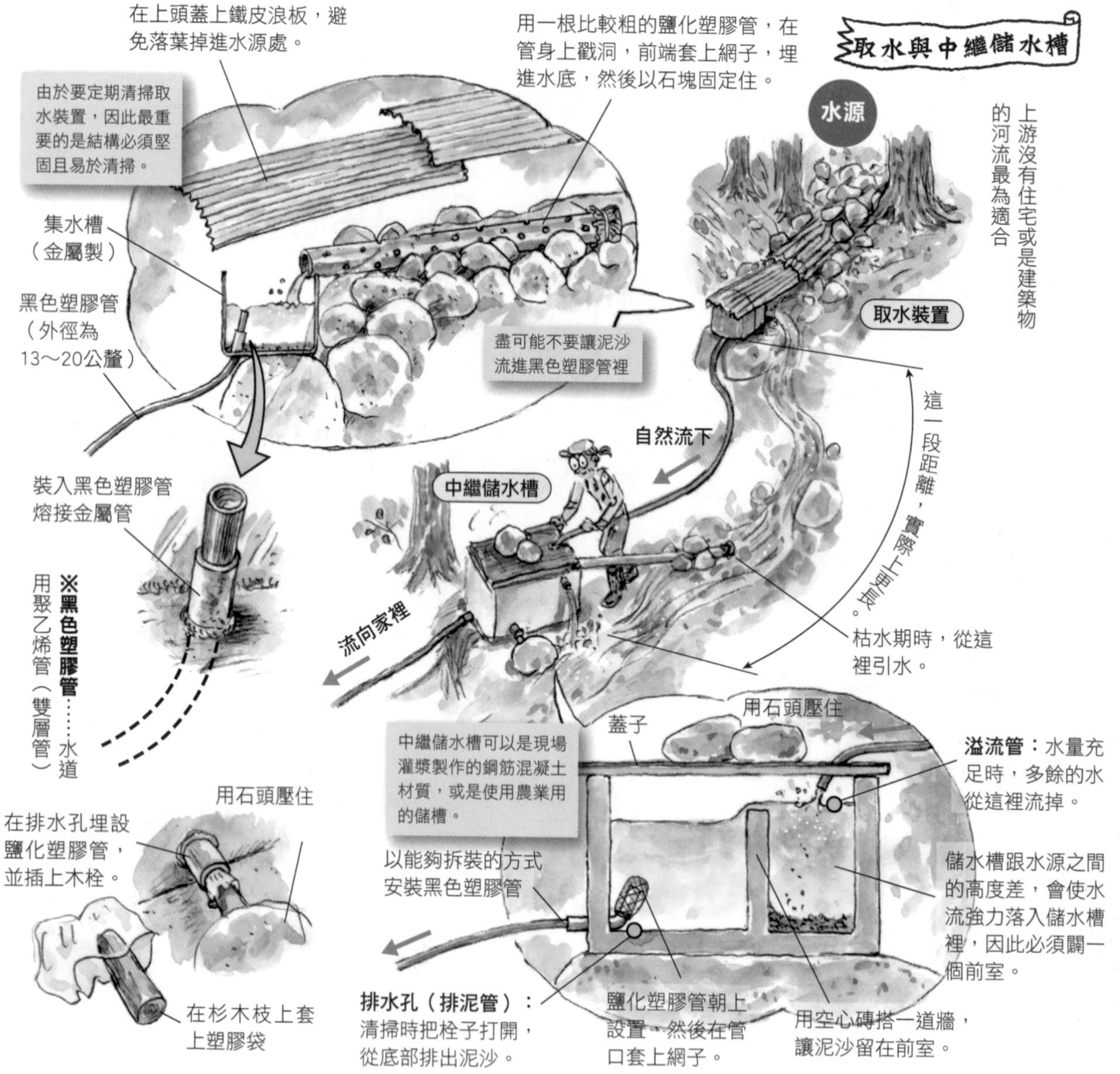
取水與中繼儲水槽
水源
上游沒有住宅或是建築物的河流最為適合
取水裝置
在上頭蓋上鐵皮浪板，避免落葉掉進水源處。
用一根比較粗的鹽化塑膠管，在管身上戳洞，前端套上網子，埋進水底，然後以石塊固定住。
由於要定期清掃取水裝置，因此最重要的是結構必須堅固且易於清掃。
集水槽（金屬製）
黑色塑膠管（外徑為13～20公釐）
盡可能不要讓泥沙流進黑色塑膠管裡
這一段距離，實際上更長。
自然流下
中繼儲水槽
裝入黑色塑膠管熔接金屬管
※黑色塑膠管……水道用聚乙烯管（雙層管）
流向家裡
枯水期時，從這裡引水。
用石頭壓住
蓋子
中繼儲水槽可以是現場灌漿製作的鋼筋混凝土材質，或是使用農業用的儲槽。
溢流管：水量充足時，多餘的水從這裡流掉。
用石頭壓住
在排水孔埋設鹽化塑膠管，並插上木栓。
以能夠拆裝的方式安裝黑色塑膠管
儲水槽跟水源之間的高度差，會使水流強力落入儲水槽裡，因此必須闢一個前室。
在杉木枝上套上塑膠袋
排水孔（排泥管）：清掃時把栓子打開，從底部排出泥沙。
鹽化塑膠管朝上設置，然後在管口套上網子。
用空心磚搭一道牆，讓泥沙留在前室。

的管線配置材料，所以可以自己來完成。動手去做，才會學到作為生命線的自家水管的知識跟技術。了解水源與水管工程，對於山居生活而言是非常重要的。

山泉水管線配置的基本知識

水道管線大致有四個重點。①水源、②中繼儲水槽、③管線配置、④水龍頭（室內管線配置）。

首先是水源。古老的山中聚落必定有飲用水的水潭，反過來說，正因為該地有飲用水，所以人們才會開始在那邊居住。因此，即使現在已經在用自來水地區，只要問問當地的長輩們，一定會知道該去哪裡獲得良水（※）。

中繼儲水槽（受水槽）就是儲存水源的水槽。假使是水源不寬裕的水脈，中繼儲水槽的儲水功能就很重要了。在儲水槽當中必須裝配有「溢流管」，當水量充足時，讓多餘的水流掉，以及當槽底積滿泥沙時，用來排除泥沙的「排泥管」。

通常管線裝配在地面，會使用「黑色塑膠管」，如果埋在地底，會使用「鹽化塑膠管」。從主要水

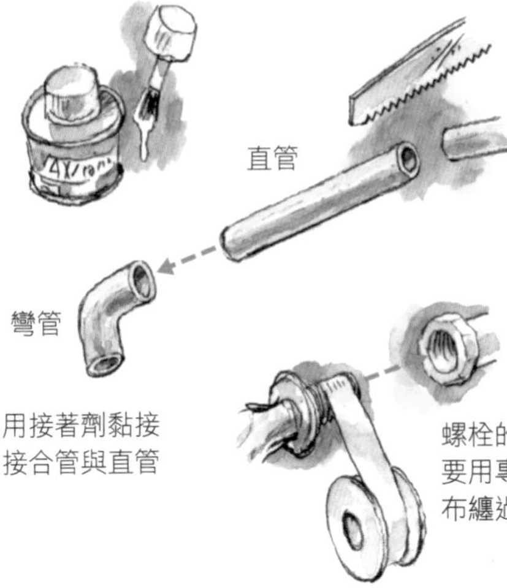
專用的接著劑
（蓋子裡附有刷毛）
用鋸子就可以輕鬆鋸斷鹽化塑膠管
直管
彎管
用接著劑黏接
接合管與直管
螺栓的部分，
要用專用的膠
布纏過。

居家周圍的配管

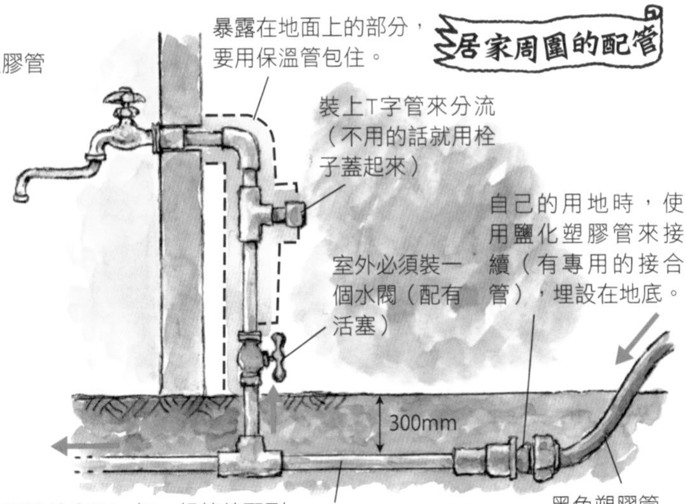
暴露在地面上的部分，
要用保溫管包住。
裝上T字管來分流
（不用的話就用栓
子蓋起來）
自己的用地時，使
用鹽化塑膠管來接
續（有專用的接合
管），埋設在地底。
室外必須裝一
個水閥（配有
活塞）
300mm
黑色塑膠管
經過地底下，把一根管線配到
屋外，使用上會比較方便。
鹽化塑膠管
13mm

裝上水龍頭，包上保溫管。

連結鹽化塑膠管。在接合不同顏色的塑膠管時，必須使用專用的接著劑。

把鋼管接到鹽化塑膠管的專用接合管

深藍色的鹽化塑膠管稱為「HIVP管／耐衝擊性鹽化塑膠管」，耐衝擊且不易破裂。

※可參考鹽化塑膠管・接合管協會「技術資料〈施工篇〉」（**P.26～**）http://www.ppfa.gr.jp/05/data09/05.pdf。

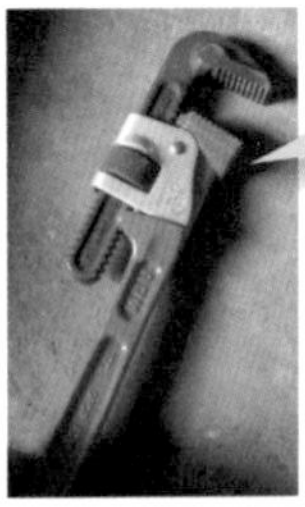

水管扳手的用法

要把旋緊的舊螺絲轉開時，可以像照片中所示，使用兩副水管扳手，用腳踩箭頭所指的部位。

源連接到中繼儲水槽，會採用地表配管，從儲水槽到家的周邊，則是採用地下配管，這麼做管理起來比較容易且安全。

水龍頭（室內管線配置）之前一定要裝上閥門，也就是斷流器。由該處將室內的水流管線分流出去，那麼即使室內的水管破裂或是故障，也能立刻中斷水流。由於只要用鋸子跟黏著劑就可以簡單將塑膠管連接起來，所以室內的管線配置往往會變得很複雜。不過，考慮到結凍故障等狀況，最好還是盡可能讓管線的配置簡單化。

※：雖然在自有土地內從水潭引水是項小規模工程，但為了獲得鄰居們的諒解，必須要先了解當地狀況。在購買土地時，就必須確認是否也同時購入了水源的利用權。如果是要新申請水源的持續使用權，那麼必須跟公家機關或農業委員會等機構討論，獲得認可。

淨化混濁水的方法

由於降雨而使水源混濁，也就是遇到不得不使用混濁水源的情況時，砂、棕櫚皮、炭等，都是方便的過濾器。

用寶特瓶就可以製作簡易的過濾器。但光是這麼做並沒辦法濾掉

※黑色塑膠管、接合管的購買處：群馬管材中心（群馬縣高崎市）027-363-1572

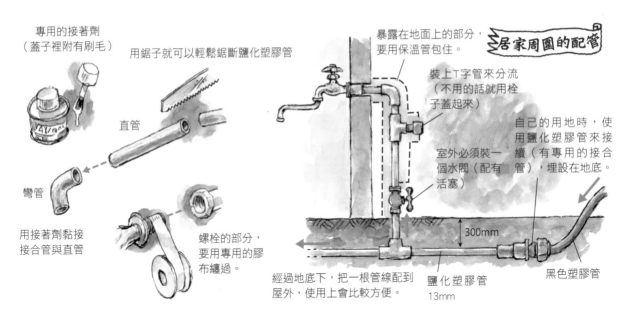

參觀慢速過濾淨水廠

長野縣上田市的染屋淨水廠是建於大正時代的「慢速過濾」淨水廠。利用池底的砂層（平均約90公分厚）來淨化水質。

自然生成的藻類能夠供給氧分，對於淨化扮演著重要角色。

砂層為南木曾的花崗岩。清掃時會用鏟子把砂礫鏟出來，洗乾淨之後再重複利用。

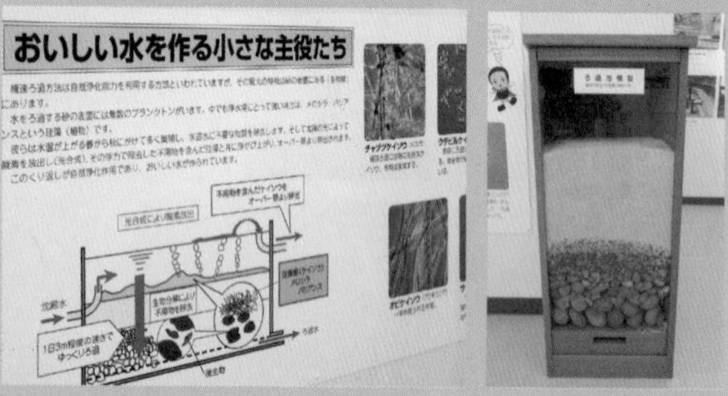
おいしい水を作る小さな主役たち

廠區內的水道資料館中，有生物淨化的解說（也有主要微生物的照片），並展示過濾池的砂層剖面模型等。「慢速過濾」不使用藥物，而以自然的力量（生物群集的活動）來過濾水質，**可以說是微縮重現了森林中以土壤來淨化水質的自然結構。**

T字部分
最容易堵塞

解決問題的方法

偶爾會被植物的根狀纖維堵住。這時要把管子挖出來、切斷，清除堵塞物。

堵塞

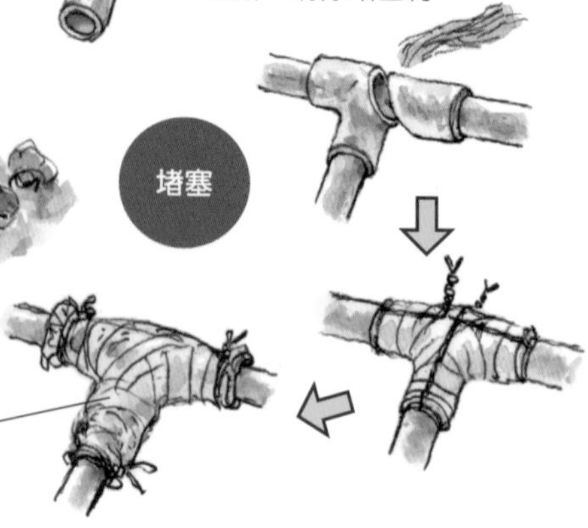

再捲上一層布，用尼龍線綁緊。即使一開始會漏水，但很快就會止住了。

纏上塑膠貼布，再用不銹鋼絲固定。

可以用炭火或是露營用的瓦斯槍來解決水龍頭凍結問題

凍結

冬天的水
很冰，所以可以
併用太陽能板來
燒洗澡水。

為水閥或是水龍頭等外露的金屬部分進行保暖措施。可以把熱水袋蓋在水閥上，再裹上毛毯。

細菌，所以生飲前必須用氯消毒，或是煮沸後飲用。

然而，有一種有效率的好方法能夠淨化含有細菌的水，那就是從以前就用於淨水廠的「慢速過濾法」。雖然僅僅是透過砂層來過濾，但在砂的表層有許多天然微生物，可以吃掉那些不純淨的物質（混濁或是細菌）。

用小石頭跟砂做成不添加藥品的淨水裝置

這種淨化法誕生於工業革命時代的英國，事實上在二次世界大戰前，日本已經廣泛使用這方法，但在戰後，由於美國的技術指導，以及業界高額購入淨水機器等各方壓力下，這種淨水法的使用者銳減。不過，只要了解它的原理，就有辦法自製迷你裝置。推廣這種淨水法的中本信忠老師（信州大學名譽教授），以東日本大震災爲契機，在報紙上介紹了自製慢速過濾裝置的製作方法（《東京新聞》二〇一一年五月二日）。

材料是在河邊就能撿拾到的小石頭跟砂礫，以及各個家庭中都會有的塑膠收納盒、垃圾桶等垂手可

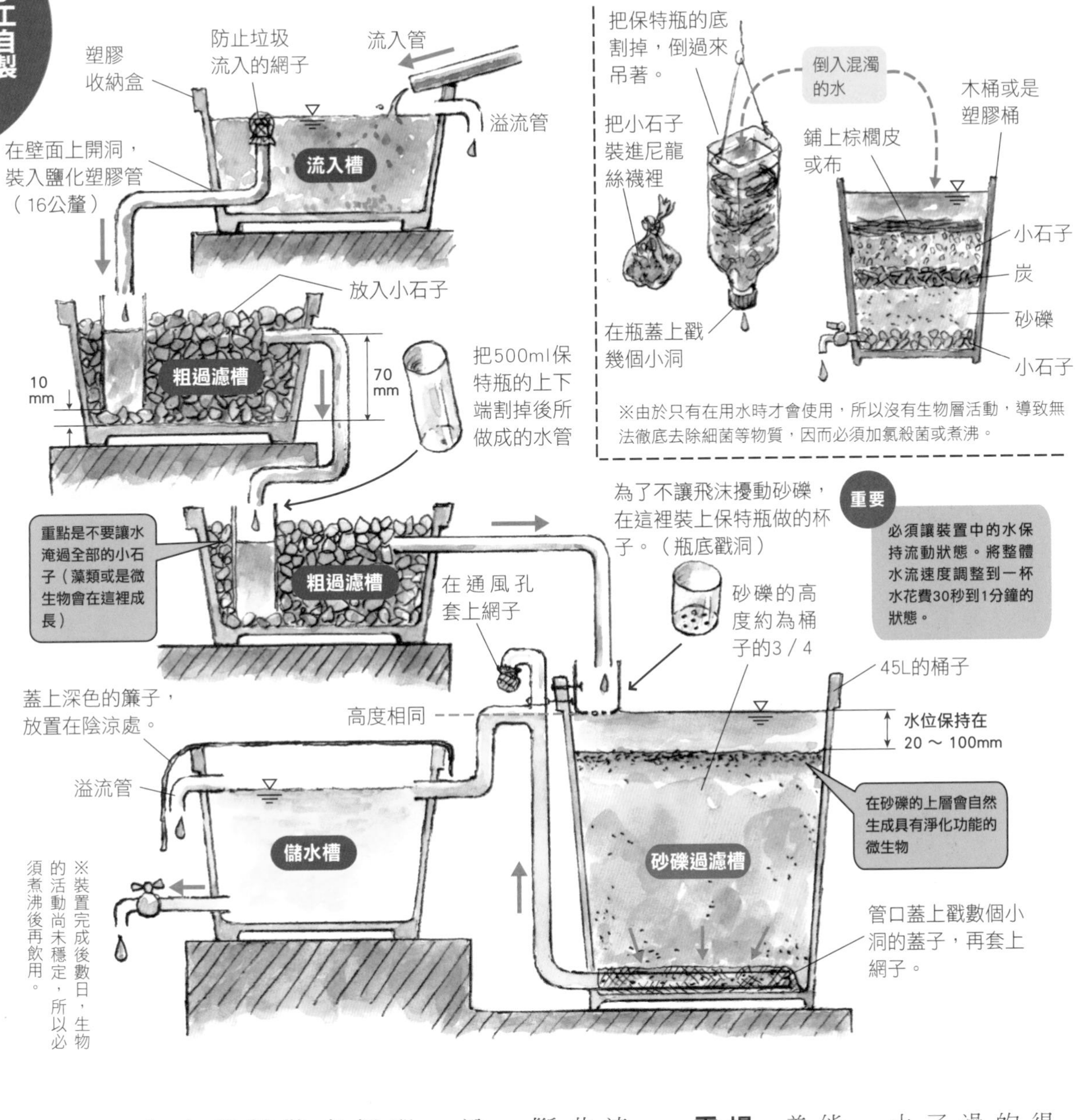
塑膠
收納盒
防止垃圾
流入的網子
流入管
溢流管
流入槽
在壁面上開洞，
裝入鹽化塑膠管
（16公釐）
放入小石子
粗過濾槽
10
mm
70
mm
把500ml保
特瓶的上下
端割掉後所
做成的水管
重點是不要讓水淹過全部的小石子（藻類或是微生物會在這裡成長）
粗過濾槽
在通風孔
套上網子
為了不讓飛沫擾動砂礫，
在這裡裝上保特瓶做的杯
子。（瓶底戳洞）
重要
必須讓裝置中的水保持流動狀態。將整體水流速度調整到一杯水花費30秒到1分鐘的狀態。
砂礫的高
度約為桶
子的3／4
45L的桶子
水位保持在
20 ～ 100mm
蓋上深色的簾子，
放置在陰涼處。
高度相同
溢流管
儲水槽
砂礫過濾槽
在砂礫的上層會自然生成具有淨化功能的微生物
管口蓋上戳數個小
洞的蓋子，再套上
網子。
※裝置完成後數日，生物的活動尚未穩定，所以必須煮沸後再飲用。
把保特瓶的底
割掉，倒過來
吊著。
倒入混濁
的水
木桶或是
塑膠桶
把小石子
裝進尼龍
絲襪裡
鋪上棕櫚皮
或布
小石子
炭
砂礫
小石子
在瓶蓋上戳
幾個小洞
※由於只有在用水時才會使用，所以沒有生物層活動，導致無法徹底去除細菌等物質，因而必須加氯殺菌或煮沸。

得的素材。中本老師表示「用手製的過濾裝置來淨化河川、雨水、泡澡水等，那麼幾乎什麼水都可以喝了。一天可以過濾一個汽油桶量的水。」

只要使用這個裝置，即使是可能含有細菌的河水，或許也能變成美味的生水。

慢速過濾屬於生物過濾 需要保持固定速度

這個裝置最重要的是必須讓水流保持固定速度，且持續流動，如此一來砂礫中的生物群落們才會不斷活動。也就是說即使關上了最後一個水槽的水龍頭，也必須讓水從溢流管流出去。

若無法讓水源自然落入池中，那就在比過濾裝置高的地方安裝一個源水貯留槽，再用幫浦把水打上來。為了更加方便，可以在裡面安裝浮球閥裝置，那麼在水位降低時幫浦就會自動運作。中本老師的部落格「從現場學到的智慧與技術——尋求美味的水」裡，還有著許多創新想法。

參考：中本信忠老師的網站blogs.yahoo.co.jp/cwscnkmt 在網站導覽的「Model・小規模」裡有裝置的照片

2. 手壓幫浦的水井再生法

在以前到處都有水井，但現在大多已經堵塞起來不能用了。只要自己在水井上裝上手壓式幫浦，不需要用電就可免費取水。用於庭院灑水或是洗車都非常方便，災害時也不用擔心。實踐，我的水井再生報導。

設置幫浦前的水井▶

這裡

山麓斜坡寬廣的獨立山峰裡，蘊藏豐富的地下水與湧泉。
為什麼？……
酒藏也很豐富
(因為山谷太深而無法取水)

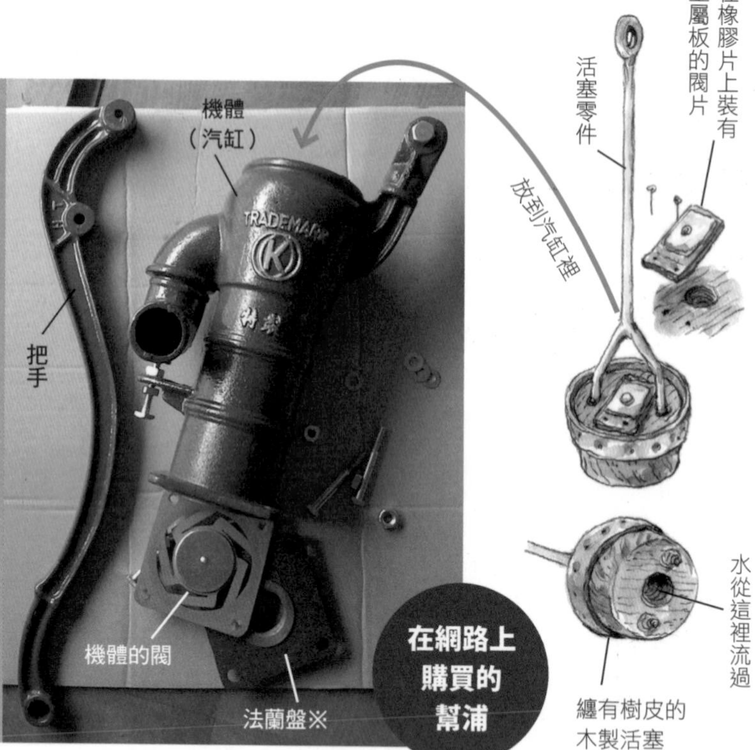
機體（汽缸）
TRADEMARK
把手
機體的閥
法蘭盤※
在網路上購買的幫浦
放到汽缸裡
活塞零件
在橡膠片上裝有金屬板的閥片
水從這裡流過
纏有樹皮的木製活塞

▶機體是很有分量的鑄鐵製

鄉村裡的水井與慢速過濾的關聯性

我媽媽的老家是在水戶鎮上的古老木造民房，在我小時候，那裡還有手壓式水井。我記得在水井周圍，一直都漫著泥土香氣，在那小小的院子裡，花朵隨季節而綻放。過去到處都有水井，附近的豆腐店也是使用水井的水。

現在回想起來，水戶的上市位在馬背台地上，所以能夠用手壓式幫浦從水井打出水來，是件很不可思議的事。不過，以前大多是泥土地，所以雨水不會匯流到下水道，而是直接滲進地面裡（所以雨天時地面泥濘不堪），生活的廢水都會用來灑掃或澆花，非常愛惜地使用，也許這就跟**前頁**提到的「慢速過濾」是相同原理，靠著它來增加了地下水。

消失的水井

在昭和時代高度成長期時，那些水井的手壓式幫浦被拆了，蓋上蓋子，改用電動幫浦來把井

這次測量淺水井所需的管子長度約為3.5公尺。另外還購買了作為量尺使用的2公尺水管兩根、直管用的接合管、與法蘭盤接合用的接合管。（總花費約1000日圓左右）

注意！

一般手壓式幫浦能夠運作的水深最深為 7m

手壓式幫浦原理

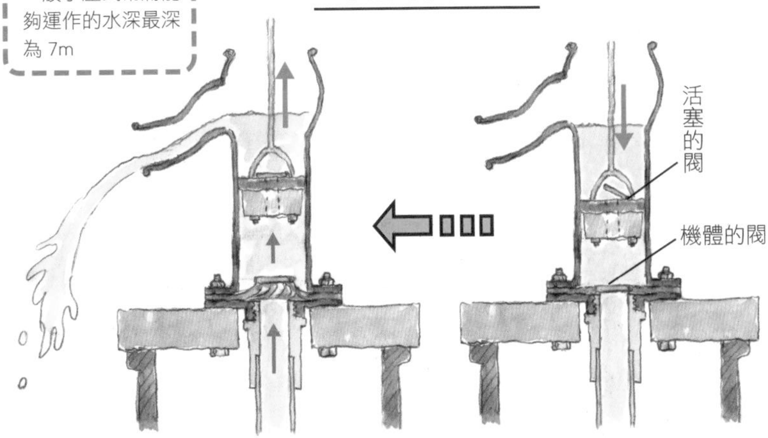
活塞的閥
機體的閥

活塞上升時→活塞的閥會閉合，機體的閥會開啟。（水位上升流出）

活塞下降時→活塞的閥會開啟，機體的閥會閉合。（水位保持不變）

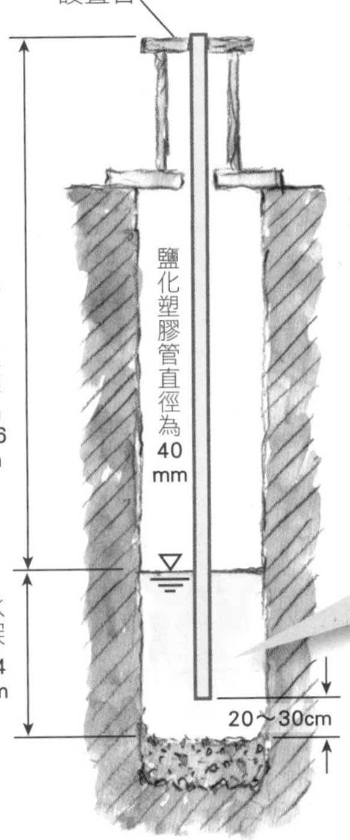
設置台
從設置台到水面的距離為286cm
水深94cm
鹽化塑膠管直徑為40mm
20～30cm

再生水井的實測值

用曬衣竿等竿子測量從設置台的最上端到水面的深度，以及水面下的深度，在水底往上20～30公分處設置吸水的管口。

用專用的膠布纏繞螺旋的部分

※法蘭盤：接合機體與配管的配件名稱

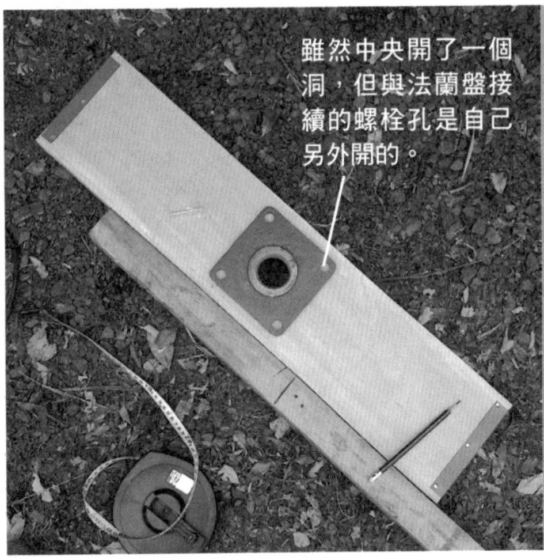
雖然中央開了一個洞，但與法蘭盤接續的螺栓孔是自己另外開的。

◀木製台座整組一起送到家

水引進室內的水龍頭。轉動水龍頭，會從遠方傳來「嗚嚶～」這種馬達運轉的聲音，然後水就從水龍頭流出來，非常方便，但對孩子來說，還是用手壓幫浦在戶外玩水比較開心。之後井水被衛生局下了使用禁令，最終消失。自來水全面普及。

這種過程讓各地水井都逐漸廢棄，但被蓋上蓋子的水井絕對沒有就此死亡。

在網路上購買手壓式幫浦

我在山裡租的獨棟房屋裡，有座閉鎖的水井，幫浦好像很久之前就壞了，修起來得花好幾萬塊。到老工具店去找手壓式幫浦，但都沒有找到實際上堪用的。最後只好上網去找，於是發現一家有在生產幫浦的公司。雖然是中國製，但在日本關西販售。因爲是量販店，所以價格比較便宜（兩萬多日圓）。我就在那邊買來試試看。

有趣的是，幫浦心臟部分的活塞是木製的（從木紋的樣子來判斷應該是櫸木），活塞周圍的墊料則是皮製。

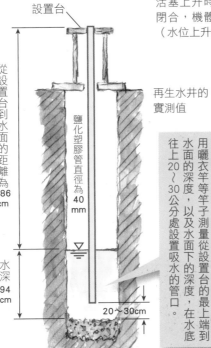

用四根角材拼成的台座

用電鑽在木板上鑽出螺絲孔，以固定法蘭盤。用角材來當垂直的導尺。

在背面畫圓，把四個角斜切掉。

用螺栓把角材固定住。用鑿刀在角材上鑿出凹槽以容納螺栓的頭部。這麼做也可防止角材轉動。

把橡膠管切段，作為墊片釘在與土管接觸的位置上。

◀翻過來蓋在土管上

◀把用接合管接長的鹽化塑膠管伸進水井裡

把法蘭盤裝到管子上，並用螺栓固定。

▶裝上橡膠閥。根據不同的水質，閥上的礦物成分會被溶析出來，因為會有縫隙，所以必須定期清掃。

當然沒有附上配管的材料，所以我到家居生活館採買，不足的基座其木頭部分就用角材來填補。

如果這樣還是沒辦法把水打上來該怎麼辦？把呼水倒進去後，滿懷著期待與不安，一邊上下壓著手把……水快來水快來，但其實水一下子就跑出來了！

那種感動，大概只有第一次使用薪柴火爐，煙被吸進煙囪裡，火升起來那一刻才能夠匹敵了。

水井的趣味與用法的重點

因爲是久未使用的井水，一開始有些混濁，嚐了一點後連舌頭都有點發麻，感覺就像加了很多化學藥劑。不過，持續用了幾天後，井裡的水開始有了變化。兩三天後，雖然還有一點鐵鏽味，但已逐漸有了井水的美味。嘗試拿來泡咖啡，非常好喝。

跟山泉水不同的地方是，即使在冬天水也是溫的，所以清洗東西時不會太痛苦。由於水溫都固定在攝氏十五度左右，所以以

機體設置

用四根螺栓以對角線的順序栓上

裝上出水口

把活塞配件放進去，裝上把手。用鐵絲固定螺母以防鬆脫。

▶一開始不先從上面倒水進去，水就壓不上來，這稱為「呼水」。

太好了
水出來了～～～！

防止台座搖晃的配件

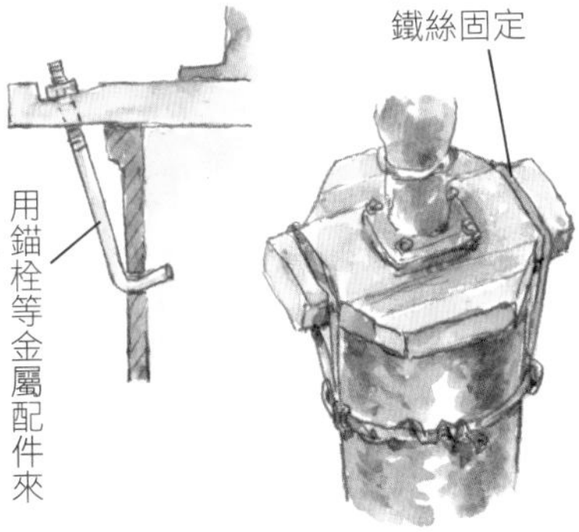
用繩子或是鐵絲固定
用錨栓等金屬配件來固定

冬天的體感而言，才會覺得水是溫的。

比較麻煩的是冬天早晨，活塞上的水會結凍，根本就轉不動！這時可以淋點熱水來融解它，但過去，會在幫浦上蓋稻草保溫，以防結凍。

水井跟山泉不同，幾乎不需特別維護。就算井底積了泥土，也可以一邊使用一邊攪拌，把混濁物打上來。但如果積了小石子，就必須設法把砂礫挖出來。

這個水井用了一年左右，水已經有點打不起來。檢查後發現，在水井的閥其內側附著一些茶褐色鐵鏽，產生了些空隙而使空氣滲漏出來。用鋼刷刷洗後再裝回去，就回復到原來的樣子。

如果考慮到淺井水的水，是運用慢速過濾的原理來淨化，那麼最好不要使用除草劑，以免傷害土壤裡的微生物。

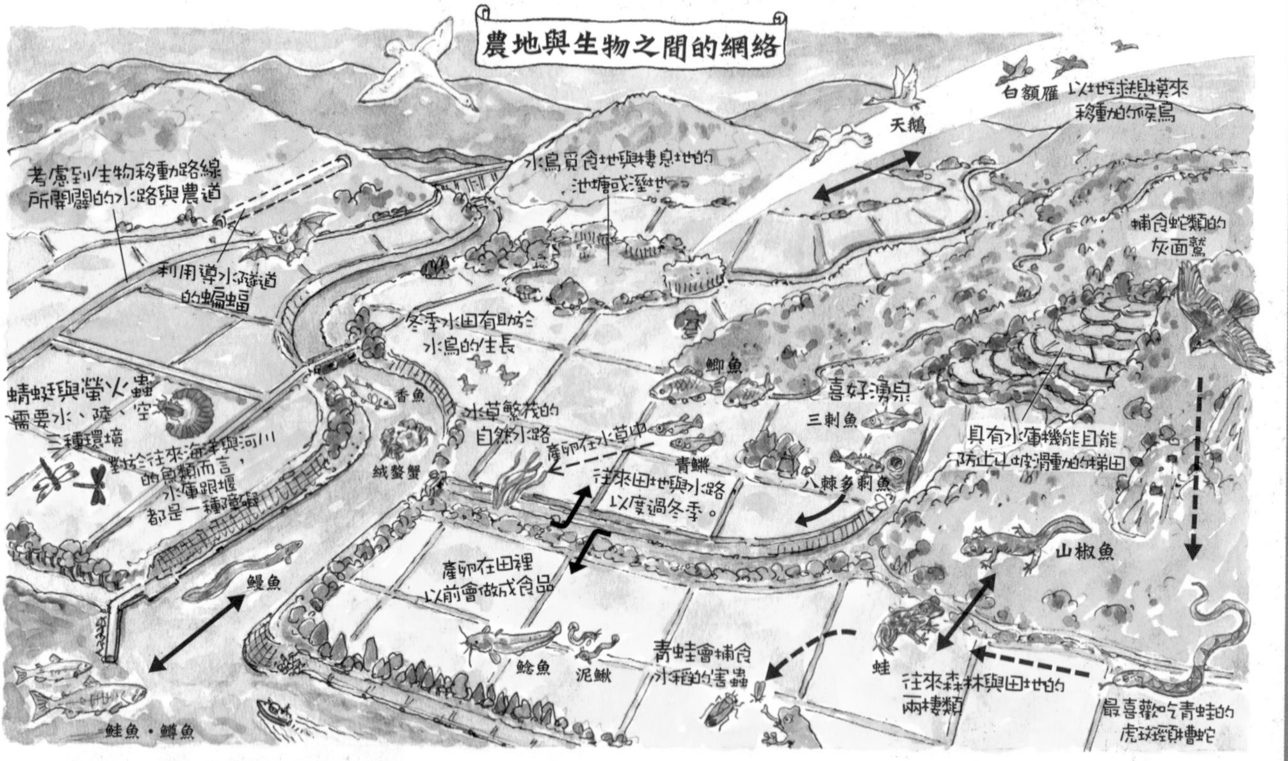

日本是多雨的國家。山裡的年降雨量有三千到四千公釐。在颱風季或豪雨集中的時節裡，一天的降雨量高達五百公釐，就跟歐洲國家的年降雨量差不多（！）。此外，一年當中，日照最長的夏至前後是梅雨季，具備了適於植物生長的最佳條件。

這種豐足的水量跟旺盛的植物生長，造就了日本的自然特徵，在山裡有著無數的水澤，無論是在平地還是緩坡地，都是水田的王國。

這些田地占了國土總面積百分之七，遠遠超過全國湖泊沼澤總面積的百分之零點二。水是很不可思議的物質，有水就有豐富的微生物，微生物種類一多，生物的食物鏈就會很廣。像是對於以整個地球為活動範圍來移動的候鳥們，田地就是相當重要的食物寶庫。

進到山裡進行疏伐作業時，就會深深體會到，水源就是來自於森林呀……。森林裡的樹木們能夠防止雨水引發山崩，並且製造出腐葉土，讓微生物在此生長，像水晶一樣的水，也就此誕生。

本書書名中的「里山」兩字，就是取自承載著森林的山，跟田地這兩者而成。因為是最棒的地方，所以希望大家可以去意識並感受這種水跟生物之間的關係，然後在ＤＩＹ的生活中去創造。

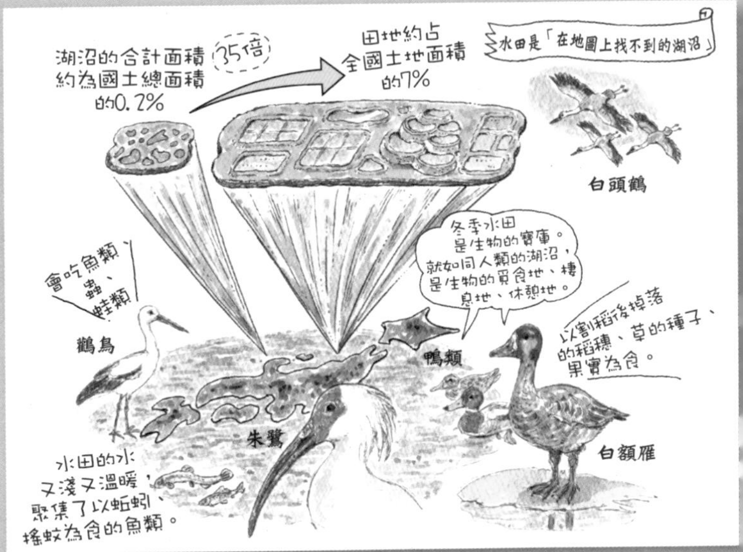

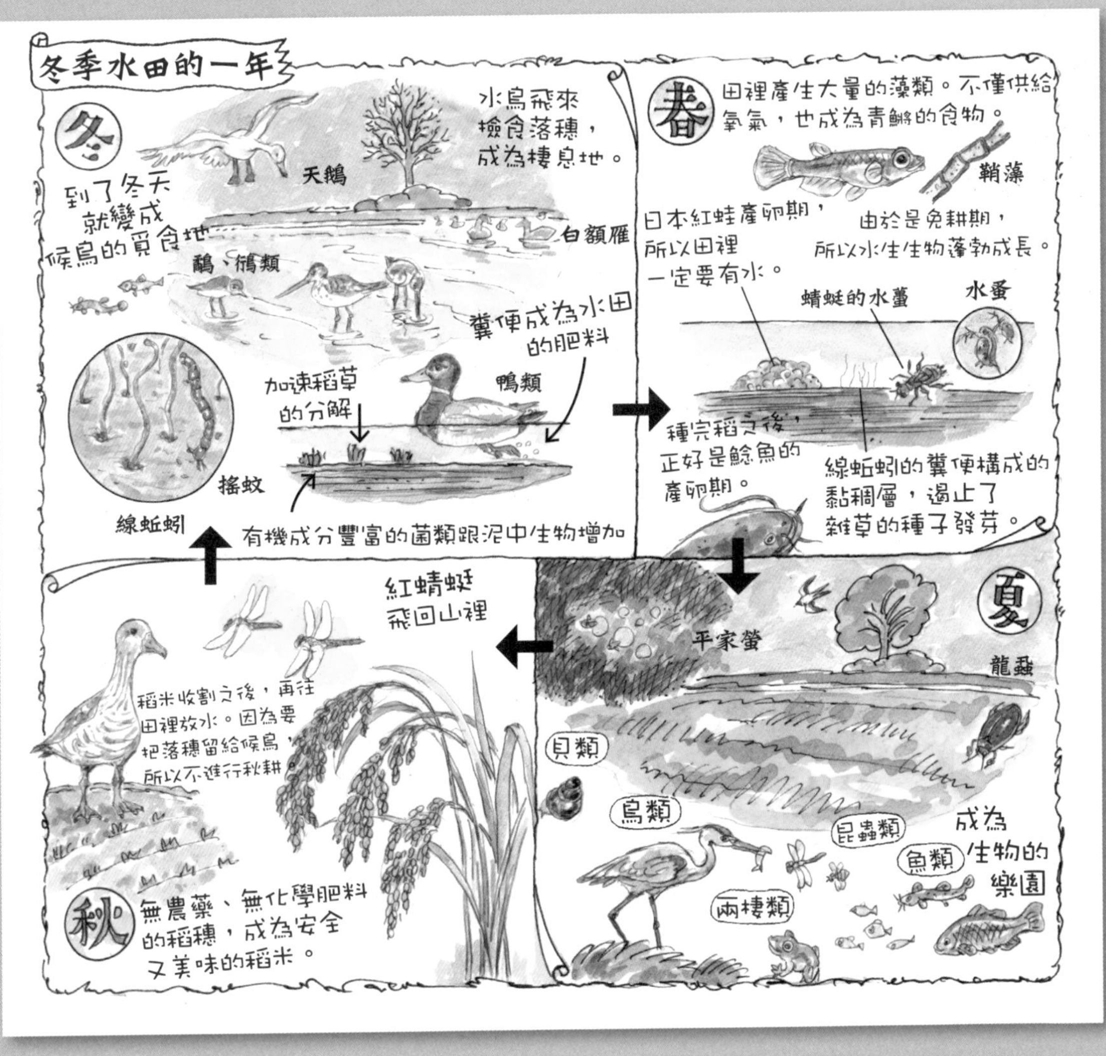

一般只有在種植水稻時才會在田裡放水，但在水田裡，收割之後還是會放滿水，好讓水鳥飛來棲息。結果不僅是這個「冬季水田」成了生物樂園，其豐沃的土壤也栽培出豐美的稻米。

雖然在一般印象中，蝙蝠是不好的動物，但事實上蝙蝠在里山生態系裡擔任著重要角色。現在，蝙蝠主要居住在山村的廢棄屋舍裡（以前租的老民宅二樓發現白頰鼯鼠的屍骸……），如果有幾乎沒有車子通行的隧道，在裡面DIY設置蝙蝠坑，應該別具新時代的趣味吧？

混凝土水道對於農業而言很方便，但對於兩棲類跟蛇類而言，卻等於是中斷了移動道路，只要掉進水裡，就沒有辦法再度回到陸地上。所以在這裡設置防止生物摔落的蓋子以及小型的「爬坡道」。在混凝土上鋪杉木板，引導生物往上爬。

用杉木做成的小型魚道。（還在建造中，所以裡面沒有放水）

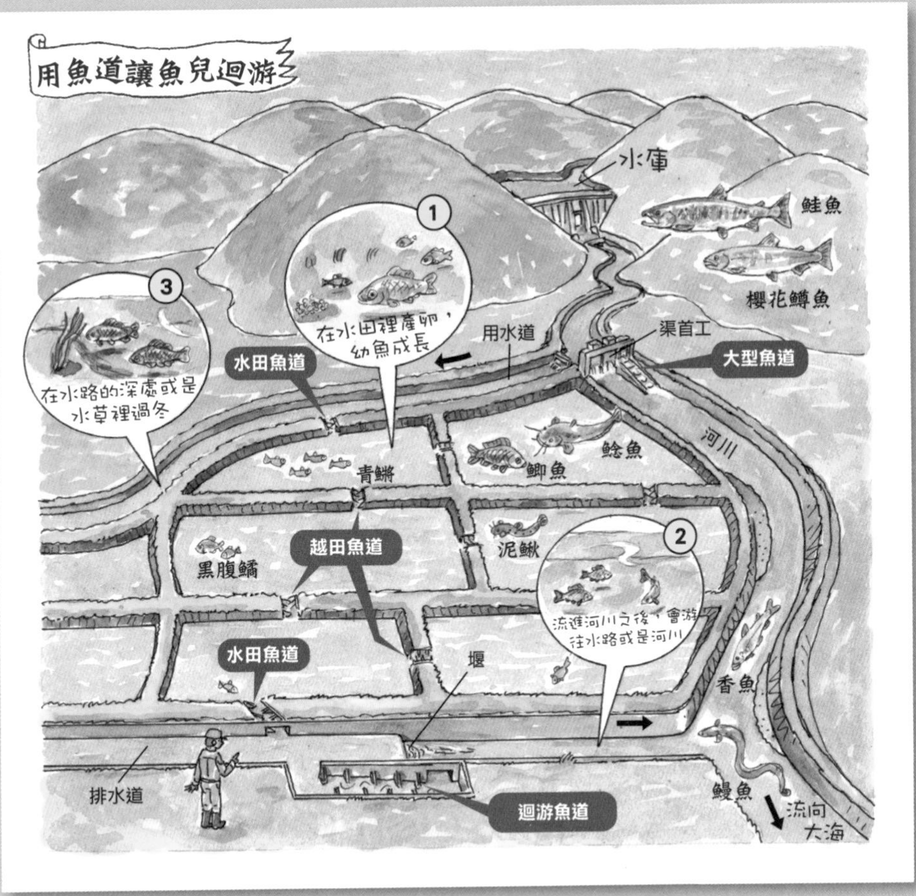
用魚道讓魚兒迴游
水庫
鮭魚
櫻花鱒魚
1
在水田裡產卵，幼魚成長
3
在水路的深處或是水草裡過冬
用水道
渠首工
大型魚道
水田魚道
河川
鯰魚
鯽魚
青鱂
越田魚道
泥鰍
黑腹鱊
2
流進河川之後，會游往水路或是河川
水田魚道
堰
香魚
排水道
迴游魚道
鰻魚
流向大海

由於基礎設施建設的關係，水田變成了水稻生產工廠，試著用「水田魚道」讓魚兒游回來。你們知道以前能在水田裡抓到鰻魚，鯰魚會在田裡產卵嗎？

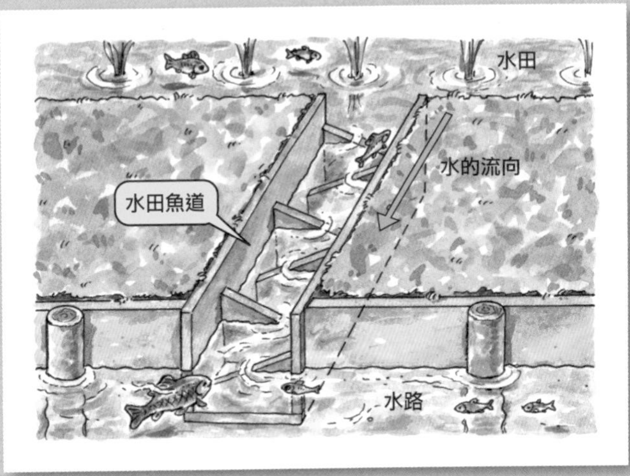
水田
水的流向
水田魚道
水路

把金屬片釘在木板上所製成的小型魚道。魚兒能在金屬片的內側休息。

貫穿「田埂」的「越田魚道」。很多魚從這邊游過去，非常有趣。

＊在設置水田魚道、利用休耕田時，必須先徵得當地農業委員會或是農政課的理解與同意。

在人口稀少的山村裡，那些順著河流分布的谷地田，或是用石牆搭成的梯田，就這麼被擱著不管。如果在附近發現這種田地，不妨跟朋友一起再生這些田地，打造群落生境。

彌生時代的代表「登呂遺跡」當中，有大量的稻作工具（例如水路旁的擋土樁或板樁），都是用杉木製成的。在沒有鋸子的時代裡，那些杉木材都要用劈的、用削的，不過我們只要用電鑽之類的工具就可以了（笑）。

PART3 石頭與土壤的運用

石頭、土壤與植物有著密不可分的關係，壁土跟石牆，能讓土地看起來更加美好，而那些石跟土，即使有天腐朽了，還是能夠再被他人使用的永久素材，不僅耐火性卓越，也能夠自由自在地造型。只要好好運用它們，就能使其成為山居生活的好伙伴。

1. 擋土的基本工與用天然石來做石牆

通常做DIY或園藝的花壇，都是以磚塊來擋土，但用野石（天然石）來擋土，會別有一番風味。只要了解擋土跟石牆的基本工法，在山坡的平坦地面上建造小屋，以及開闢山路時，都能加以應用這些工法。

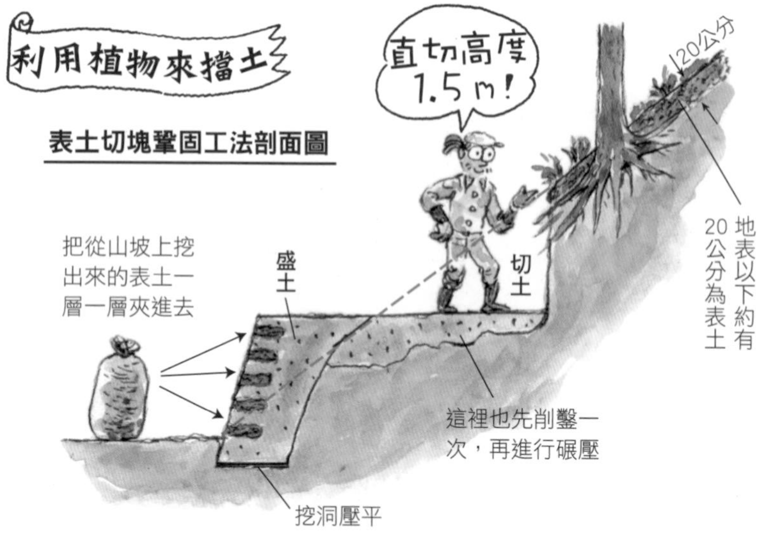
利用植物來擋土
表土切塊鞏固工法剖面圖
直切高度1.5m!
20公分
地表以下約有20公分為表土
把從山坡上挖出來的表土一層一層夾進去
盛土
切土
這裡也先削鑿一次，再進行碾壓
挖洞壓平

如果有很多石頭的話，那就拿來搭石牆吧!
把挖出來的樹墩埋進盛土裡
不會破壞大自然!
從表土層長出植物

不傷害自然的擋土基本工法

把斜面剷平打造出平地時，是從山坡上挖土（切土），然後把挖出來的土堆到山谷那一側（盛土）。這時，如果兩邊的土量不同，土就會剩下或是不足。

切土的高度約一點五公尺，這是垂直往下切還不會導致崩塌的高度。如果盛土的部分只是把土堆放到斜面上而已，那就很容易崩塌。

但只要先把盛土的基礎挖平，再把土堆上去，就會很穩定。盛土不是垂直堆放，而是要製造一些斜度。此外，雨水淋在邊坡（※）上，容易導致土壤流失，所以必須種草綠化。

過去日本的山村裡盛行養蠶，那時有很多地區的居民會在邊坡種桑樹，讓樹根深入土壤以抓住邊坡。

草木的根能夠防止崩塌

以綠化爲出發點，帶著鏟子到附近山裡鏟些表土（地表以下二十公分的土）回來，把它們一層一層夾進盛土的外側。

※邊坡：在切土、盛土時，人工製造出來的斜面。

這種工法稱爲「表土切塊鞏固工法」。表土中蘊含土壤微生物、菌類、植物的種子或球根，以及植物生長所需養分，因此，這種做法能讓草迅速從邊坡生長出來，即使遇到下雨，邊坡也不會崩落。

此外，如果有挖出來的樹墩，那就把它們埋進盛土裡。根的成長延伸能夠抓住土壤、防止土壤崩落，其他的植物或是樹木，也能從樹墩的位置自然地發出芽來。

靠近邊坡的山裡長出植物後，就能成爲蝗蟲、蝴蝶或甲殼類等各種生物的棲息地。還會長出一些意想不到的野草、灌木（例如山椒等），這點也很令人開心。

▶用小型的野石以谷積方法堆砌而成的石牆，是最為常見的一種石牆。

能在花崗岩上看到削岩機鑿開的痕跡

用不規則的大塊山石堆砌的粗曠石牆

連開口處的頂部都是用石塊砌成的平積石牆

這種形狀稱為「箭羽堆疊法」

用野石（天然石）堆砌石牆

在進行擋土工程時，會挖出許多石塊，用那些石塊來堆砌邊坡石牆，將會非常美觀。且這麼一來，平地的部分就都是土壤，管理（除草等）起來也會很輕鬆。

用野石（天然石）堆砌的石牆，不僅能跟周遭的風景融合，也能耐風雨跟地震。倒塌了也可以進行部分性修補，小動物也可棲息在石頭間的小洞穴裡。

在潮溼處，苔蘚會附著在石牆上，蕨類也會從縫隙間冒出來，澤蟹們也就會聚集。如果是在乾燥的地方，則可以種些景天植物、大花馬齒莧跟仙人掌等多肉植物。雖然山百合因盜採情況嚴重而愈來愈少見，但那些盜採者也不至於會對長在石牆裡的球根下手吧！這些石牆的植物們，會隨著季節變換而綻放出美麗的花朵。

堆砌石牆的方式

堆砌石牆可大致分爲「平

破開石頭

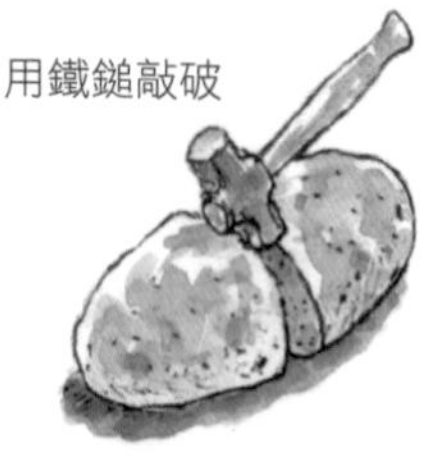
用鐵鎚敲破

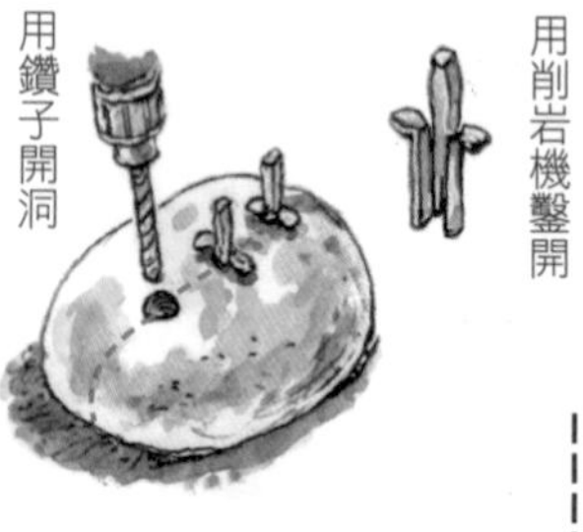
用鑽子開洞
用削岩機鑿開

破開的石頭裡，有平坦的石面。

用大小一致的石塊堆砌的「谷積石牆」。一塊石頭被六塊其他的石頭包圍住的「六圍法」，是最爲穩固的堆砌方法。

把鐵鎚打平時的破線
把鐵鎚的角度磨利，會比較好破開。

鐵鎚搥打的位置，將會使破面往外移動。

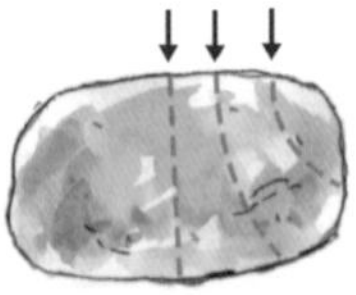

沿著石頭的紋路或是解理面，會比較容易破開。

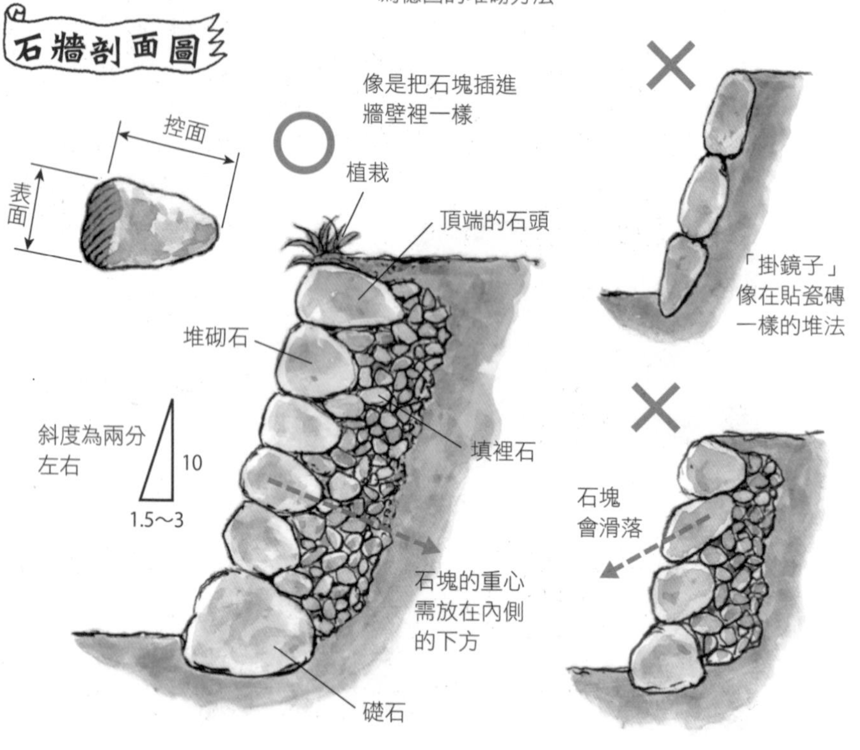
石牆剖面圖
控面
表面
像是把石塊插進
牆壁裡一樣
植栽
頂端的石頭
堆砌石
斜度為兩分
左右
10
1.5～3
填裡石
石塊的重心
需放在內側
的下方
礎石
「掛鏡子」
像在貼瓷磚
一樣的堆法
石塊
會滑落

積」與「谷積」這兩種類型。平積是使用有平行解理的方形石塊，以堆磚牆方式交錯堆放，圓形跟不定形的石頭則不適用於此。谷積則是在石塊間空出凹谷，在凹谷裡再往上堆放石頭，因爲各種形狀的石頭都能使用，所以比較常見。

還有種堆疊法，把從河邊搬回來的石頭一排排整齊往上堆疊。這種常見的石牆，以其外型被稱爲箭羽堆疊法。

石牆的構造

如果把石頭排放在土堆前而做成的石牆，一下子就會崩塌。

在堆疊石頭時要把最大、最重的石頭，排在最下層打基礎，這稱爲「礎石」。要像上面的斷面圖一樣，把石頭打平插到土裡，深入土壤的部分高度要比較低，以免石頭滑落。突出於石牆的部分稱爲「表面」，深入泥土的部分則是「控面」。所使用的石頭，最好是控面比表面長上一點五倍以上的石頭。如果是五十公分高左右的花壇，那控面大概二十公分左右就夠了，但如果要搭的是高於一公尺的石牆，最好是用控面二十五到三十公分以上的石頭。

接著，要在最裡面埋「塡裡石」這種小石頭。有了這些小石頭，外側的石

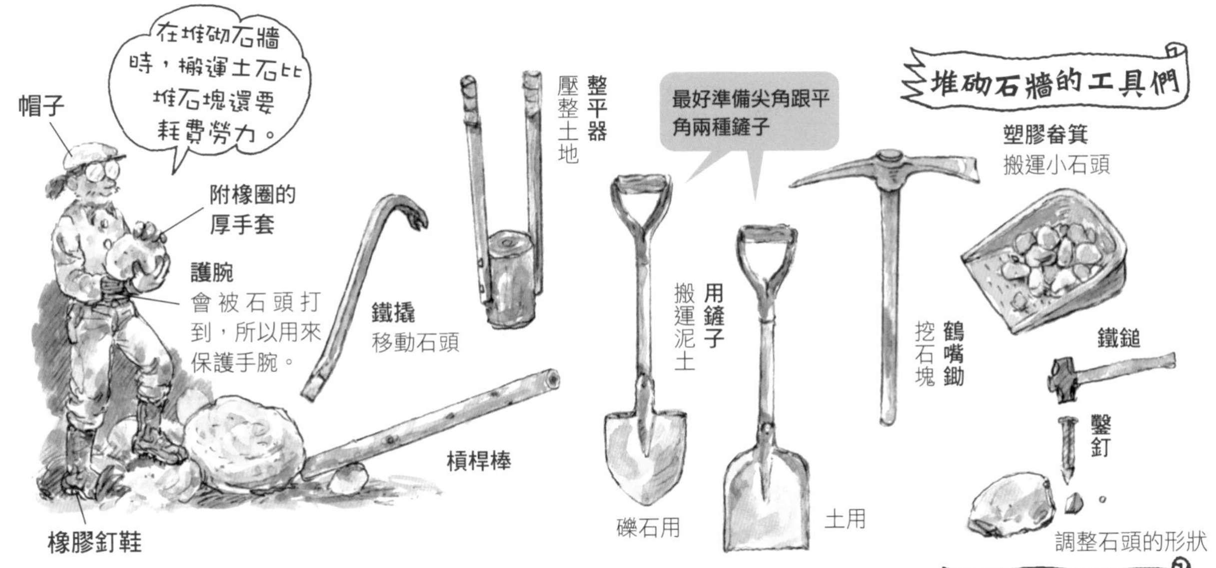

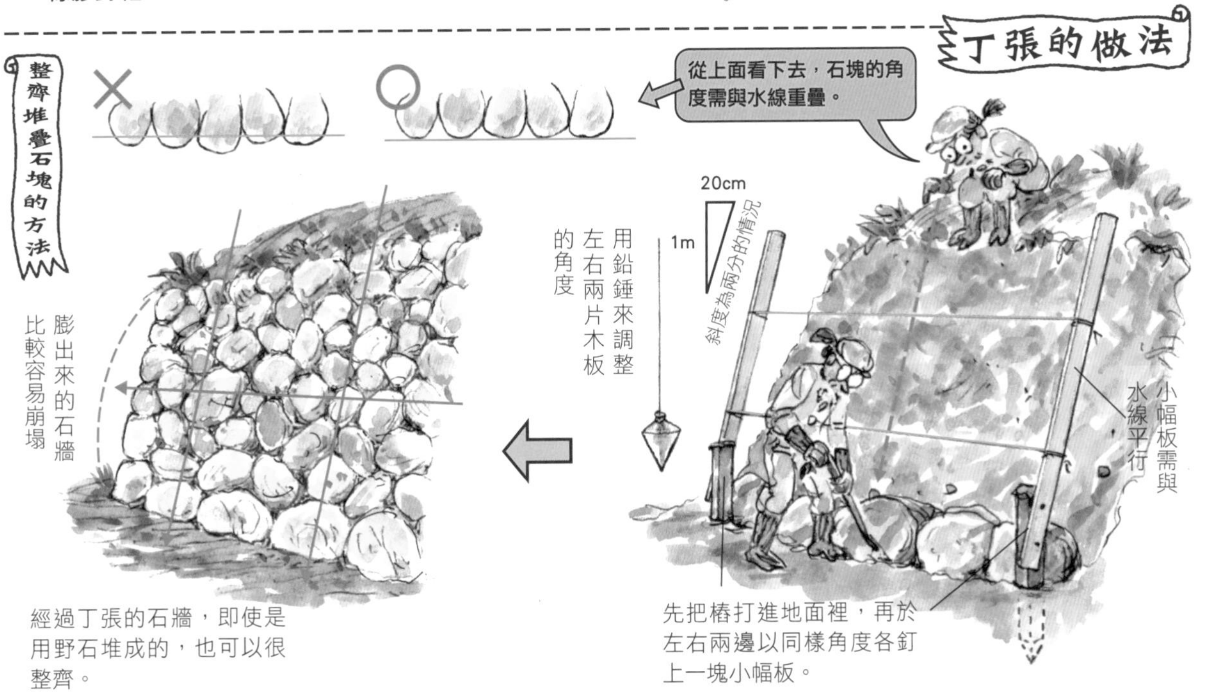

牆才會穩固，排水狀況也才會良好。甚至有「石牆必須靠塡裡石來維持」這種說法，來強調其重要性，許多石牆之所以崩塌，就是因爲塡裡石太薄了。

雖然用砂漿或混凝土來補充就可以產生黏著效果，還能成爲固定用材與石頭一體化，但排水能力會變差，而需要另外設置排水管。

堆砌石牆的準備跟順序

因爲野石的表面並不平整，所以一開始要先做「丁張」這步驟，也就是拉起作爲基準的水線，石頭的前端以此爲基準，就能整齊地堆砌。比較高的石牆不僅要注意水平方向，垂直方向的角度與直線也會很不安定，這時可以在不同高度上拉出兩條線來做「丁張」（一開始先用一根，疊高之後再拉出第二根，這麼做將會便於作業進行）。

先在擺放礎石的地方挖下一些深度，然後用整平器等工具徹底壓實地面。礎石愈大愈不容易崩塌，可以搭疊地更加牢固。在搬運較重的石頭時，可以用槓桿來搬運。如果有疏伐材的樹幹或是大鐵撬的話就更加方便了。

基本上是由下往上，由大而小，一排一排往上疊。如果有個地方特別高，下面的石頭就會被壓得走位。而且，石

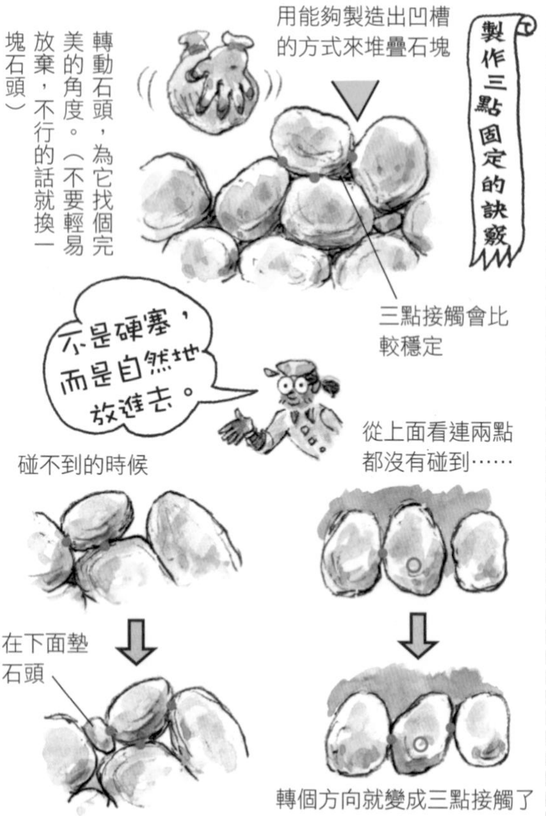
製作三點固定的訣竅
用能夠製造出凹槽的方式來堆疊石塊
轉動石頭，為它找個完美的角度。（不要輕易放棄，不行的話就換一塊石頭）
三點接觸會比較穩定
不是硬塞，而是自然地放進去。
碰不到的時候
在下面墊石頭
從上面看連兩點都沒有碰到……
轉個方向就變成三點接觸了

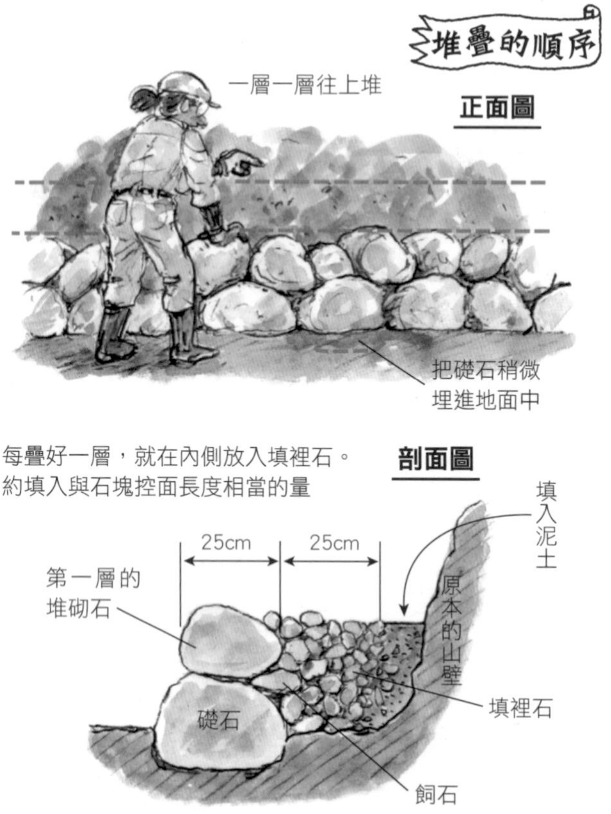
堆疊的順序
一層一層往上堆
正面圖
把礎石稍微埋進地面中
每疊好一層，就在內側放入填裡石。
約填入與石塊控面長度相當的量
剖面圖
25cm
25cm
填入泥土
第一層的堆砌石
原本的山壁
填裡石
礎石
飼石

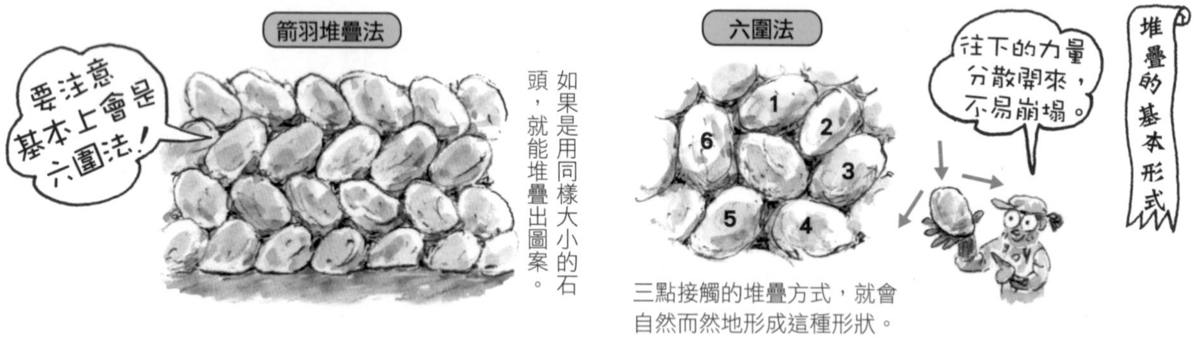
箭羽堆疊法
要注意基本上會是六圍法！
如果是用同樣大小的石頭，就能堆疊出圖案。
六圍法
1
2
3
4
5
6
往下的力量分散開來，不易崩塌。
堆疊的基本形式
三點接觸的堆疊方式，就會自然而然地形成這種形狀。

頭疊起來之後，下面的石頭就動不了。這時候只能用鐵撬，謹慎地微調石頭位置。

如果是用谷積，那就要用能夠產生凹谷的方法來堆砌，必須挑選不會跟左右鄰接石頭之間產生縫隙的石頭，或是翻轉石頭，調整到最適合的角度。以三點穩穩地固定住，石頭就會很穩定。石頭最好能跟下層的三個石頭之間產生接觸點。

填裡石與回填

堆好一層後，就在縫隙裡填入填裡石。如果在石頭內側有較大縫隙的話，就先在縫隙裡墊上較大的石頭（這個石頭稱爲飼石）。如果石頭表面跟水線的基準面吻合，但無論怎麼翻轉都沒有辦法用三點固定時，那就在內側墊上飼石來加以調整。

隨著高度愈來愈高，跟內側土壁間的空間就會愈來愈大。如果全部都用填裡石來填，小石頭會不夠用，這時就用土來填滿空間。用腳把泥土踩緊，再用整平器徹底壓整。不過記得不要在填裡石的部分填入泥土。爲使排水順暢，還是需

▶用三根角材架起踏台的例子

左側支點的下方墊了幾塊混凝土塊，紅色箭頭的位置則是裝上廢棄的瓦斯管來製作支點。

堆到更高的時候，就到上面去作業。可以讓助手把石塊遞上來，也可以確定好路線，自己搬上來。

禁止的方式

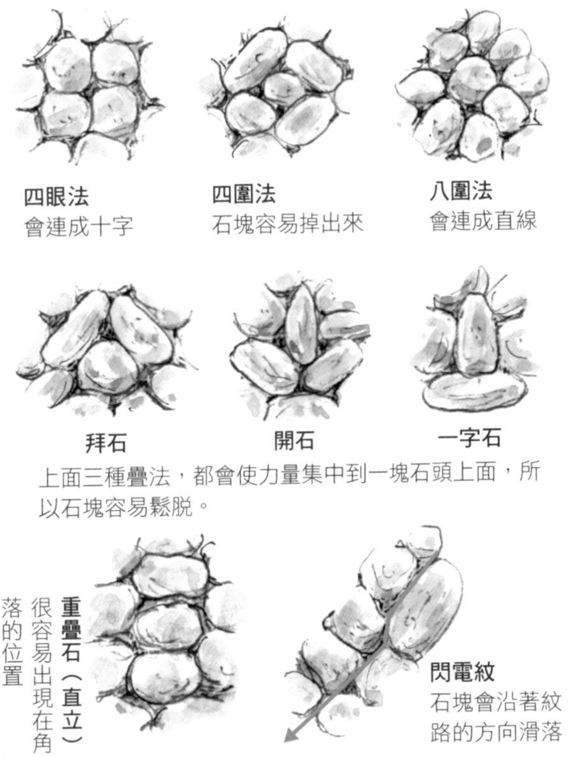

四眼法
會連成十字

四圍法
石塊容易掉出來

八圍法
會連成直線

拜石　**開石**　**一字石**

上面三種疊法，都會使力量集中到一塊石頭上面，所以石塊容易鬆脫。

重疊石（直立）
很容易出現在角落的位置

閃電紋
石塊會沿著紋路的方向滑落

※如果是圓形的石頭，使用這些方式會更容易崩塌。

留有一些縫隙。

就這樣反覆堆疊到預定高度，最上端用稍微大一點的石頭壓住就完成了。最後再鋪上泥土、種上植物，土壤較不會散落。

高的石牆就需要組裝踏台

要堆出高過自己胸部的石牆會非常費力，所以在堆砌石牆時，必須在半途就先組裝踏台。

用鐵鎚把粗的鋼管（也可用變形的鋼筋或瓦斯管之類的金屬管）釘到石牆縫隙裡，然後在上面架上板子，再以繩子固定。可先把重的石頭搬到踏台上，再站到踏台上作業，這麼一來會省下不少力氣。

即使如此，在進行比較細微的調整作業，還有墊入填裡石時，爬到最上端再作業會比較順手。這時可以上下各站一個人，透過踏台來傳遞工具跟材料。假使沒有幫手，那麼就必須先設定好往來地面與石牆最上端之間的路線。

維持修護

日子一久，填裡石內側的泥土會被雨水沖走，導致上端的石頭掉進內側，所以必須把小石頭重新填入凹陷進去的部分。

新搭好的石牆不太會有草木生長，但如果長出來了，就必須適度進行除草作業。

※取得石頭的方法：如果在山裡擁有一塊土地，那麼在建造敷地時，就可以收集到許多大大小小的石頭；或是到河邊去，可以搬到一些大小適中的石頭。不過，從河邊搬運大量石頭，必須事前獲得許可。如果還是不夠，那就找找看有沒有人有不需要的石頭，還可以到岩石產地的城鎮，或是石材店去問問看。近來也有家居生活館有在賣天然石。除了堆砌用的石頭外，還需準備大量的填裡石（約與堆砌用石同樣的量）。

2. 在山裡開路的方法及修護

通往山中小屋的道路坑坑疤疤，或是車胎會陷進泥濘裡，每逢暴雨就得修修補補讓人很煩惱嗎？該怎麼打造既耐豪雨又簡單維護的道路呢？接下來就要介紹一種很棒又不會破壞環境的道路打造方法。

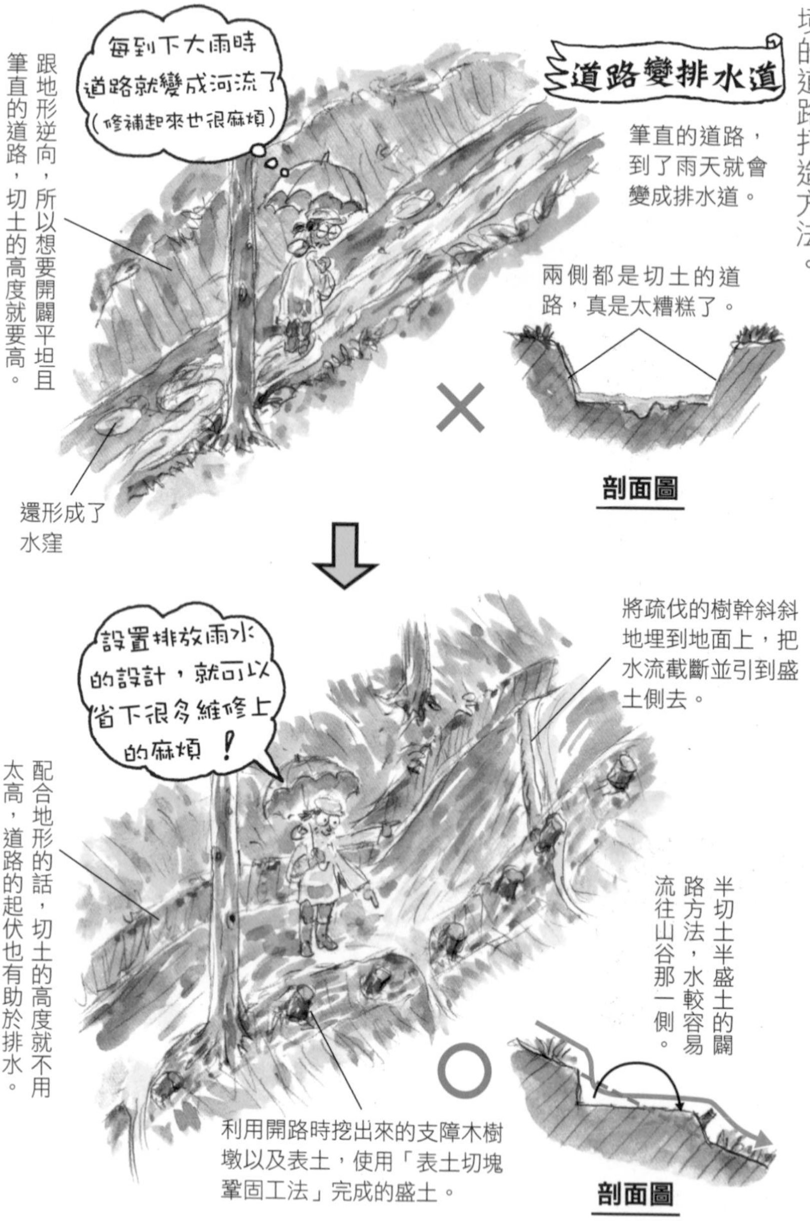

道路變排水道
每到下大雨時 道路就變成河流了 (修補起來也很麻煩)
筆直的道路，到了雨天就會變成排水道。
跟地形逆向，所以想要開闢平坦且筆直的道路，切土的高度就要高。
兩側都是切土的道路，真是太糟糕了。
還形成了水窪
剖面圖
設置排放雨水的設計，就可以省下很多維修上的麻煩！
將疏伐的樹幹斜斜地埋到地面上，把水流截斷並引到盛土側去。
配合地形的話，切土的高度就不用太高，道路的起伏也有助於排水。
半切土半盛土的闢路方法，水較容易流往山谷那一側。
利用開路時挖出來的支障木樹墩以及表土，使用「表土切塊鞏固工法」完成的盛土。
剖面圖

讓道路拓展山林的利用價值

如果有山路，那麼在運送採伐木材時就會方便許多，之後的山林管理也會較輕鬆。因爲可以輕裝入山，所以在選木時可以更加謹慎，這麼一來也能期待森林變得愈來愈美麗（森林裡的光照度有所改變，新的稀有花種也會開始綻放）。不僅可以採集山菜跟菇類，還可取得用於ＤＩＹ的黏土跟石頭。接下來也可建造小屋，更有可能從山裡引水了。

現在山林的價值不高，把祖先代代相傳的山林放置不管的「不在村地主」愈來愈多，但其中應該有很多人是因爲「沒有山路，所以也不知道該拿它怎麼辦」吧！

建造不會荒廢、崩塌且管理容易的道路

實際上要在山裡開路，確實有其困難之處。日本的山陡峻且多雨。尤其山區會有持續性暴雨，這是最容易使山路崩壞的原因。

在造路前，必須先量測地

數年後的綠化狀況。半切土半盛土的道路利於雨水排放。草木的樹根也能夠防止土壤崩落。定期的維護作業也只有移除從山上滾落的石塊，還有修剪道路中央的草木。

用表土切塊鞏固工法新闢好的山路。道路的寬度足以供輕型卡車或是廂型車移動。垂直的切土很低，而且一直到道路的邊緣都留有樹木，以及埋在路肩裡的樹墩。（箭頭位置）

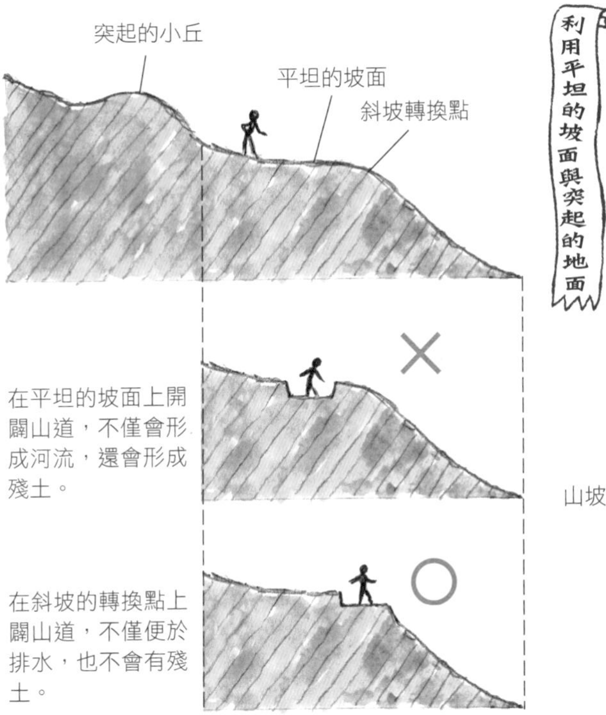

利用平坦的坡面與突起的地面
突起的小丘
平坦的坡面
斜坡轉換點
在平坦的坡面上開闢山道，不僅會形成河流，還會形成殘土。
在斜坡的轉換點上闢山道，不僅便於排水，也不會有殘土。

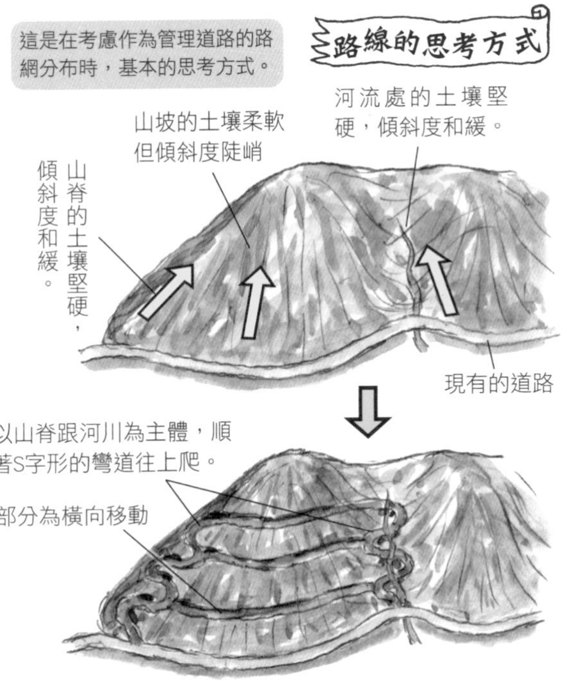

路線的思考方式
這是在考慮作為管理道路的路網分布時，基本的思考方式。
河流處的土壤堅硬，傾斜度和緩。
山坡的土壤柔軟但傾斜度陡峭
山脊的土壤堅硬，傾斜度和緩。
現有的道路
以山脊跟河川為主體，順著S字形的彎道往上爬。
山坡的部分為横向移動

把上下山的道路設在山脊跟河川的位置，山坡則開闢橫向道路，如此一來既好開闢又不容易崩塌。

形，並畫出地形圖，以遵守既定的斜度跟彎道爲前提來切造路面（以便於車輛通行爲優先）。接下來在路面鋪砂石、用混凝土鋪造邊坡，然後把水流聚集到排水管，這是一般的方式，但通常沒有辦法在山中林道上花這麼多錢。

對於那種不是很頻繁使用的林道，就要以造出不會荒廢的道路爲前提、便於管理爲優先，充分了解「雨是破壞道路的兇手」之後，再來選定路線。

現在的車子性能愈來愈好。接下來只要有台鏟斗機，就能以當地現有的素材來造路。就以讓現行的四衝程輕型卡車，能夠載運木材安全通行的道路爲基準，來設計道路吧！

即使切土不高也須重視盛土

過去造林道時只有進行切土作業，挖出來的土就扔進山谷。那是因爲在只有推土機的時代裡做不出能耐得起走行的盛土坡。現在有了鏟斗機，就能夠做出堅固的盛土了。只要把切土轉用爲盛土，就不會有剩餘的殘土。盛土也可以拓寬道路寬度，所以可以用移動最少土量的方式，來完成道路的建造。

如果使用**第七十四、七十五頁**中介紹的表土切塊罩固工法，利用表土來進行綠化工程，那麼就不需要處分任何東西了。（一般土木工程的表土過於蓬鬆，不適合用來作爲盛土，所以會處分掉）

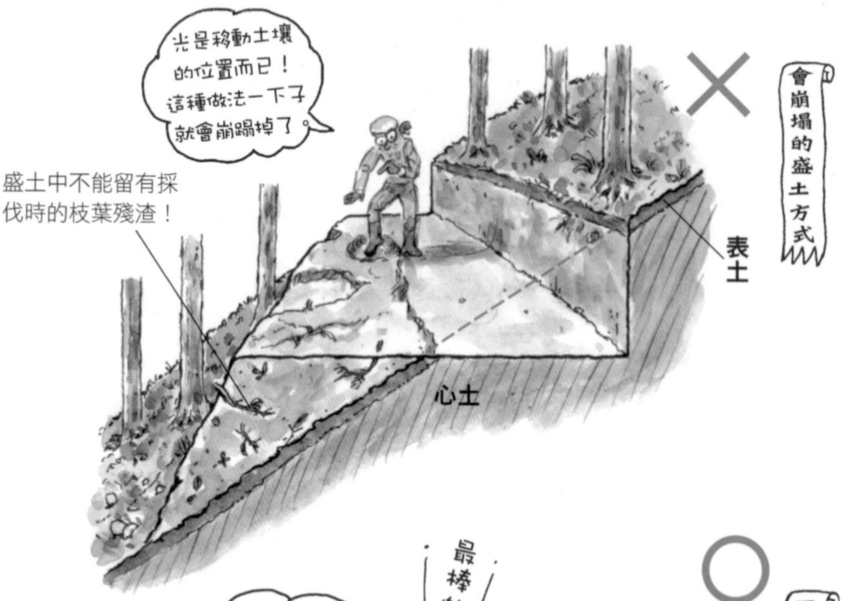
會崩塌的盛土方式
光是移動土壤的位置而已！這種做法一下子就會崩塌掉了。
盛土中不能留有採伐時的枝葉殘渣！
表土
心土

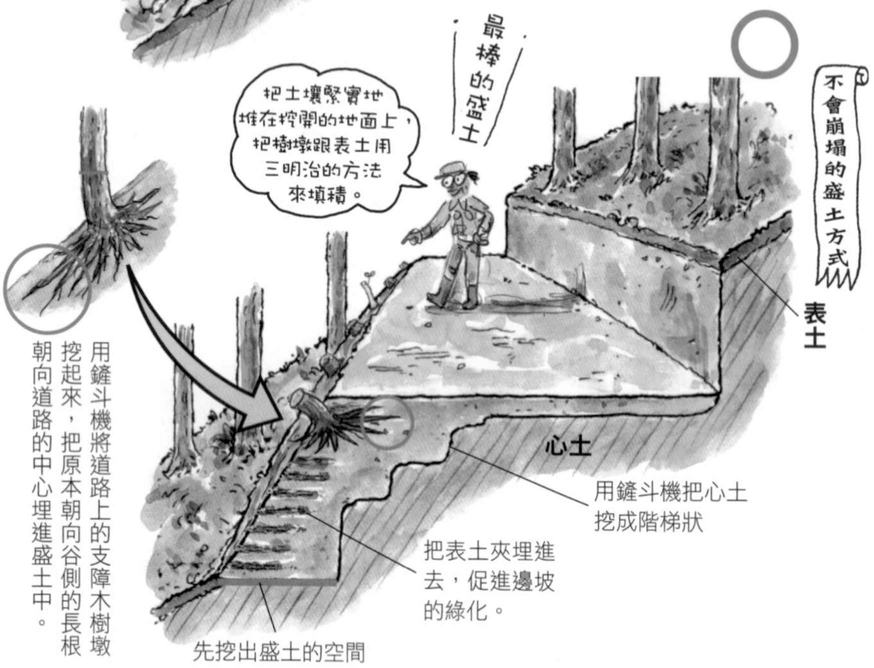
不會崩塌的盛土方式
最棒的盛土
把土壤緊實地堆在挖開的地面上，把樹墩跟表土用三明治的方法來填積。
表土
心土
用鏟斗機把心土挖成階梯狀
把表土夾埋進去，促進邊坡的綠化。
先挖出盛土的空間
用鏟斗機將道路上的支障木樹墩挖起來，把原本朝向谷側的長根朝向道路的中心埋進盛土中。

最低限度的道路寬度

首先最重要的是，在開路時道路的寬度不要太寬。只要有二點五公尺寬，輕型卡車就能夠往來通行，在急彎跟U形迴轉道的地方稍微做寬一點就行了。

確定路線後，如果切土可控制在一點五公尺以下，那麼就不需斜切。這麼做也可減少削鑿的幅度。把周圍的樹木盡可能保留下來，要砍伐的只有擋在道路上的樹木而已。尤其是切土那一側的樹木，由於樹根已經伸展開來，所以有助於切土側的水土防護措施，而且如果把樹木保留下來，道路的日照不會突然變強，也可省下很多除草的工夫。

用挖出的樹木作擋土構造物

如果是疏於疏伐的杉木、檜木林，在開拓山路時，會採伐出很多擋住道路的樹木。因爲這些樹墩緊緊抓著土壤跟石頭，所以在把它們鋸成薪柴時，連鏈鋸機的刀刃都會斷裂。而且因爲纖維傾斜交纏在一起，連用斧頭也不容易砍斷，所以很多人會把它們丟在路旁，但只要用鏟斗機把它們連根拔起，就可以像上圖所示，將其應用在盛土坡上，成爲非常有效的擋土素材。

還能以這些樹墩爲支點，在上面架上樹幹，搭建出強固的路肩。（「樹幹樹錨工程」如**次頁圖示**）

鏟斗機的操作

一點點慢慢前進，仔細開闢道路。

由於切土是垂直的，所以在適當的位置設置一段步道，會比較便於往山上移動。
挖樹墩、堆砌表土、種植樹木、推倒樹木，鏟斗機大活躍！
這個人負責把道路預定路線上的樹木砍倒
用鏟斗機來種植的樹苗
讓地面稍微往谷側傾斜，較利於排放雨水。
鏟斗機盡可能地靠近谷側，這麼一來就可以在作業的同時把盛土緊密壓實。
可以把闊葉樹的樹苗移植到盛土的路肩上
埋進盛土裡的樹墩
用表土切塊鞏固工程來填積

樹幹樹錨工程

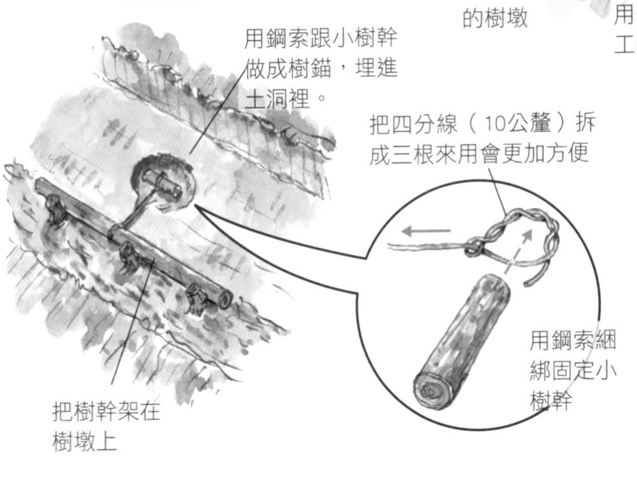

用鋼索跟小樹幹做成樹錨，埋進土洞裡。
把四分線（10公釐）拆成三根來用會更加方便
用鋼索綑綁固定小樹幹
把樹幹架在樹墩上

關於鏟斗機

開闢這種道路時，使用鏟斗的容量為0.18～0.25立方公尺，車重為四到八噸左右的中小型鏟斗機最合適。過大的鏟斗機無法進行細緻的作業，過小的鏟斗機則是在拔除樹墩時，機身會浮起來，而且也無法有效碾壓路面。鏟臂較長的鏟斗機，機身的轉幅較小且附有排土板，履帶則是金屬製優於橡膠製。在操作鏟斗機之前，必須先接受「車輛類（整地、搬運、堆積及掘削用）建築機械」的技能講習課程，並且獲得「技能講習研修證書」。（可以在各種重型機械生產商所備有的講習所接受講習）

用鏟斗緊密堆砌的「表土切塊鞏固工程」

盛土工程第一步是「挖地」，盛土的基礎是先把地面挖平，用鏟斗充分把表面壓實。挖掘出來的地面必須平整，如果鏟斗機的車體呈水平，那麼鏟斗的底就會自然呈水平狀態。也就是說，必須一邊保持路面水平，逐步切造道路（不可一次開挖很長的距離，卻只進行部分的盛土作業）。

在挖好的地面上，用鏟斗把山坡上挖下來的土，從靠近地面處依序堆積。這時，在斜面最上方的「表土」，跟從山坡上的土（心土）不能混在一起，必須盡可能把表土堆在邊坡上，跟山坡地以三明治方式來填積。這時，一定要用鏟斗的背來壓實土壤。

這個作業是以鏟斗機的鏟臂所能挖到的範圍（大約二到三公尺），慢慢逐步往前進行。

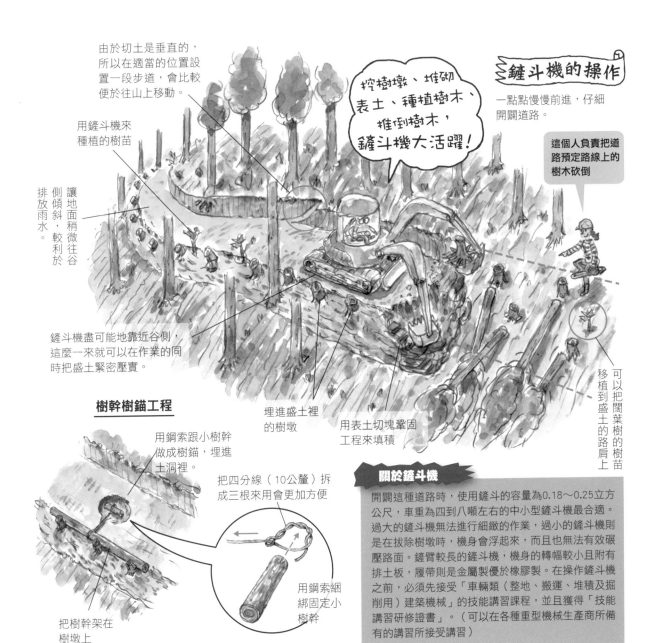

緊密壓實的重要性

這種表土切塊鞏固工程分段進行五到六次後，就先暫時告一

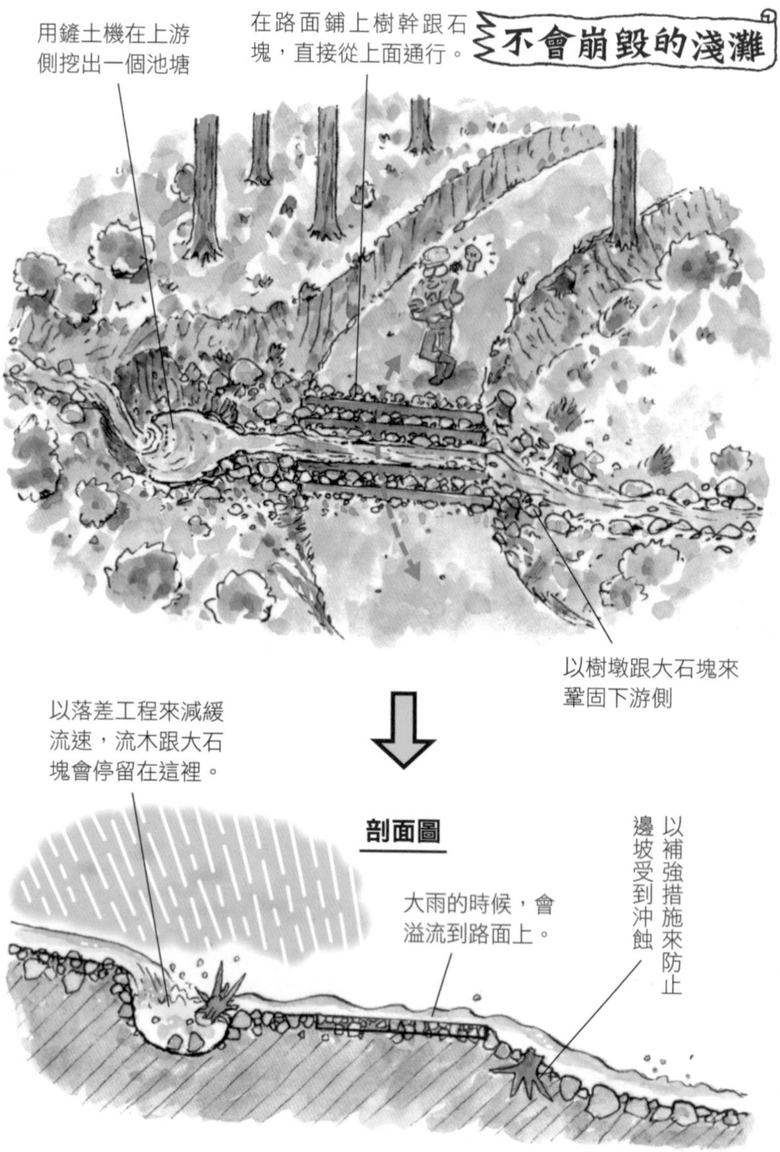
不會崩毀的淺灘
用鏟土機在上游側挖出一個池塘
在路面鋪上樹幹跟石塊，直接從上面通行。
以樹墩跟大石塊來鞏固下游側
以落差工程來減緩流速，流木跟大石塊會停留在這裡。
剖面圖
大雨的時候，會溢流到路面上。
以補強措施來防止邊坡受到沖蝕

崩壞的鋼筋混凝土管
在溪流上架上管子，再蓋上盛土，雖然做起來很簡單……
豪雨從上游帶來的流木等，堵住了管子。
通常道路也會被沖毀（不易修復）

段落，讓鏟斗機在道路上往來行駛，以將路面壓實。如果只有直線前進，那會留下車輪的痕跡，必須用有點傾斜的方式前進，壓到盛土最上端，前後蜿蜒碾壓。

切土部分可先粗略切鑿，在壓實路面時，再正確直切。切土側的路面也先淺挖一次再行壓實，路面的高度就會平均。

當天進行工程的路段必須緊密壓實。如果放到下次再處理，下雨的話就會一片泥濘。用輕型卡車一點一點慢慢移動，也能夠充分壓實路面。雖然輪胎的接地面很小，但卻意外地能夠給予地面充分的負載力。

橫渡小溪流的方法

在越過河流，或平時是乾枯河道，但在豪雨時有可能成爲川流的凹地時，通常會架橋，或裝上鋼筋混凝土管，然後在上面鋪路，但在下大雨時，鋼筋混凝土管會堵塞損毀，因此，不如用當地的素材來製造「淺灘」。也就是把石頭跟樹幹排放在河道上，供車輛過河通行。這方法即使是遇到豪雨，河水也可以從淺灘上面流過，道路也就不會因此而損毀，之後的維修也較輕鬆。

使用樹幹組裝結構來擋土

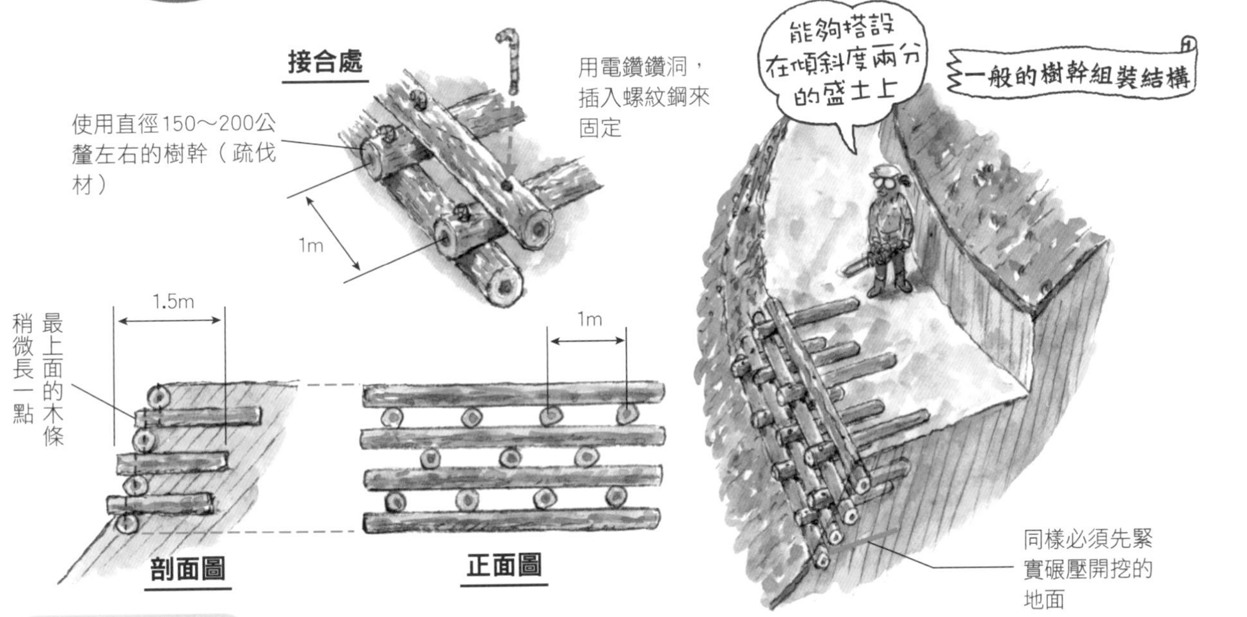
接合處
用電鑽鑽洞，插入螺紋鋼來固定
使用直徑150～200公釐左右的樹幹（疏伐材）
1m
1.5m
最上面的木條稍微長一點
1m
剖面圖
正面圖
能夠搭設在傾斜度兩分的盛土上
一般的樹幹組裝結構
同樣必須先緊實碾壓開挖的地面

能夠應用樹幹組裝結構的情況：無論如何都必須通過陡峻且容易崩塌的斜面時（墊高基礎高度）／切土面為容易崩塌的土質而必須進行擋土工程時／想要在河流上建淺灘，但石塊不夠時（搭在下游側）／修復崩塌的道路時。**但是樹幹組裝結構的表面總有一天會腐化。所以要在空隙的部分填入表土、闊葉樹株或是樹苗。**

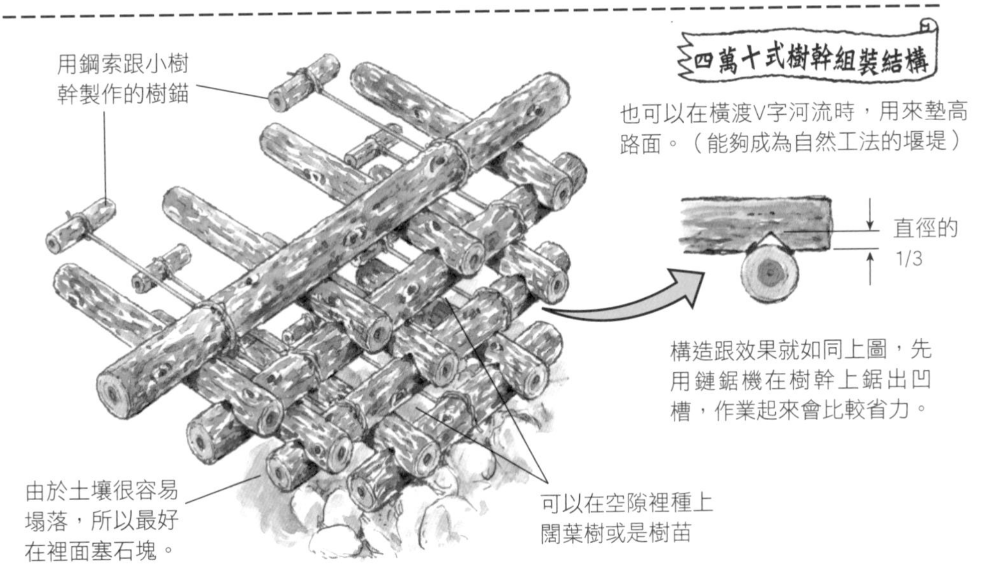
四萬十式樹幹組裝結構
也可以在橫渡V字河流時，用來墊高路面。（能夠成為自然工法的堰堤）
用鋼索跟小樹幹製作的樹錨
直徑的1/3
構造跟效果就如同上圖，先用鏈鋸機在樹幹上鋸出凹槽，作業起來會比較省力。
由於土壤很容易塌落，所以最好在裡面塞石塊。
可以在空隙裡種上闊葉樹或是樹苗

重點是把道路上游側的河道挖深，製造出落差以減低河水的流速。道路的下游側則是用樹墩或是石頭堅固地搭造起來。如果是斜度很高或山谷很深的地方，那就併用上樹幹組裝結構。**（上圖）**

不要把闊葉樹的幼苗丟掉

能把多餘的樹木跟表土有效利用在開設山路上（※），是非常嶄新的做法，如果有小株的闊葉樹，也不需要丟棄它們，只要將其種在路肩上就行了。

上手以後，只要用鏟斗機的鏟斗就能夠完成這一連串作業。如果把大棵闊葉樹的樹墩埋回土裡，有可能會重新長出新芽，了解這點後，就該把它們種植在最適當的地方。

切土上端如果有闊葉樹，小棵的可以用柴刀或是鋸子來砍掉。不久之後就會生根萌芽，能夠防止切土崩塌。

山道完成後，在巡視時一邊看著植物成長，也是件很愉快的事情。

如果埋在路肩上的闊葉樹墩萌芽了，枝葉生長得過於茂盛，那麼只要每隔一段時間去修剪就可以了。

※以這種方式開闢出來的道路，稱為「四萬十式作業道」，近年來廣為運用於各個方面。詳情請參考敝人著作《培育山林的道路設置》（農文協）。

追訪「青石」

事情的最初，是發生在我一開始進行山居生活的工作室，地點位在三波石的產地（群馬縣藤岡市・舊鬼石町）。三波石是聞名全國的庭石，伊勢神宮內宮的石階也是使用這種岩石。三波石屬於變質岩的一種，又稱為「結晶片岩／綠泥片岩」，整體呈綠色，摻有白色紋路的部分非常漂亮，被雨淋溼之後，更能展現其韻味。我以前承租的老民宅就是建在三波石的石牆上，四周也被三波石石牆包圍住（**第七十九頁**的照片，就是其中一面石牆）。

可是，在我造訪伴侶的故鄉四國時，在那裡看到好多跟三波石很像的石頭。當地稱為「青石」，被作為庭石使用。這種石頭有片狀解理面，所以易於平薄地剖開，很適合用來堆砌石牆，在四國的山岳地帶就有很多這種青石堆成的石牆。這種石牆又跟群馬的石牆很相似。

正面圖
三波石的藍色石牆很有氣勢！

工作室外的石牆（在這道牆上面，有一棟建造超過一百年的老民宅）

調查後發現，青石（結晶片岩・綠泥片岩）是沿著中央結構線來分布的「三波川變質帶」構成石。特別廣泛分布在貫穿四國的中央構造線南側，在吉野川流域被稱為「阿波青石」、在愛媛則稱為「伊予青石」。吉野川的名勝「大步危・小步危」為青石的露出地帶，西日本最高峰石鎚山，基岩就是這種青石。青石在四國非常普遍，在關東反而很稀有。

在地質用語上的專有名詞「御荷鉾結構線」跟「三波川變質帶」，就是來自於我在群馬的工作室旁邊的御荷鉾山與三波川。在明治中葉，剛開始對於關東山地（秩父的長瀞周邊）的岩石跟地層進行研究，群馬南部是由古生代地層複雜地組合而成，當地是孕育日本地質學的搖籃。

＊

從那時開始，我就很熱衷於青石地帶的發現之旅。不，應該說，如果發現車窗外有青石的石牆，就會知道現在位在中央結構線・三波川變質帶的帶狀線上。

青石地帶同時也是名石產地，當地有很多石材店。青石不僅可用來堆砌石牆，也可作為建築資材來修築壁面與籬笆。此外，京都知名的寺院通常都使用這種青石（例如大德寺、龍安寺）。但最厲害的還是整個岬都是由青石構成的佐田岬。到這裡光看石頭，就值回票價了。

右圖：群馬縣神流町的田間石牆。在陡峭的斜面上，種有蒟蒻等作物。
中圖：在四國、德島市裡發現阿波青石製的擺飾。**左圖：**在和歌山縣海南市發現的青石石牆。用切鑿過的石塊堆砌而成，是很罕見的例子。

佐田岬的岩石全都是青石，與美麗的海洋相互呼應。

高知縣吉野川源流的青石。可以就這麼直接拿來當成庭石使用。

長野縣大鹿村「分杭峠」中央構造線顯露的部分。右邊藍色部分為三波川的變質帶。

海岸的青石呈層狀

房子蓋在裡面

佐田岬的石牆。用片理為板狀的青石所堆砌成的擋風石牆。上層為谷積，下層為平積。

三波川變質代
日本無縫式地質圖
https://gbank.gsj.jp/seamless/

產業技術綜合研究所　地質調查綜合中心發行使用五萬分之一地質圖幅　認證編號　第 60635130 － A － 20130315 － 001 號

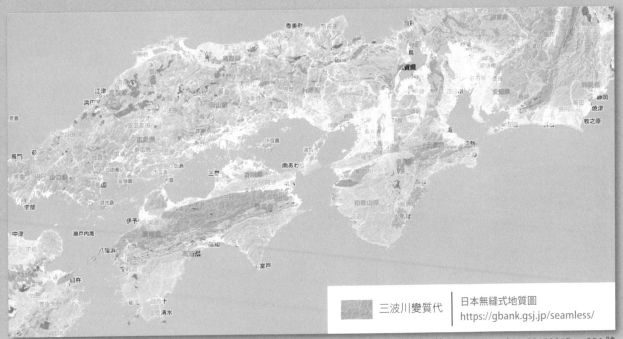

青石以外的 日本的銘石產地

參考：日本石材工業新聞
http://www.nskonline.jp/

大谷石的倉庫咖啡館（櫪木縣宇都宮）

五稜郭石牆（北海道函館）

重森三玲設計的增井家庭園（香川縣高松）庵治石、香東川自然石、阿波青石

豐島石製的固定式爐竈（香川縣豐島）

北海道 札幌軟石（凝灰岩）

岩手 姬神小櫻石（花崗岩）

宮城 吾妻御影石／磐梯御影石（花崗岩）伊達冠石（安山岩）稻井石（黏板岩）

秋田 男鹿石（安山岩）十和田石（凝灰岩）

福島 花塚御影石／東山御影石／十萬石青御影石／紀山石／深山吹雪石／中山石／瀧根石／高太石／大倉御影石／白河石／浮金石／青葉御影石／白馬石（花崗岩）／江持石（安山岩）

新潟 草水御影石（花崗岩）千草石（安山岩）

石川 戶室石（安山岩）瀧原石（凝灰石）

福井 笏谷石（凝灰石）

大阪 能勢御影石（輝長岩）

京都 鞍馬石（閃綠岩）

廣島 倉橋議院石（花崗岩）

愛媛 伊予大島石（花崗岩）

島根 來待石（凝灰岩質砂岩）

山口 德山石（花崗岩）

群馬 澤入石（花崗岩）多胡石（砂石）

櫪木 蘆野石（安山岩）大谷石（凝灰岩）

茨城 坂戶石／八鄉御影石／與黑青糠目石／稻田石／真壁石（花崗岩）／寒水石（大理石）

東京 抗火石（石英）

神奈川 本小松石（安山岩）

長野 御嶽黑光真石／柴石／安原石／佐久石／鐵平石（安山岩）／有明櫻御影石（花崗岩）

山梨 本山崎石（安山岩）甲州鞍馬石（閃綠岩）

香川 庵治石／青木石（花崗岩）豐島石（凝灰岩）

長崎 諫早石（砂岩）

佐賀 天山御影石／椿石（花崗岩）

愛知 花澤石／足助御影石／牛岩青石／小呂青石／宇壽石／額田中目石（花崗岩）

靜岡 伊豆若草石（凝灰岩）

宮崎 沃肥石（凝灰岩）

鹿兒島 花棚石（凝灰岩）大隅白御影石（花崗岩）

沖繩 琉球洞石（珊瑚石灰岩）

兵庫 本御影石（花崗岩）龍山石（凝灰岩）

岐阜 蛭川石（花崗岩）

三重 那智黑石（黏板岩）

岡山 白石島御影石／萬成石／北木石／備中青御影石（花崗岩）

福岡 內垣石／唐原石（花崗岩）／八女石（凝灰岩）

花崗岩製的倉庫（茨城縣真壁）

伊勢神宮內宮的石階（三重縣伊勢市）

石造的水道橋「明正井路一號幹線一號橋」（大分縣竹田市）

PART4
火的使用

疏伐木跟修剪下來的樹枝可作為燃料，燃煙的防腐效果能使屋子更加持久耐用，燃灰還可埋進田裡作為土壤回歸大地。善加用火是山居生活的核心。重要的是要了解空氣的流動。學習這些知識的材料與時間，滿載於此。

1. 用自然素材來做環保披薩窯（石頭＋黏土）

就像過去炭燒師在山裡建造的大炭燒窯一樣，我們也可用石頭跟黏土來做石窯。因為這種窯能用土來塑型，所以能自在地造出曲面，應用流體力學原理，讓煙從開口處排出，就能持續燃燒。由於沒有煙囪，所以蓄熱快，是很環保的披薩窯。

備妥黏土

詢問當地的老爺爺，請他告訴我在哪裡可以採集到黏土……

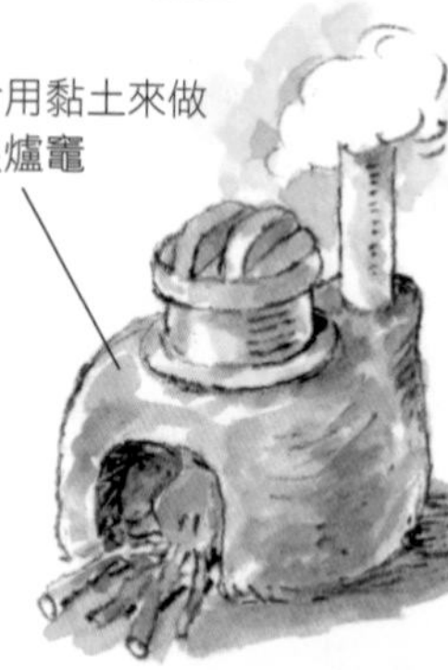

以前會用黏土來做炭窯跟爐竈

預先的準備工作

把小石子跟垃圾清乾淨，用小臼來搗黏土，把結塊的部分搗碎。

※小臼的做法請見P.49

把黏土放進塑膠方盒裡，再加入適量的寸莎跟水，穿著長靴邊踩邊攪拌。

把稻草剪碎撕開，做成寸莎拌進黏土裡。

用少量薪柴的披薩窯

雖然石窯大為流行，但實際做了以後，才知道要提高窯內溫度，必須使用大量的薪柴。在日常中必須經常使用薪柴的山居生活裡，如此使用薪柴，會覺得既浪費又可惜。但同樣都是石窯，烤麵包的石窯就要很厚實，但如果是烤披薩，簡單的石窯就可以辦得到，薪柴的用量也可以更少。用少量薪柴就可以做料理的窯，最重要的是「不要做大的窯（尤其是高度不要太高）」，如此一來蓄熱速度就會加快。要讓沒有煙囪的石窯也能夠順暢地燃燒，那麼窯的形狀就要是流線形，讓空氣能夠自然流動。用磚塊做起來不容易，但用黏土就可輕鬆完成。

蒐集材料

使用自然素材搭建而成的窯，好處就是不管壞了幾次，都可重複使用。石頭跟黏土可跟山林的地主報備後，再行採掘，或是到房屋的拆解工地去找找看。過去的家庭，特別是在拆解倉庫

石製的基座與磚鋪的窯床

用石塊來堆砌基座。先在長方形範圍的四周拉出水線，正確堆好基礎以及第一層（礎石），接著再往上堆。

在裡面填入混凝土的瓦礫或泥土，再用木棒搗固。

時，會產生大量黏土，把這些黏土裝進沙包裡，只要重新加水攪拌，就可直接拿來當作製窯的材料。

在壁土裡拌入「寸莎」（植物的纖維，具有防止壁面龜裂的效果）。主要是使用稻草，稻草在土壤中發酵，會產生黏性成分。如果黏土是從山裡挖來的，那就要去除小石頭跟落葉等有機物質，用小臼把結成塊狀的部分搗開後，拌入水跟剪碎的稻草，蓋上藍色塑膠布，放上一個月左右就會產生黏度。如果黏土放得太久，寸莎的纖維會被溶解，這時只要再重新拌入切碎的稻草就可以了。拌入寸莎後，黏土的黏性會稍微減低，變得比較容易處理。把這些黏土加水攪拌起來準備著。

▼在磚塊的空隙裡填入黏土

排列磚塊（普通尺寸20塊＋方塊狀40塊）

堆砌完成後，最後在上面蓋上一層泥土，然後用圓形的木棒來搗平。

石製基座的重點在四個角

首先用天然石製作基台。決定好地面位置後，先用消振器等機具把地面壓平，接著鋪上碎石子。外圍用**第七十五頁**介紹的石牆堆砌方法來堆砌，砌好之後在裡面填入泥土。也可以用混凝土的瓦礫或空心磚的殘片等來充填。這次不需要使用填裡石。

在堆砌基台時，四個角的部分需要一點小技巧。用長方形、品質好的石頭來交互堆砌，稱爲「井桁堆砌法」，也常用於堆砌石牆的轉角部分。但實際上，適合這種堆砌法的石頭沒有這麼多，所以以這種做法爲基礎，慢慢把四個角堆起來。用砂漿填固後，即使是形狀不合的石頭也被強制固定住，這種方法能夠自然而然收整石頭，呈現出石構造的真正美妙之處。

以磚塊鋪窯床

如果已經堆了五十到六十公分左右，那麼就可以把中間的土壓平，鋪上磚塊。雖然基本上應該整體鋪平，但深處必須稍微高於入口處，造出些許斜度（約百分之三）可以讓火更容易往窯的深處流動。一邊壓平底下的土壤，一邊鋪上磚塊。

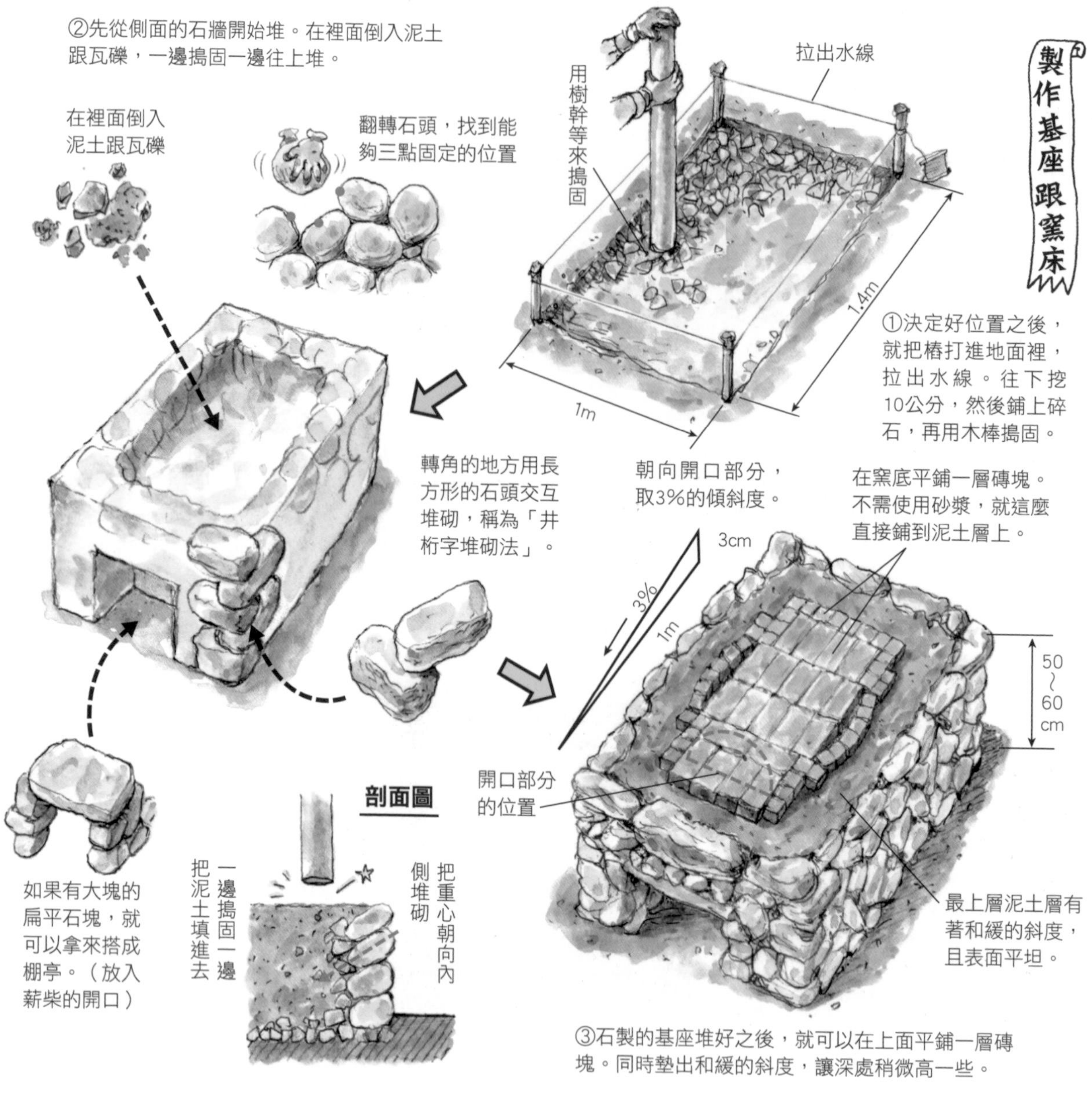
製作基座跟窯床
②先從側面的石牆開始堆。在裡面倒入泥土跟瓦礫，一邊搗固一邊往上堆。
在裡面倒入泥土跟瓦礫
翻轉石頭，找到能夠三點固定的位置
用樹幹等來搗固
拉出水線
1.4m
1m
①決定好位置之後，就把樁打進地面裡，拉出水線。往下挖10公分，然後鋪上碎石，再用木棒搗固。
轉角的地方用長方形的石頭交互堆砌，稱為「井桁字堆砌法」。
朝向開口部分，取3%的傾斜度。
在窯底平鋪一層磚塊。不需使用砂漿，就這麼直接鋪到泥土層上。
3cm
3%
1m
50～60cm
開口部分的位置
剖面圖
如果有大塊的扁平石塊，就可以拿來搭成棚亭。（放入薪柴的開口）
一邊搗固一邊把泥土填進去
把重心朝向內側堆砌
最上層泥土層有著和緩的斜度，且表面平坦。
③石製的基座堆好之後，就可以在上面平鋪一層磚塊。同時墊出和緩的斜度，讓深處稍微高一些。

不需要完全鋪成方形，只要窯床的部分是磚塊就可以了。我從埼玉縣深谷市「日本煉瓦史料館」帶回來的磚片（邊長爲一般磚塊三分之一的方塊狀）有很多，所以就把它們用在窯底的角落跟開口的拱形部分。如果形狀適合，那麼用天然石來做會更有趣。鋪好後，磚塊的周圍用黏土來固定。

堆土塑形

用黏土來做蛋形外框，有種方法是先用木頭做，再把它燒掉，但只要用「土饅頭＋打溼的報紙」，就可輕鬆做出漂亮的流線形。用土做出饅頭形狀，外面貼上打溼的報紙，再於上面貼上黏土，乾了以後從開口處把土挖出來。這些饅頭狀的土，是普通的泥土而不是黏土。

在此之前，先在窯壁底部（內周）用磚頭環繞一圈，然後用黏土固定住。這樣能夠補強內部，土饅頭也較容易搭起來。

開口處用厚紙板跟膠合板做成像**下頁左上**圖那種形狀，然後用空心磚等固定住。

製作拱形開口

用方形磚塊排出拱形，再把拱形描繪在厚紙板上。

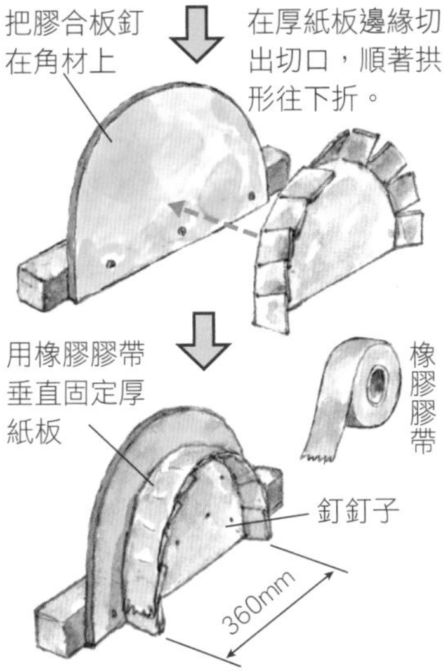

把膠合板釘在角材上
在厚紙板邊緣切出切口，順著拱形往下折。
用橡膠膠帶垂直固定厚紙板
橡膠膠帶
釘釘子
360mm

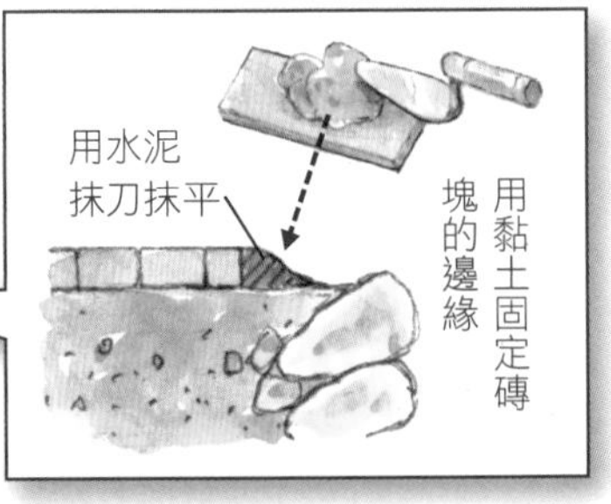

用水泥抹刀抹平
用黏土固定磚塊的邊緣

600公釐
850公釐

開口的位置做成拱，然後用方形的磚塊排出馬蹄形，再用黏土固定。

先用塑膠袋包住拱形的內側，然後在窯底鋪上報紙，填入塑型用的土石。

400～
450mm

外型圓滑流暢的茄子形土饅頭。拱的部分要用空心磚或是石頭來抵住。

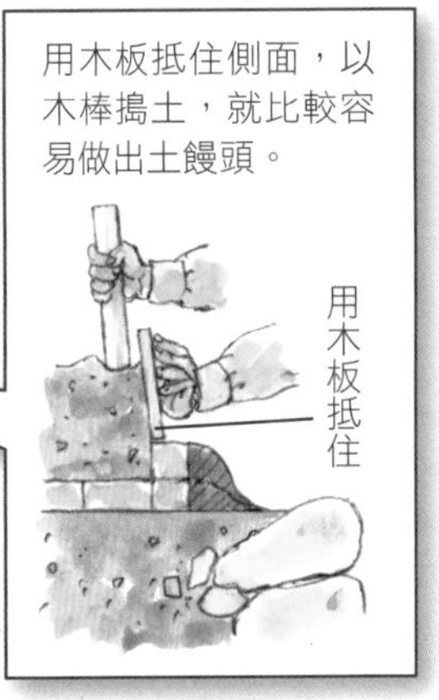

用木板抵住側面，以木棒搗土，就比較容易做出土饅頭。
用木板抵住

把打溼的報紙貼在土饅頭上，然後再砌上一圈方形磚塊，用黏土固定。

先在窯底鋪上報紙，再於上面放上泥土。在裡面放入大的石頭不僅能夠多占一點體積，取出時也會比較方便（但要是能夠從開口拿得出來的大小！）。饅頭形的最高點部分比較難做，一邊用板子跟棒子支撐，做起來就會比較簡單。最高點的部分爲四十到四十五公分。決定好形狀後，就在上面密密貼上打溼的報紙。

製作開口部分的拱形

貼好報紙後再於最外圈砌上一圈方形磚塊，然後在開口處做一道拱（連接的地方分三個段落來補強）。順著拱形排好磚塊，再把扁的石頭、花盆的破片等塞進到拱外側的空隙裡，最後再於縫隙間填上黏土，如此一來就可做出堅固的拱了。

用黏土來做本體

開口部分完成，就可來貼黏土了。貼黏土的方法不是像糊牆那樣抹平，而是先把黏土捏成軟式棒球般大小，用像做漢堡排一樣的手勢，把黏土裡的空氣拍出來，再把這些黏土塊貼到土饅頭

▼把塊狀的黏土貼上去，用手使勁地拍擊以讓它們一體化。

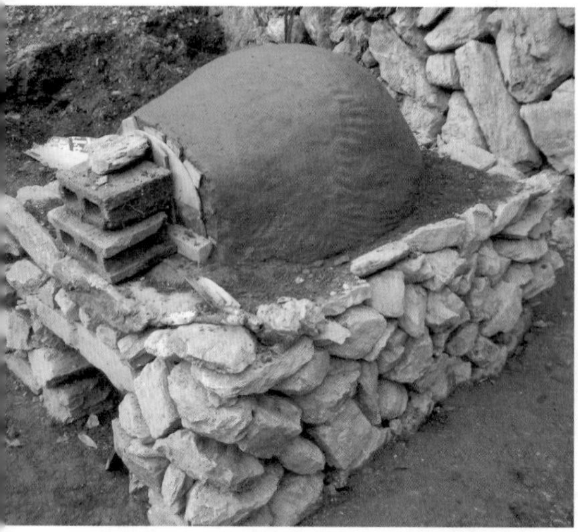

乾燥時間約兩個星期。絕對不能淋到雨，所以必須在上面蓋上一層塑膠布，之後再幫它搭座亭子。（**P.53 的照片**）

拱的磚塊間的縫隙裡，塞進扁平的石塊跟黏土來加以固定。

▶像是從上面砸下去的感覺，把黏土塊貼上去。

土模（**右圖**）跟貼上黏土之後（**左圖**）。

第一層完成之後，再貼上第二層黏土塊。

上。從外圍的最底層開始直到頂部為止，不留縫隙地貼滿。一邊用手拍，一邊貼，貼滿後再以同樣方法貼第二層（下層有磚塊的部方只需貼一層）。

貼得愈厚，黏土就會自然垂往側邊的壁面，也就是頂部的土會移動到壁側去。這時可以用羽子板（日本傳統的羽毛球拍）之類的工具來拍打側壁。這麼做不僅可以讓黏土團更加一體化，也能把空氣拍打出來。最後再貼上一層黏土塊，整體用手或羽子板拍打後，就大功告成。

搭上屋頂

黏土完全乾燥，要等上兩星期左右。如果是在室外，不想被雨淋溼，就必須蓋上帳篷形的（為了讓空氣流通）塑膠布。把開口部分的外框拆掉，從開口處用小鏟子把土饅頭挖出來。不要敲到壁面，小心地挖。用溼布把窯底擦乾淨，就大功告成了。完成後，如果沒有屋頂，泥土會被雨水沖蝕，所以不妨使用掘立柱來架起一座單坡屋頂。

燃燒的結構

由於有收束入口，所以能夠加快空氣在出口處的流速。
◀以土模來看直剖面形狀

過了兩個星期，黏土乾燥之後，就可以把裡面的土模挖出來了。

生火的方法
一開始先在開口附近燒，熱度傳到內部之後，再慢慢地把柴薪跟火焰往深處送。

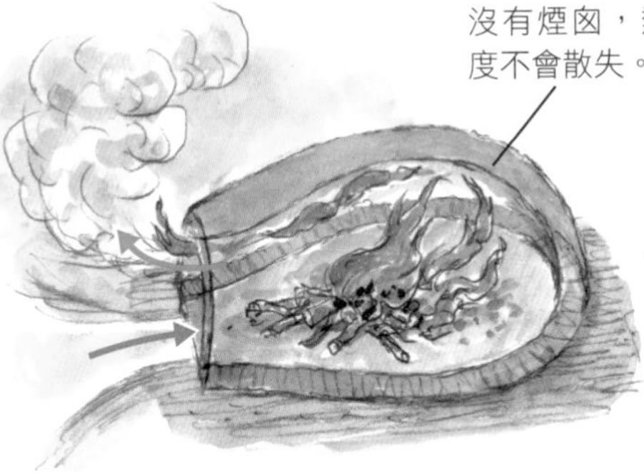
沒有煙囪，熱度不會散失。
只要把火升了起來，接下來就會持續燃燒。

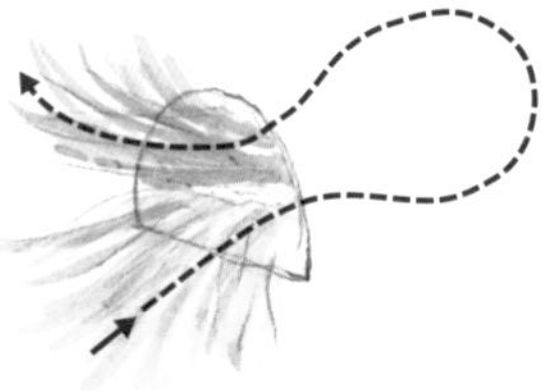
開口處會有兩道空氣流動

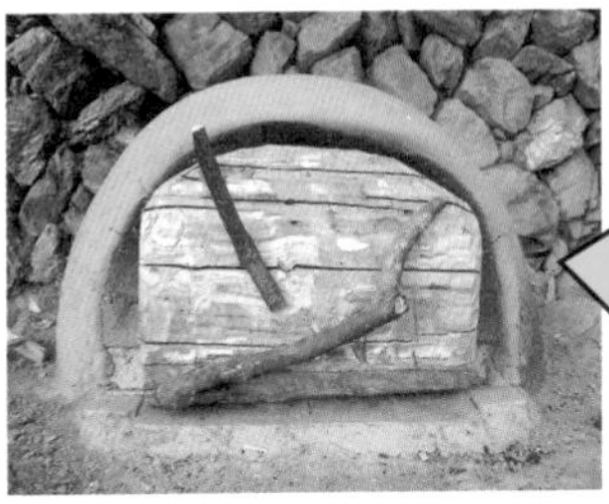
裝上木頭把手的蓋子

內部燒熱之後，空氣就會不斷地被吸進去，而旺盛地燃燒。

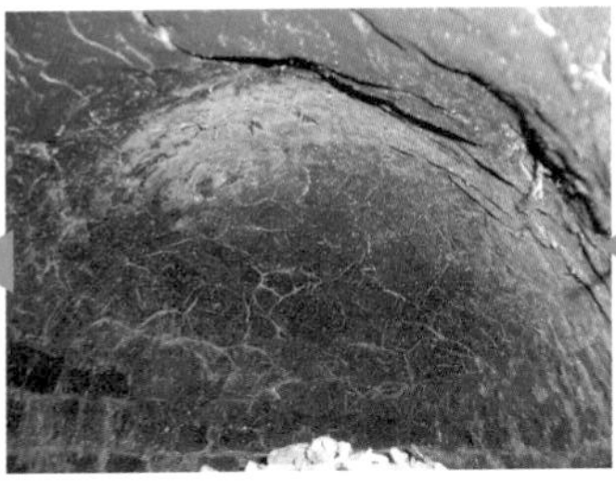
頂部被熱度燻裂之後，就可以開始調理了。

把披薩放到熾炭旁邊。真香！

生火、烤披薩的方法

由於窯的內部還有殘留水分，所以升起火後，讓它運轉三十分鐘左右，然後放到隔天再正式開始使用。貼在頂部的報紙會被燒掉，所以沒有關係。

一開始先在入口附近生火，然後慢慢把火往內側送，風就會自然地被吸引進窯內而助燃。沒有煙囪卻能產生這種效果，以流體力學解釋，是由於開口部分縮小，加速了空氣的流動。內部的曲面成爲自然的風道，熱煙從開口的上側流出，冷空氣從下側流入，一個開口可以形成兩道空氣流動。如此一來，不用在作爲蓄熱體最爲重要的內部設置煙囪，熱度就不會從煙囪散失了。

三十到四十分鐘後，窯內的熱度會把窯頂燻裂，這時就可把燃燒中的薪柴跟煤炭推到一邊，用夾子夾著溼布把窯底擦乾淨，然後把披薩放進去烤。只要兩到三分鐘就能烤好。味道絕頂美味！

2. 正統地爐的製作、使用方法

地爐的本質就在於火，不只是出於興趣用來燒燒炭火而已，而是希望能夠在地爐裡生火，以它為生活核心。如果能夠自由自在地運用薪柴、火、灰跟熾炭，那麼還有什麼工具會比就連細碎的薪柴都能夠成為戰力的地爐還要來得便利呢。在此傳授給各位地爐的製作跟使用方法。

排煙孔的形狀

屋脊短小的屋頂會以兩個方向排煙。茅葺屋民房自古流傳下來的方法。

在磚瓦屋頂上設置排煙孔的例子

如果是歇山式的屋頂，就會在山牆位置設置排煙孔。

由於風向會隨著季節與時段而改變，所以通常會在兩個不同的方向設置排煙孔。

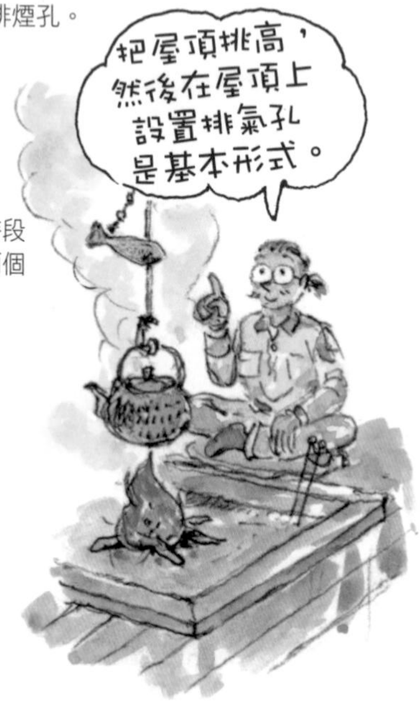
把屋頂挑高，然後在屋頂上設置排氣孔是基本形式。

如果是單坡屋頂或是合掌造的屋頂，會在牆壁上端設置排煙孔。

要在排煙與打掃上下工夫

現代人除了在野外生火之外，幾乎沒有體驗生火的機會，用薪柴生的火，火力非常強。只是用炭的地爐，根本沒辦法徹底發揮實力。不過，一旦生起火來就會生煙，鍋底就會被燻黑，地板上也會積滿煙灰，因此必須要在排煙跟打掃上下點工夫。

如果要在室內生火，就必須設置排煙孔，讓煙能夠自然排出屋外。以前有地爐的房間裡，都會在屋頂上開有排煙的開口，也有在牆壁上端開洞的方式，現在則是用通風管跟換氣扇就能夠排煙。排煙裝置必須考慮到住宅的風向變化，所以要在兩面都設置排煙口。

如何裝設地爐？

製作地爐，必須先用不可燃材（空心磚、磚頭、金屬板等）來組構地爐的裡箱，接著四周用木條框起來，但如果是改裝老民房來裝設地爐，則是先掀開地板，確認欄柵跟欄柵墊條的位置。在每條間隔大約九十公分的欄柵墊條上，每隔三十到四十五公分裝有一條欄柵，因此必須把欄柵墊條間的兩到三根欄柵鋸斷，如此一來地爐的空間就完成了。利用這塊方形空間來設置地爐，地面下方的深度還滿深的，所以先用一些空心磚把高度架高，再開始組裝地爐。

用石塊跟黏土來製作地爐

可以承襲傳統方法，用石頭跟黏土來製作。運用**第七十五頁到九十一頁**所介紹的石砌要領，製作木框下方的方形石砌牆。先用紅土或砂把基底塡滿，然後在內側塗上黏土，最後在裡面倒入炭灰。

地爐剛裝好時，地爐用的炭灰可以跟家裡有在燒火爐的人要要看。先用篩子把裡面的雜質篩掉後再倒進地爐裡。

如果是以取暖爲目的的地爐，爐緣（木框）的寬度就可以窄一點；如果是以飲食爲目的的地爐，那麼就用寬一點的木頭來做爐緣。過去使用的地爐，爐緣大多比較窄。那是因爲以前大多是「盒膳」，所以不需要把爐緣當作桌面來使用。

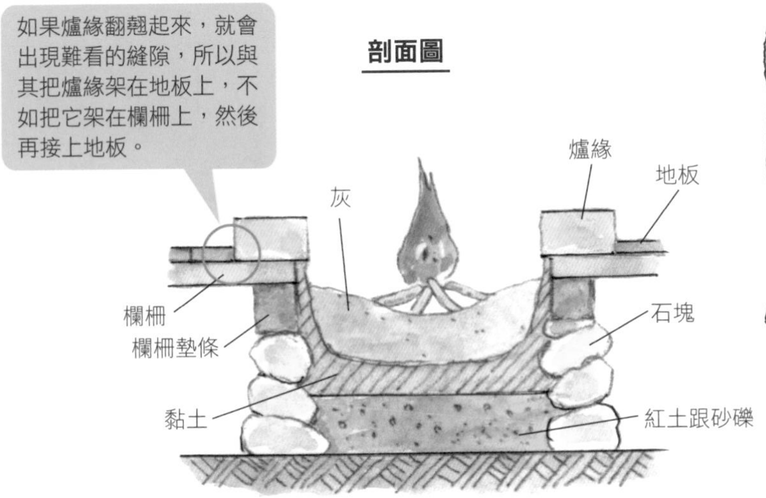
如果爐緣翻翹起來，就會出現難看的縫隙，所以與其把爐緣架在地板上，不如把它架在欄柵上，然後再接上地板。
剖面圖
爐緣
地板
灰
欄柵
欄柵墊條
石塊
黏土
紅土跟砂礫

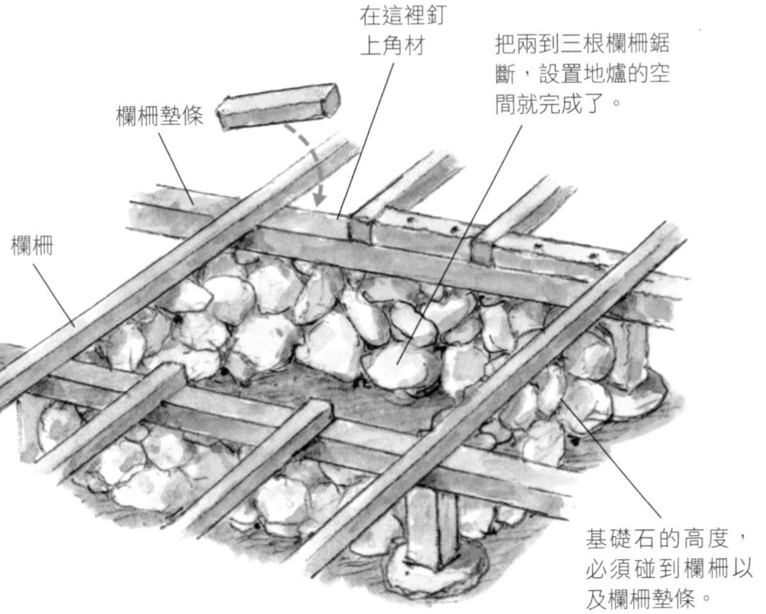
在這裡釘上角材
把兩到三根欄柵鋸斷，設置地爐的空間就完成了。
欄柵墊條
欄柵
基礎石的高度，必須碰到欄柵以及欄柵墊條。

地爐所需的配備

地爐一定需要自在鉤（鍋鉤）。在地爐正上方的梁上，繞一條繩子或粗鐵絲，然後把自在鉤裝在繩子上。如果是較大一點的地爐，就不要把自在鉤設在正中央，其他的空間可以放五德（三腳火爐架），增加料理位置。如果地爐的正上方沒有梁，可以利用樹幹或竹竿，像**下頁圖示**，把竿子固定在牆壁上。

如果還準備了下列用具，一定能增添地爐生活的樂趣。

吊鍋……在骨董市場或老一點的用品店買得到。必須特別注意鍋底的維修孔（有些會滲透）。

五德……鄉下的五金行就有販售簡單又堅固的火爐架。

渡……彎曲形狀的金屬網架。放在熾炭的上面，用於烤煮食物。

火鉗……能夠做比較精細的

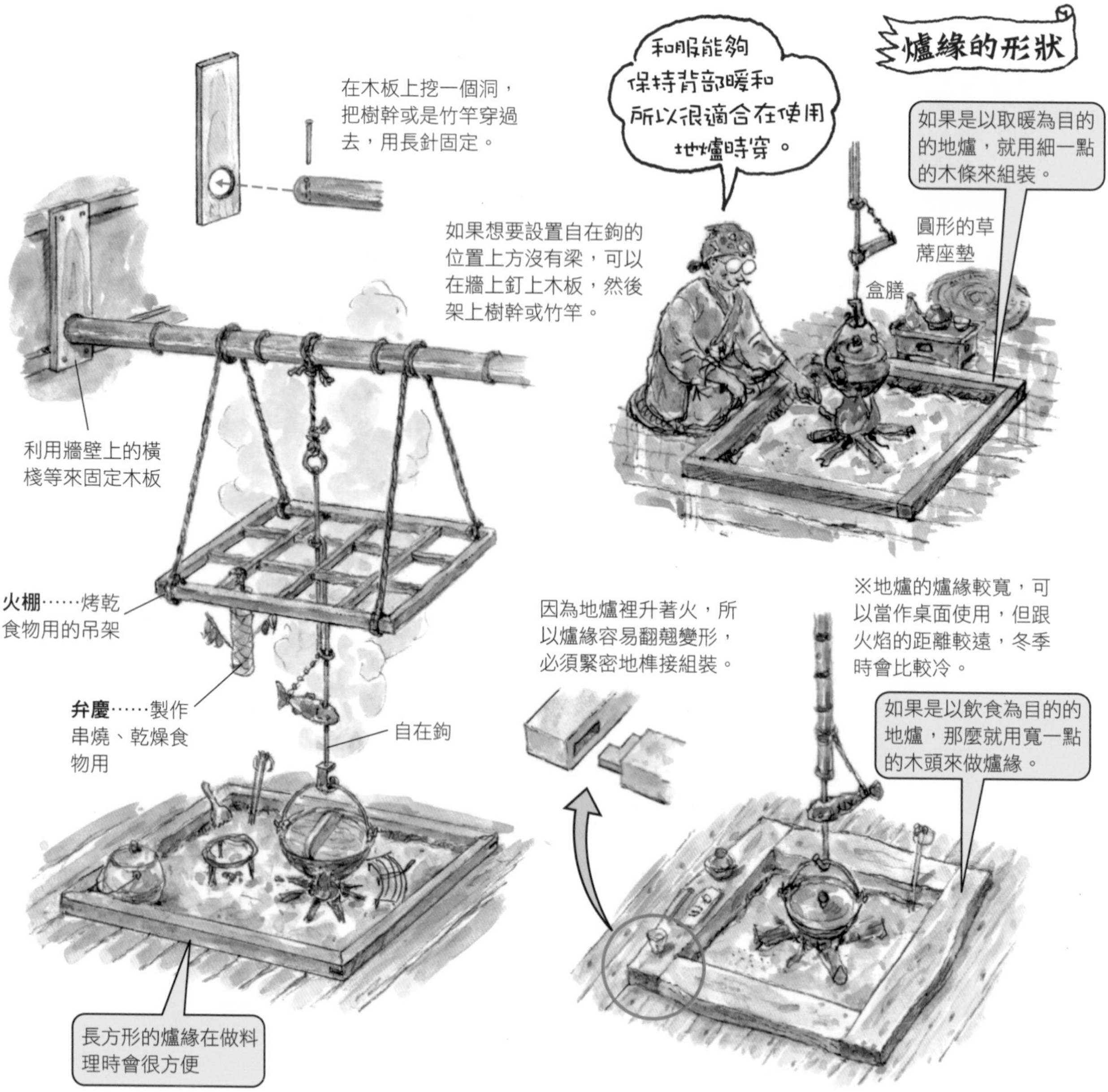
爐緣的形狀
和服能夠
保持背部暖和
所以很適合在使用
地爐時穿。
如果是以取暖為目的的地爐，就用細一點的木條來組裝。
圓形的草蓆座墊
盒膳
在木板上挖一個洞，把樹幹或是竹竿穿過去，用長針固定。
如果想要設置自在鉤的位置上方沒有梁，可以在牆上釘上木板，然後架上樹幹或竹竿。
利用牆壁上的橫棧等來固定木板
火棚……烤乾食物用的吊架
弁慶……製作串燒、乾燥食物用
自在鉤
長方形的爐緣在做料理時會很方便
因為地爐裡升著火，所以爐緣容易翻翹變形，必須緊密地榫接組裝。
※地爐的爐緣較寬，可以當作桌面使用，但跟火焰的距離較遠，冬季時會比較冷。
如果是以飲食為目的的地爐，那麼就用寬一點的木頭來做爐緣。

動作，作業起來比用夾子靈活，用來移動熾炭跟鐵架將會非常便利。

十能……小型鏟子。用來移動炭灰跟熾炭。

滅火壺……存放熾炭的壺。也可用不要的金屬鍋具來代替。

附把手的小篩子……用來清掃炭灰上的碎屑跟垃圾。

灰耙……翻耙炭灰，把垃圾碎屑翻上來。也可以用來在炭灰上描畫紋路。

基本使用法、保持炭灰清潔

想要減少燃煙，那麼最好使用容易燃燒的薪柴，也就是徹底乾燥的薪柴。比較細的薪柴不容易冒煙，火也燒得很旺。在火爐裡派不上用場的細薪柴，用在地爐上就會成爲很棒的戰力，所以也可以把庭院修剪下來的樹枝用在地爐裡。

現在在山裡也可以撿到很多枯落的樹枝，它們也會是很棒的薪柴。要讓薪柴徹底乾燥，大約需要半年到一年時間，但枯落的樹枝們都已經乾燥了，所以只要風乾兩三天就可拿來使用。

在野外生火，通常會連同垃圾或其他物質一起燒，但地爐裡除了無垢

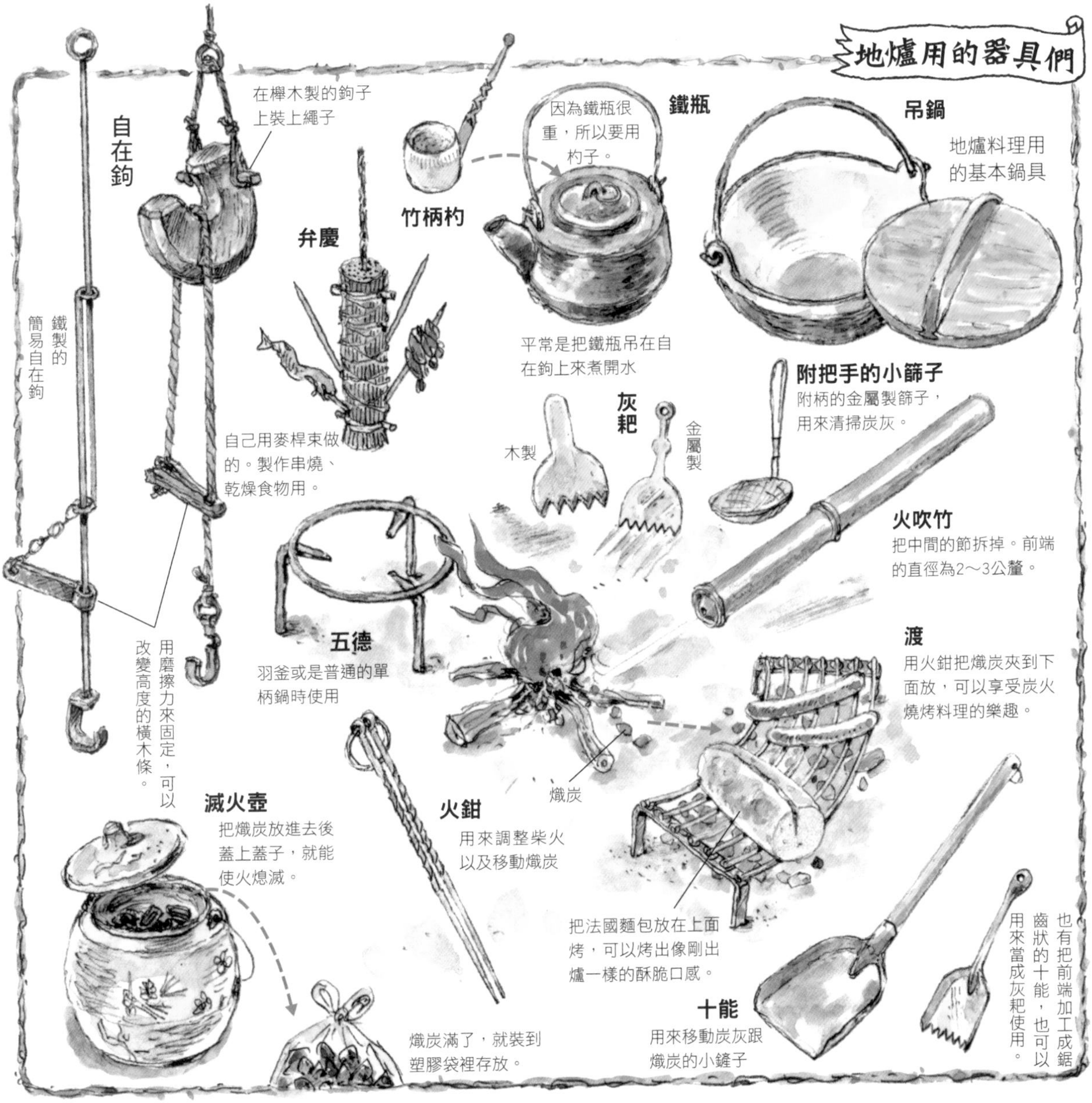
地爐用的器具們
自在鉤
在櫸木製的鉤子
上裝上繩子
鐵製的
簡易自在鉤
用磨擦力來固定，可以
改變高度的橫木條。
竹柄杓
弁慶
自己用麥桿束做
的。製作串燒、
乾燥食物用。
鐵瓶
因為鐵瓶很
重，所以要用
杓子。
平常是把鐵瓶吊在自
在鉤上來煮開水
吊鍋
地爐料理用
的基本鍋具
附把手的小篩子
附柄的金屬製篩子，
用來清掃炭灰。
灰耙
木製
金屬製
火吹竹
把中間的節拆掉。前端
的直徑為2～3公釐。
五德
羽釜或是普通的單
柄鍋時使用
渡
用火鉗把熾炭夾到下
面放，可以享受炭火
燒烤料理的樂趣。
熾炭
滅火壺
把熾炭放進去後
蓋上蓋子，就能
使火熄滅。
火鉗
用來調整柴火
以及移動熾炭
把法國麵包放在上面
烤，可以烤出像剛出
爐一樣的酥脆口感。
十能
用來移動炭灰跟
熾炭的小鏟子
也有把前端加工成鋸
齒狀的十能，也可以
用來當成灰耙使用。
熾炭滿了，就裝到
塑膠袋裡存放。

的木材外，嚴禁燃燒其他物質。上有塗料的廢建材、膠合板或紙張，最好也不要拿來燒，因爲燃煙有可能產生有害物質，出現化學臭味，導致產生的灰含有臭味或有害成分，況且有時會把食物埋到地爐的灰裡烹煮，因此最好勤加清裡。

地爐的灰放久了會吸收空氣中的水分，如果爐床潮溼（溫度降低）就不容易點燃，還容易生煙。每天持續使用地爐，爐灰就能保持乾燥，但如果地爐是設在沒有牆壁的亭子裡，地爐的灰就很容易潮溼掉。

燃火的方法與訣竅

火生起來，如果燃燒旺盛，那麼煙就出得少，但在火焰熄滅那一瞬間，煙會冒出來。希望火不要熄滅，就必須經常翻動薪柴。在火快要熄滅時，送一點風進去，火焰就會重新燃燒起來。但用扇子搧，炭灰會飛得到處都是，建議用吹火用的竹管對準火源中心，吹送集中且強勁的風。

杉木、檜木等針葉樹的薪柴，從橫斷面的部分開始燒，不太會有爆裂的情況發生。杉木、檜木的細枝也不會爆裂，所以可放心放到地爐裡燒。附帶一提，地爐的房間裡，通常不會

薪柴的燃燒方法

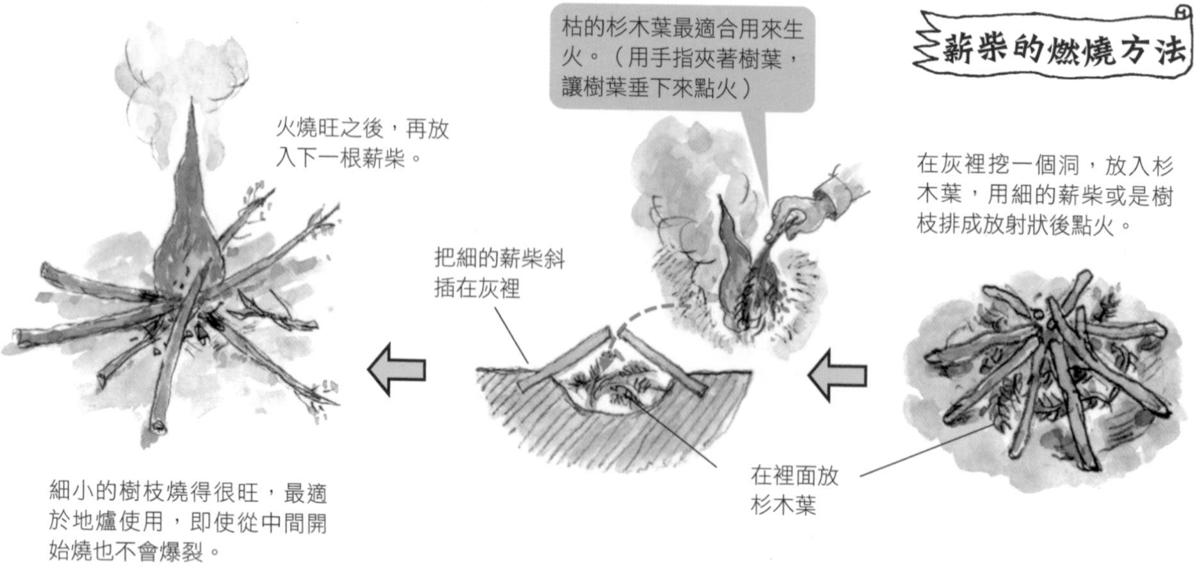
在灰裡挖一個洞，放入杉木葉，用細的薪柴或是樹枝排成放射狀後點火。
在裡面放杉木葉
枯的杉木葉最適合用來生火。（用手指夾著樹葉，讓樹葉垂下來點火）
把細的薪柴斜插在灰裡
火燒旺之後，再放入下一根薪柴。
細小的樹枝燒得很旺，最適於地爐使用，即使從中間開始燒也不會爆裂。

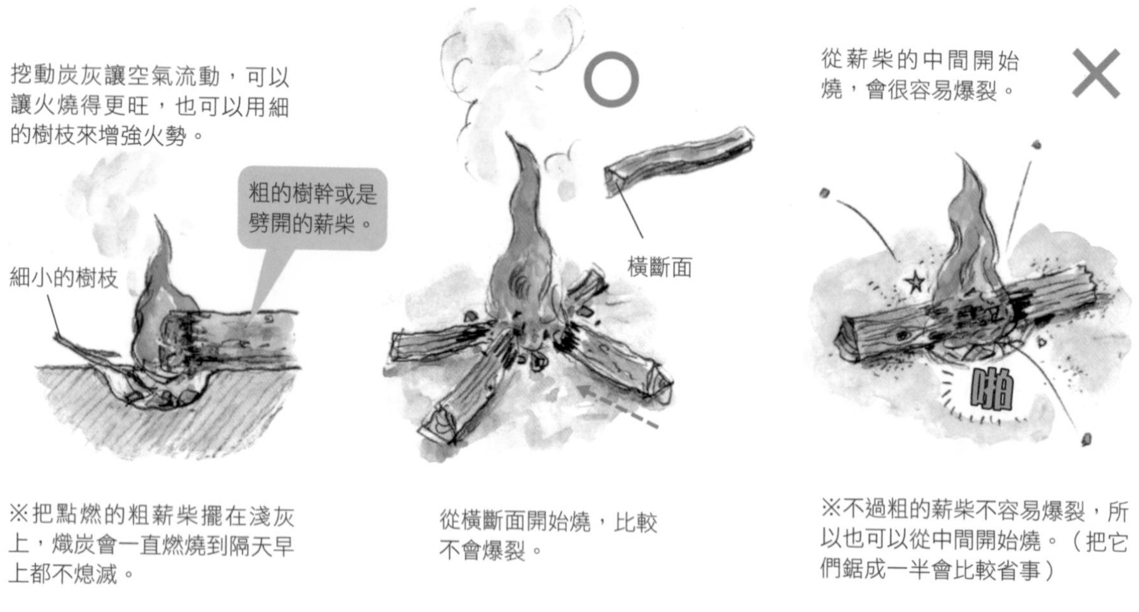
從薪柴的中間開始燒，會很容易爆裂。
×
啪
※不過粗的薪柴不容易爆裂，所以也可以從中間開始燒。（把它們鋸成一半會比較省事）
○
橫斷面
從橫斷面開始燒，比較不會爆裂。
挖動炭灰讓空氣流動，可以讓火燒得更旺，也可以用細的樹枝來增強火勢。
粗的樹幹或是劈開的薪柴。
細小的樹枝
※把點燃的粗薪柴擺在淺灰上，熾炭會一直燃燒到隔天早上都不熄滅。

鋪榻榻米，而是鋪木板；不會用布座墊，而是用圓形的草蓆座墊。這是為了防止爆裂的木頭引發火災（火星落在布座墊上，不易撲滅，而會持續燃燒）。

用粗的薪柴時，把中央的灰挖掉一些，讓空氣流通就會比較容易燃燒，同時併用細的樹枝，也能夠有效維持火焰的燃燒。

火焰跟熾炭的關係

地爐裡燃燒的薪柴，頂端燒紅的部分就是熾炭。用火鉗輕輕一敲，熾炭就會斷落，如果放著讓它繼續燒，也會自然而然地掉進爐床裡。用火鉗把它們集中起來，在上面架上網子，就可以享受「炭火燒烤料理」了。渡就是一種很方便的烹調用具。

把熾炭放進滅火壺裡，蓋上蓋子，火就會熄滅了（可就此直接保存）。量多之後，把它們倒進塑膠袋裡存放，冬天時可以用在火缽裡。雖然火力跟持久度無法跟一般的炭相比，但這些熾炭的灰也不過是薪柴燃燒過程中，免費獲得的殘灰，所以算是很方便的東西。

想要把火熄掉時，只要在火焰上蓋上一層厚厚的灰就能馬上熄滅，但

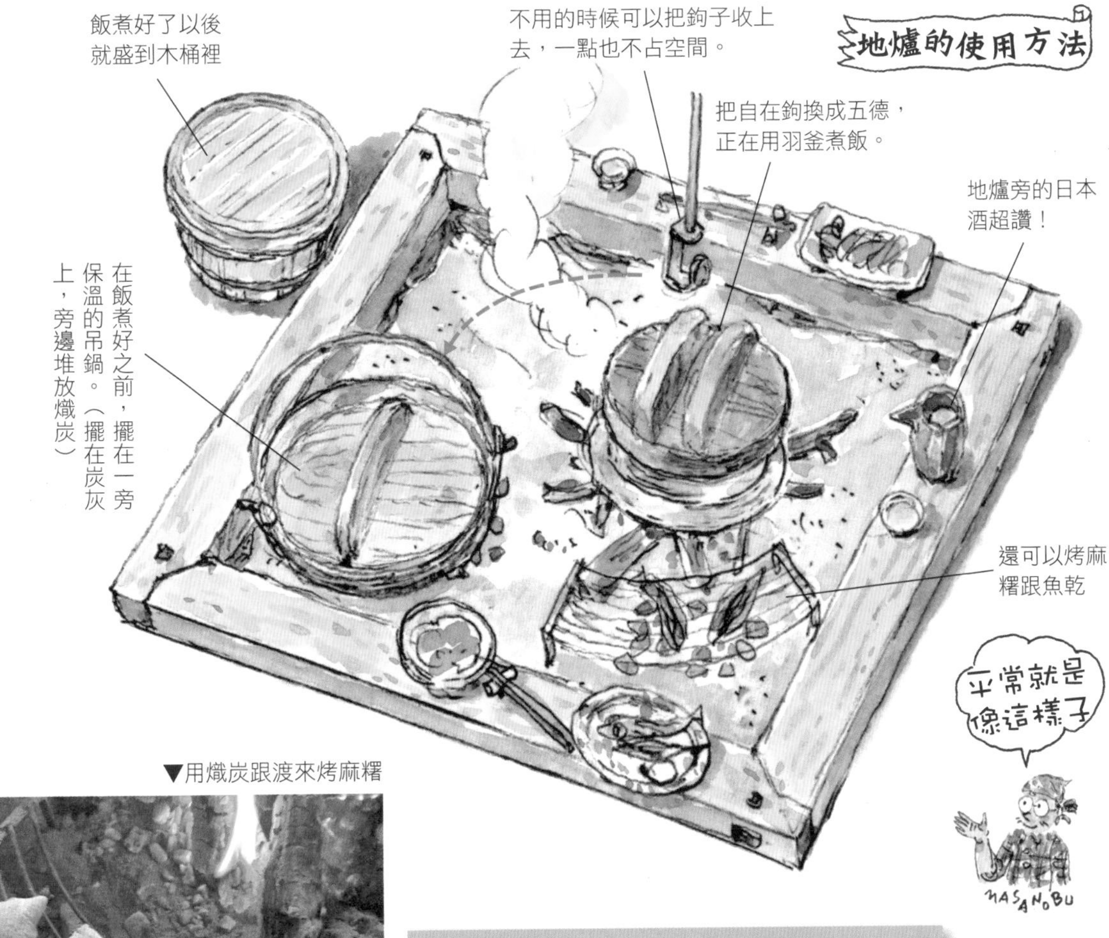
地爐的使用方法
飯煮好了以後就盛到木桶裡
不用的時候可以把鉤子收上去，一點也不占空間。
把自在鉤換成五德，正在用羽釜煮飯。
地爐旁的日本酒超讚！
在飯煮好之前，擺在一旁保溫的吊鍋。（擺在炭灰上，旁邊堆放熾炭）
還可以烤麻糬跟魚乾
平常就是像這樣子
MASANOBU

▼用熾炭跟渡來烤麻糬

很多地爐用具，市面上都沒有在販售，所以可以到老工具店或是各地的骨董市場去找，應該可以找到自在鉤、吊鍋跟鐵瓶。但是渡就沒有骨董價值，所以在老工具店也不容易找到。照片裡的渡，是跟某個工具店的老爺爺特別訂製的不銹鋼製商品，但最近那家店也關了（哭）。把不銹鋼線熔接在ㄇ字形的金屬配件上，就可以像五德一樣插進炭灰裡使用，非常簡單。要不要試著DIY做做看呢？

如果只是蓋上薄薄一層灰，薪柴就會繼續燻燃，熾炭的部分不會熄滅。薪柴很粗的話，隔天早上就會燃出許多熾灰，地爐內部則會非常溫熱。過去會特地用這方法來保留火種。

維護措施

屋子若有使用生火的地爐，最重要就是打掃。常備著擰乾的抹布，勤勞地擦拭地板跟爐緣。如果用吸塵器吸，灰會飛得到處都是，所以用抹布擦是最好的方法。若房間裡有裝玻璃窗，也會被煙燻得泛黃，因此需要勤於擦拭。梁上也會積灰塵，因此也必須適時清掃。房內不要堆放太多雜物，更能便於打掃。

地板使用自然乾燥的無垢木板，只要用抹布擦拭，就會散發出光澤，呈現出古色（**第三十九頁下圖**）。整個打掃乾淨後，在地爐房升起爐火，就會感受到一股無法言喻的清新感。沒有打掃過的地爐房，會有一種廉價且慘淡的感覺，但清掃乾淨的地爐房就像是極具現代感的茶室般。

3. 移動式爐竈與火箭爐

天氣好時，就會想要在戶外泡茶或是做料理。最基本就是石製的戶外爐竈，以及最為推薦的是「三岔架&自在鉤＋移動式爐竈」，再來就是好用的「火箭爐」。本章將介紹便利的戶外爐竈構造、製作及使用方法。

製作石製的爐竈
用石塊圍成圓形的爐竈時，必須留一個通風口。
火焰會引風，所以無論風向如何，都燃燒得起來。
用三塊石頭製成的最小型爐竈

金屬鍊
自在鉤（製作方法見P.104）
用S形掛鉤來調整高度
填入小石頭後緊密地搗固
把Y字棒埋進地底立起來

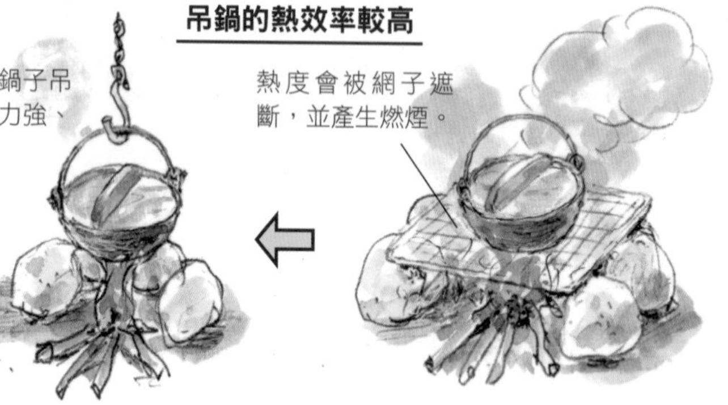
吊鍋的熱效率較高
從上面把鍋子吊起來，火力強、生煙少。
熱度會被網子遮斷，並產生燃煙。

呼風的石竈

在寬廣的地方，不用在乎別人，自在地享受用火的樂趣，正是山居生活的一種箇中滋味。如果有大院子，就可用石頭搭一座專用的火坑。通常會把爐竈砌成ㄇ字形，然後在左右立起兩根Y字棒，上面架上棒子把鍋子吊起來。可以用金屬鍊跟S形掛鉤來調整鍋子與火焰間的距離。

把石塊堆成ㄇ字形，炭灰就不會被風吹散，無論風從哪個方向吹來，爐火都能保持穩定。火燃燒時會產生空氣流動，風會自然而然從ㄇ字形的開口處被引進來。

我想，開始山居生活後，最想要嘗試的就是這種野外露營感的煮食方法吧！可是，這種方法一直都在戶外受到風吹雨淋，只要下雨，熾炭的灰就會打溼，在開始生火前，必須先清掉打溼的炭跟灰，既麻煩又沒有效率。如果每天都以爐竈來燒茶或是煮飯的話，那麼用「三岔架&自在鉤＋移動爐」肯定會比較方便。

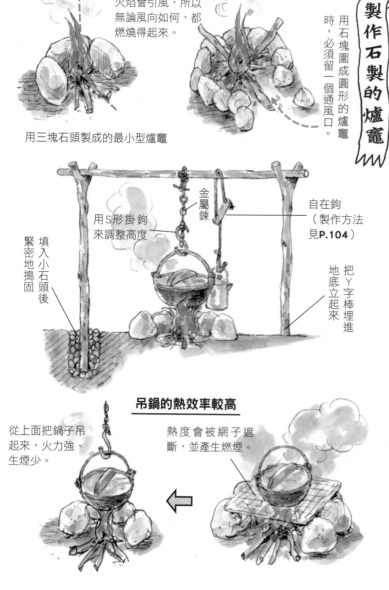

只要在三岔架上掛上自在鉤，就像是擁有了一座活動式的地爐。當然只要架上金屬網就可以料理食物了。

這就是「小竈君」！

爐架
拆解後搬運

金屬鑄造的爐竈很堅固，愛惜使用的話可以用一輩子。

我最喜愛的「小竈君」大小介在這之間
各式各樣的大小

也有裝上煙囪的類型
（可以使用羽釜）

方便的移動式爐竈

移動式爐竈的好處在於不會弄髒地面。不用時可收起來，所以就能有效利用院子的空間。只要在爐竈上架一面網子，就可把鍋子放在上面，但用三岔架把鍋子吊起來，導熱的效率會更好。因爲火焰被網子遮斷，導致熱的散失，而且也容易生煙。但在使用平底鍋或炒菜鍋，還有炭烤時，網子就能派上用場，所以還是必備的用具。

雖然可以用木製的三岔架，但中空的金屬管（輕量且強度高，從報廢的農具中應該可以找到）比較輕巧且方便。用繩子把三根管子束起來，然後打開呈正三角形，從中央掛上一個自在鉤。這也可以用木頭跟繩子等輕便的素材自己動手做。

我家用的是可分解成三個部分的老爐竈，是從某個倉庫的拆解工地裡得來的，大小重量都很適宜，我都叫它「小竈君」，經常使用它。這種爐竈以前在埼玉縣川口市的鑄造物工廠有大量生產各種尺寸，並且出貨到全日

製作三岔架與自在鉤

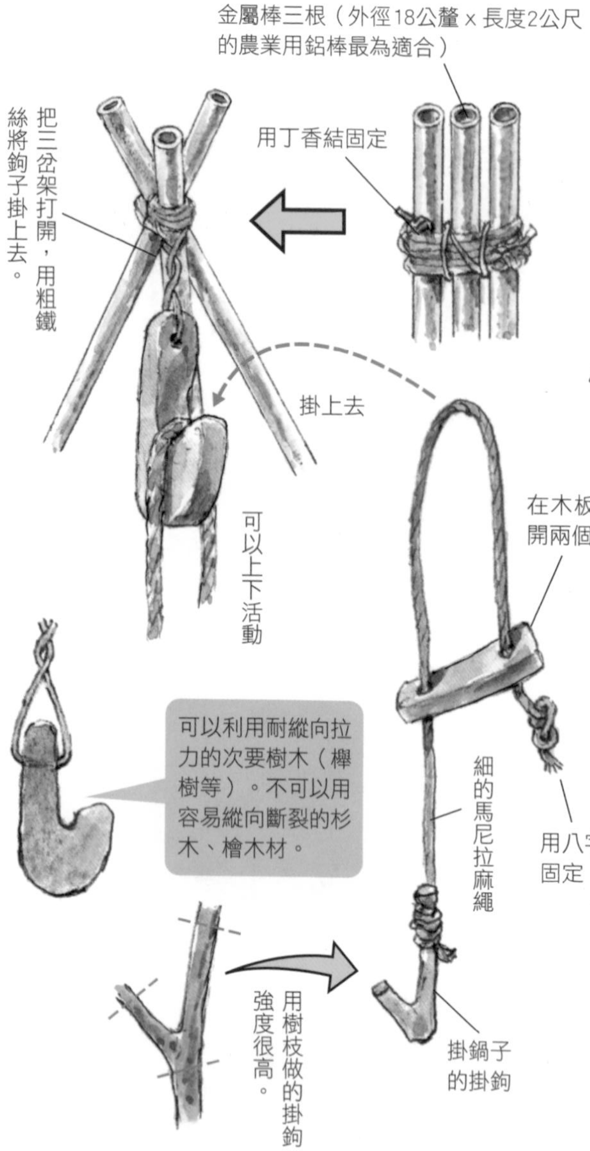
金屬棒三根（外徑18公釐ｘ長度2公尺的農業用鋁棒最為適合）
用丁香結固定
把三岔架打開，用粗鐵絲將鉤子掛上去。
掛上去
可以上下活動
在木板上開兩個洞
用八字結固定
細的馬尼拉麻繩
可以利用耐縱向拉力的次要樹木（櫸樹等）。不可以用容易縱向斷裂的杉木、檜木材。
用樹枝做的掛鉤，強度很高。
掛鍋子的掛鉤

◀把吊鍋直接架在沙拉油桶的開口上

製作簡易爐竈

把上面割開
可以用沙拉油桶或是油漆桶
開一個開口
火焰罩
在側面跟背面開出通風孔
薪柴口

本。我在二〇〇九年，書裡提到希望這種竈能夠「復活！」，在搗麻糬大會等需要炊煮工具時，曾經製作了比較大一點的（五號）竈，也許是受到震災影響，現在跟這個類似的產品，大大小小尺寸都買得到了。

　用沙拉油桶或是油漆桶，也能夠做出類似的東西，家居生活館也有在賣不銹鋼製的簡易爐竈，但還是金屬鑄造的爐竈比較穩定、方便又耐用。日常使用的話，推薦三到四號的小型爐。

發想新奇的火箭爐

　再介紹一個以獨特原理來博得人氣的「火箭爐」。最初是美國非政府環保組織的拉里博士（Larry Winiarski），為了減少發展中國家的木質燃料用量，所開發而成的爐竈。

　在美國，火箭爐已經商品化，在發展中國家，火箭爐也被廣泛製作使用。原理是以跟外部隔熱的內部煙囪作為火的通道，藉以提升熱度、增強火勢，即使出現二次燃燒情況，也不會產生太多的煙。那股火勢就如同火箭

火箭爐的缺點與注意要點

1）下方的開口很小，所以只能用細小的薪柴，因此必須不斷補充柴火。（開口太大會破壞空氣循環）
2）無法調節火力，所以不適合調理需要使用小火或是文火的料理。
3）高溫燃燒而不易清掃，因此容易腐蝕。（尤其是材質不厚的沙拉油桶、油漆桶、汽油桶等，耐久性相當地差）
4）雖然不會生煙，但炭漬會附著在鍋子上而產生煙味，因此在室內使用時必須要換氣通風。
5）把它當成暖爐使用時，蓄熱速度很慢。此外，煙囪的低溫部分會凝結。

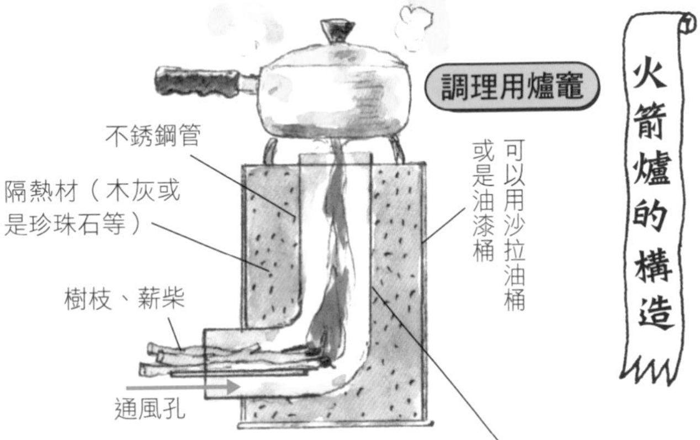

火箭爐的構造
調理用爐竈
不銹鋼管
隔熱材（木灰或是珍珠石等）
樹枝、薪柴
通風孔
可以用沙拉油桶或是油漆桶

這種「內部煙囪」是火箭爐的心臟部位。周圍填滿了隔熱材，提升中央的熱度，因此上升氣流強烈，且產生了二次燃燒。內部煙囪的高度須為直徑的兩倍以上。

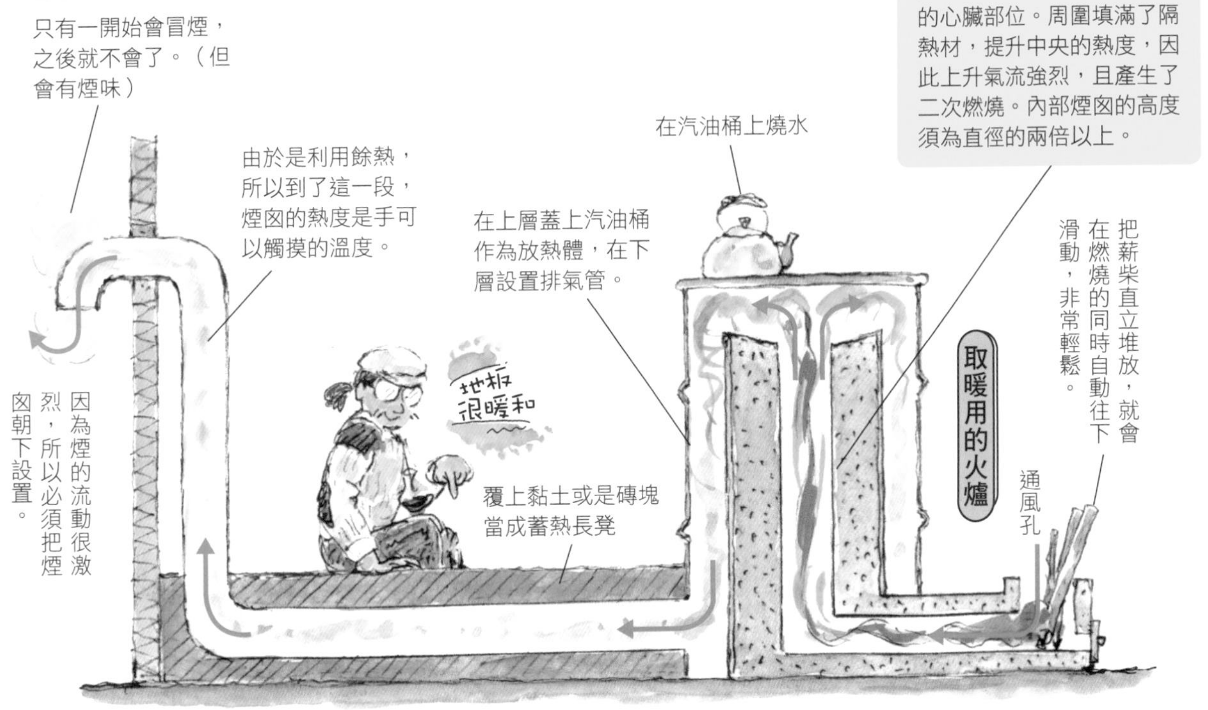

只有一開始會冒煙，之後就不會了。（但會有煙味）
由於是利用餘熱，所以到了這一段，煙囪的熱度是手可以觸摸的溫度。
在上層蓋上汽油桶作為放熱體，在下層設置排氣管。
在汽油桶上燒水
把薪柴直立堆放，就會在燃燒的同時自動往下滑動，非常輕鬆。
取暖用的火爐
通風孔
地板很暖和
覆上黏土或是磚塊當成蓄熱長凳
因為煙的流動很激烈，所以必須把煙囪朝下設置。

噴射般。即使是用細的樹枝，也能夠有效率地燃燒，可以幾乎完全燃燒到灰也不剩。

在廢棄的油漆桶或沙拉油桶等金屬罐上，裝上火爐的那種煙囪，裡面塞木灰或是園藝用的珍珠石或蛭石作為隔熱材。在放入薪柴的洞口下方裝設通風孔。只要了解這原理，用磚塊或瓦片也能做，或是也能用黏土來製作。

由於無法細微地調節火勢，所以比較適合用於炊煮需要強大火力的料理。而且只要再蓋上一層金屬，把煙從下方引出來，就可以做成取暖用的火爐。由於排氣的引力很強勁，所以可以像上圖一樣，把煙囪打橫，讓煙橫向流動，只要在上面覆上隔熱材，就能當成蓄熱長凳來使用了。

二〇〇八年「日本火箭爐推廣協會」製作了一本手冊，專門推廣這種火箭爐（※）。現在也可以從網路上找到很多製作的實例，特別是取暖用的火箭爐，被改良得更為精巧。

爐竈的分類使用方法

雖然看到在地爐裡燃燒的火

※日本火箭爐推廣協會https://sites.google.com/site/rocketstovejapan/

各式各樣的火箭爐

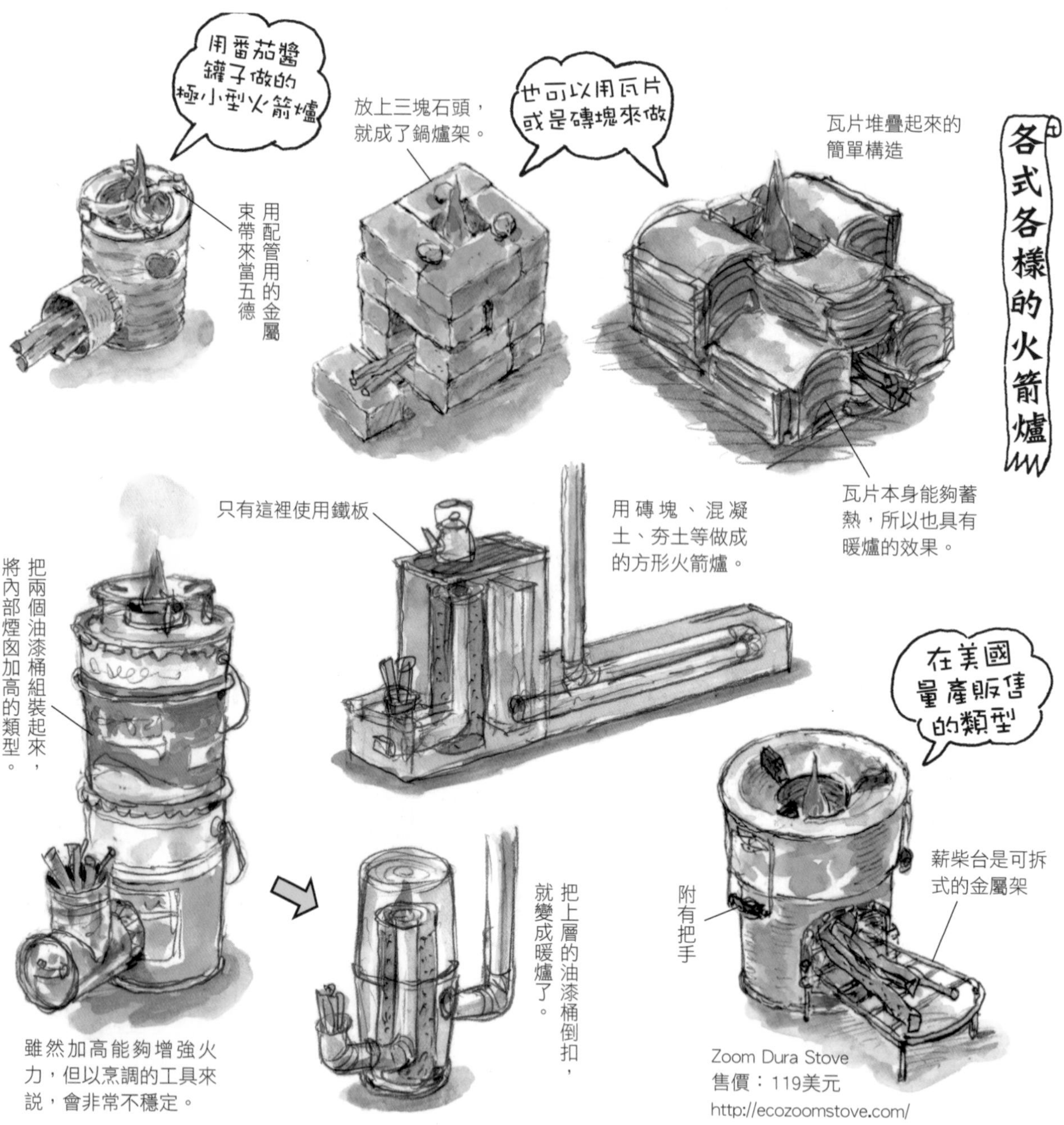

焰就會覺得很溫暖，而且還可做各式各樣的料理，但天氣好時，還是想要體會在戶外生火做料理或燒茶的樂趣。這時候，就可以用三岔架&自在鉤+移動爐竈。而在蒸糕餅、米飯或煮麵類等急需火力時，火箭爐就是很方便的工具了。

薪柴的使用方法，是地爐比較有彈性。不管粗細全都可以拿來燒。但必須要記得燃燒的訣竅，還有不可以把會產生有害物質的東西拿來燒。如果是在室外使用移動爐竈，那麼也可把不要的紙類拿來當成燃料使用，用這種方法燒開水。火箭爐則因爲它的燃料口比較小，沒有辦法用粗的薪柴，所以必須要先把柴劈好。由於會幾乎完全燒燃，所以沒有辦法取得熾炭或木灰。

每一種爐竈各有其長處與短處，所以要實際用在山居生活中，就必須正確分類使用，或是組合應用。

動手製作火箭爐

燃燒的部分

用鐵絲把不銹鋼板固定在煙囪彎管上

蓋子

把蓋緣剪掉

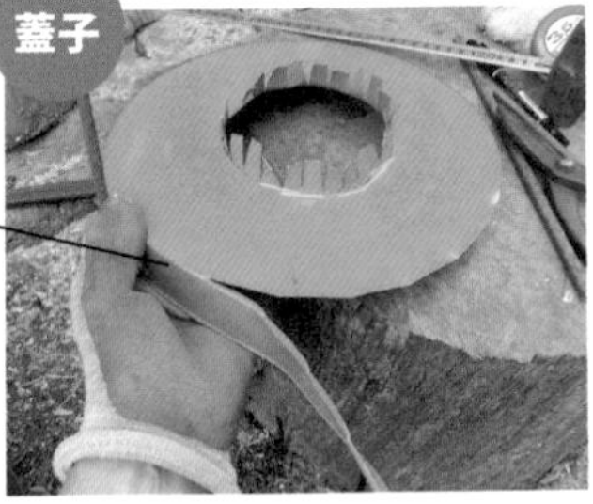

本體

用老虎鉗在蓋子跟本體的下方剪出安裝金屬管的開口

材料

比油漆桶稍微小一點的金屬桶

九十度的不銹鋼煙囪彎管（直徑100公釐）

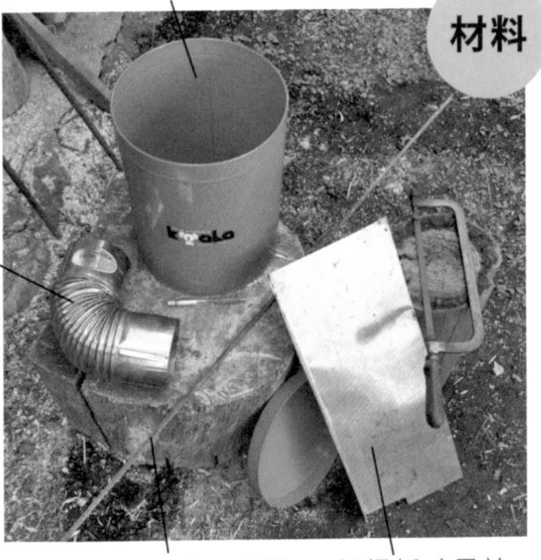

裝在拉門軌道上的金屬條（作為五德使用）

不銹鋼板（用於煙囪的直立部分與薪柴托台）

最上端部分的處理方法

先剪開兩道切口

用鉗子把不銹鋼片往內折

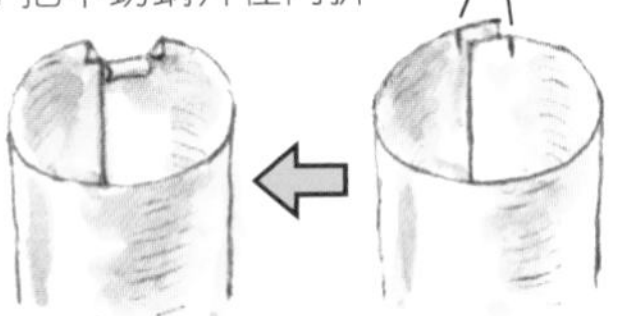

燃燒的部分＋本體

把燃燒部分的不銹鋼管裝到本體上

在本體跟不銹鋼管之間倒入隔熱材（這次用的是木灰）

先用鐵剪在不銹鋼片上剪出切口

往內折

蓋上蓋子，把金屬條切段，做成五德，剪裁不銹鋼板，準備用於薪柴托台。

點火

先用報紙沾一點廢油做成火種，要用的時候就很方便。

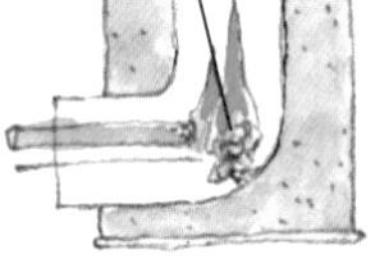

薪柴的插入口與通風孔高度比為2:1

薪柴托台與通風孔

把薪柴托台裝上去。下側則是通風孔。

※想要看照片中火箭爐燃燒薪柴的情況，可以上YouTube觀賞。「嘗試著做了火箭爐♪」http://youtu.be/Q356cJFmIQY

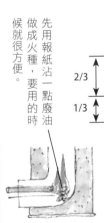

4. 薪柴火爐&煙囪的徹底活用術

展開山居生活時，每個人最憧憬的應該就是薪柴火爐了。以我在兩間老民房裡，分別設置了三次兩台薪柴火爐的經驗，我試著將如何在建築規格不定的老民房裡，設置火爐及安裝煙囪的方法寫下來。

第一座「小薪」
主屋
外屋
在東北角的廚房土間裡設置了第一台薪柴火爐。
以前的房子會把水源管線設在屋外，藉此延長主屋的使用年限。
在倉庫的拆解現場取得，還有因為它很耗薪柴，所以取名為「薪倉君」。
「小薪」
組合式蓋子不見了，所以把汽油桶的蓋子拿來用。

憧憬的第一座薪柴火爐

我在老民房生活的第一座火爐，是把廢棄的東西拿來再利用。在前一節裡介紹到金屬鑄造的爐竈（**特大／第一百零三頁右下方的插圖**）上，裝上煙囪，然後把煙囪貫穿屋頂，以此來代替火爐。

這台火爐是設置在混凝土製的土間廚房裡。也許是因爲在鬼門的方位上（北東），又離引山泉水的水道也很近，那個房間既陰暗又潮溼，一點也不舒適。不過在那房間裝上火爐後，就變成了「想要待久一點」的房間了。

把煙囪穿過鐵皮浪板屋頂

火爐的台座是用幾塊磚鋪起來。因爲是在室內，腰牆又是混凝土做的，所以就直接把牆壁當成爐壁，煙囪就這麼垂直貫穿鐵皮屋頂。

在鐵皮浪板屋頂上安裝一個煙囪並非難事。先把野地板割出一個稍大的開口，然後在鐵皮浪板屋頂上開一個直徑跟煙囪相同的洞，再從外側套上套環並用耐熱矽膠固定，以防雨水滲漏。

如果是隔熱性佳的高屋頂構造，

在廚房的土間裡擺了兩台爐竈，一台是「小竈君」（正在用羽釜燒飯），另一台是「小薪」（右）。可以一邊享受暖爐般的熱度，一邊在蓋子上料理食物。

把煙囪穿過鐵皮浪板屋頂

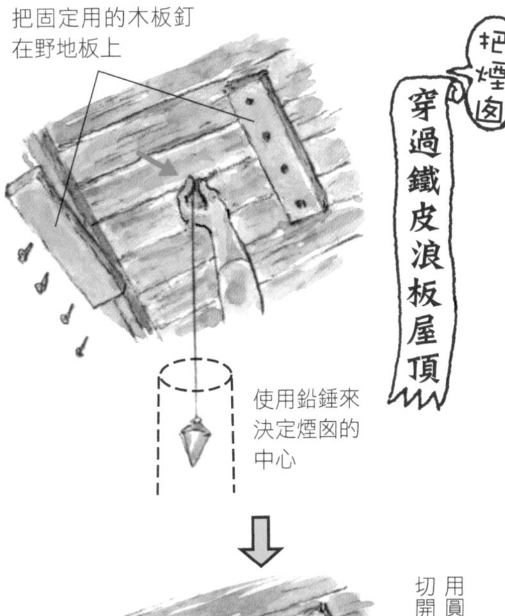
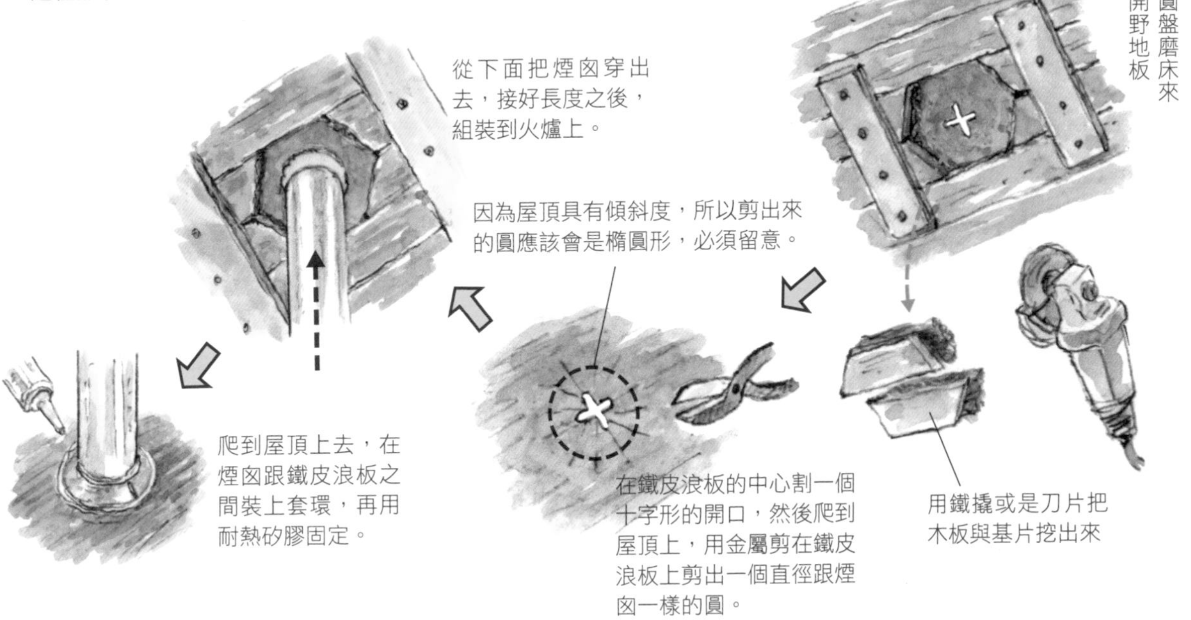

把固定用的木板釘在野地板上
使用鉛錘來決定煙囪的中心
用圓盤磨床來切開野地板
用鐵撬或是刀片把木板與基片挖出來
在鐵皮浪板的中心割一個十字形的開口，然後爬到屋頂上，用金屬剪在鐵皮浪板上剪出一個直徑跟煙囪一樣的圓。
因為屋頂具有傾斜度，所以剪出來的圓應該會是橢圓形，必須留意。
從下面把煙囪穿出去，接好長度之後，組裝到火爐上。
爬到屋頂上去，在煙囪跟鐵皮浪板之間裝上套環，再用耐熱矽膠固定。

就必須在貫穿處加上防火板等，以形成雙重屋頂，但我家這台是熱量少的爐竈，而且冬天鐵皮浪板屋頂的溫度較低，所以屋頂跟煙囪的接合處就沒有多做處理了。

只需要五千日圓！

爐竈的組合式蓋子搞丟了，所以用別人給的汽油桶蓋子來代替，不大不小剛剛好。可以直接在蓋子上放地瓜或薄餅來烤，還滿有趣的。

一般的薪柴火爐，本體＋煙囪＋安裝費等，就要花上五十萬（日圓），更高級的得要一百萬，但我家這個火爐，煙囪跟工具等，只花了五千圓就搞定（笑）。

薪柴的投入口都一直開著，從那裡看著爐火燃燒，現在回想起來，我們是以使用暖爐的方法在用這個火爐。話雖如此，但用這種耗費薪柴的方法來取暖，實在是有點太奢侈了。

第二台是重量級的火爐

第二年冬天，因為地爐再生使用，只要用地爐跟暖桌就夠暖和了，所以幾乎沒有用到火爐。不過，朋友卻送了一座新的火爐過來。那是長野某職業訓練學校的作品，用厚鐵板熔

地爐上方的
天花板設有排煙孔，
在四周裝上隔熱版
（鐵皮浪板）
再利用。

這種方法是用在把小型的薪柴火爐當作輔助的取暖裝置使用，或是在天氣好時使用，並不推薦把它當成主要的取暖裝備而連續燃燒使用。

第二台是「小虎」

這裡就跟
日本畫裡
老虎的腳
一樣……

黏土
石構造

古民宅的地爐基礎構造

80kg 人力搬動法

如果是能夠步行的坡道，就在火爐上綁上繩子，穿上木棒，兩個人扛著走。（不是用肩扛，而是抬到腰部的位置，就這麼移動搬運）

在地爐裡墊滿
石塊做成台座

▶只有放薪柴的地方是木頭地板，在周圍鋪上榻榻米。用破掉的花盆來當放薪柴的容器。

一邊用槓桿抬高，
一邊墊高井桁

※關於槓桿的使用方法及重物的人力搬運法，在**P.130**會有詳細解說。

接而成，重達八十公斤。在火爐上綁上繩子，穿上木棒，兩個大男人把它擔起來，總而言之先暫時擺在入口的土間裡。

第三年冬天總算要把台火爐裝起來。主屋起居室的榻榻米下有地爐缺口，所以想就這麼把火爐裝在那（在山村，會在舊的地爐裝上「時鐘型火爐」）。

用槓桿來移動火爐

最煩惱的問題就是該怎麼把這個重量級火爐，從土間移動到起居室呢？那間老民房的地板基台架得很高，跟起居室的地板高度落差就有八十公分。

用槓桿原理，把腳座一點一點地抬起來，然後塞進廢棄的角材，一邊架成井桁，一邊把火爐抬起來。槓桿是很厲害的，但是記得要選用堅固的角材。然後用繩子把井桁緊實地綑綁固定住。

再繼續用槓桿慢慢地把火爐往室內移動，將它放進墊滿石塊的地爐裡。

安裝煙囪的小祕訣

接下來是煙囪，那間房子以前是

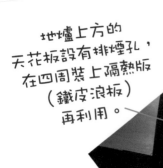

老民房的煙囪絕招

養蠶的民宅二樓是工作房（不脫鞋），還附有地爐的排煙孔。

從二樓排煙，不僅不會受到強風的影響，煙燻過的屋子也會比較持久耐用。

煙囪在二樓打橫，從壁面引出，把煙囪朝下排進水桶裡。（**右圖**）

大型老民宅的煙囪加得很長，打掃起來也很麻煩。

在二樓排煙時，必須要在周圍的地板上鋪上鐵皮浪板等不可燃材料，還要準備防火用水。

「行火」是瓦製的炭火用取暖器具，會放在暖桌裡使用。

把裝有炭灰跟木炭的缽放進去。使用豆炭或是用薪柴火爐燒成的熾炭，會更加經濟實惠。

用兩個四十五度的彎管，將排氣孔轉為朝下，把煙排進裝水的桶子裡。同時也能製作木酢液。

※把煙排到二樓，不僅不會受到風雨的影響，清掃起來也很簡單。

在灰泥粉刷牆裝上眼鏡石，把煙囪的開口朝下，伸進裝水的沙拉油桶裡。

在地爐裡裝上便宜的時鐘型火爐，是在老民房裡常見的方法。

用來養蠶的住宅，所以二樓空間非常大，屋頂也挑得很高。要讓煙囪伸到屋頂上，必須要加長煙囪（打掃起來也很費工夫）。而且群馬的冬天會颳強風，把煙囪伸到屋頂上，排煙狀況會很不安定。（當然也可以使用雙重煙囪，但售價太高了！）

事實上，在地爐裝薪柴火爐的長者們並沒有把煙囪伸到屋頂上，而是伸到二樓，或是從二樓打橫自壁面引出，把煙囪朝下排進水桶裡。因爲二樓還是放東西的倉庫，所以可看到這裝置。

雖然這方法在防火方面似乎不太安全，但可便於打掃煙囪，獨居老人也可安心居住。且燻煙能夠保護家屋，桶子裡的水也已儼然成爲木酢液。

在滿是縫隙的老民房裡，一整天都點著火爐是很浪費的。把地爐作爲生活的中心，然後在起居室裡使用炭火暖桌，使「頭寒腳暖」是基本的取暖方式。薪柴暖爐則是作爲輔助的暖爐使用，或是晴天裡的一點小樂趣，這麼一來會比較合理且實際。

把煙囪穿出土壁的方法

下個搬遷的住宅是位於里山的木

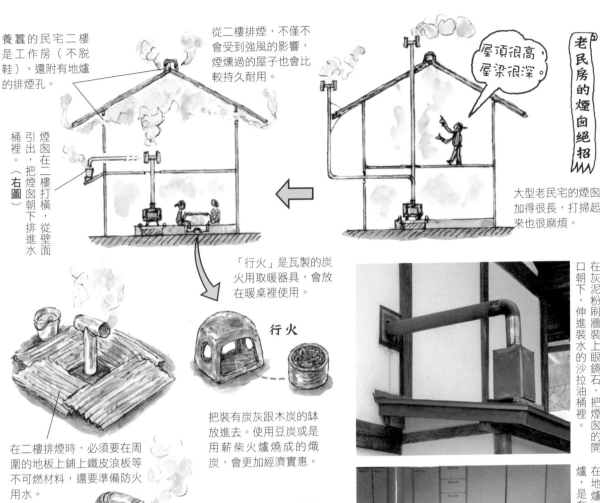

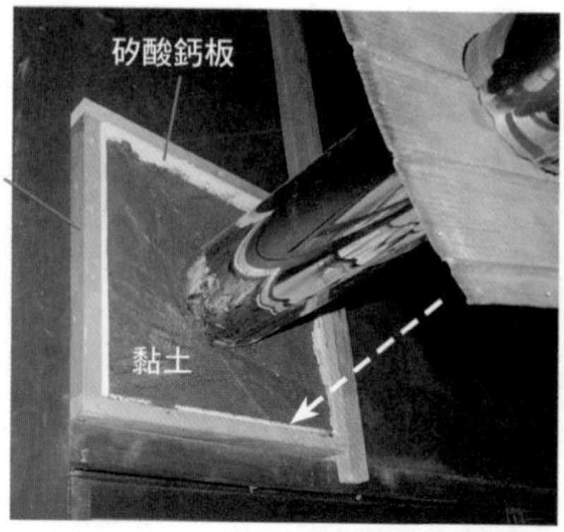
矽酸鈣板
木框
黏土

把煙囪固定住之後，在木框裡填滿黏土，再用浪板蓋上。（木框與黏土之間鋪一層矽酸鈣板※）

先用小刀切開一層灰泥粉刷牆，把裡面的土挖出來之後，再鋸掉裡面的竹板條。

動手做眼鏡石（板）

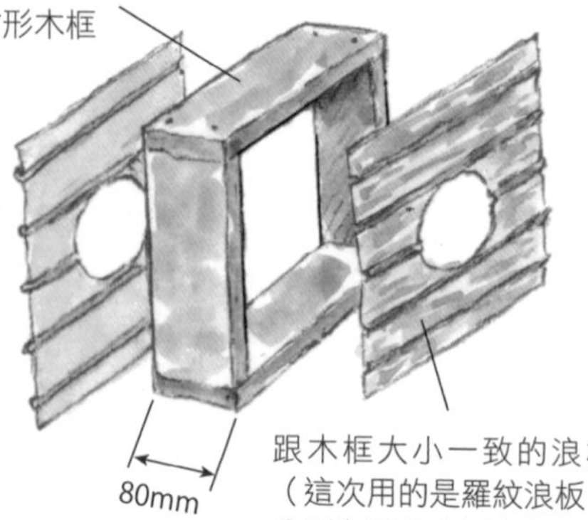
製作邊長約30公分的正方形木框
80mm
跟木框大小一致的浪板（這次用的是羅紋浪板，分別在兩片浪板上割出跟煙囪直徑大小相同的圓）

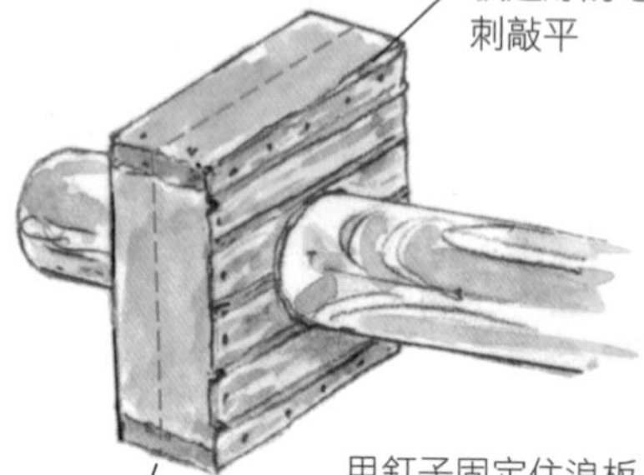
用槌子把浪板邊緣的毛刺敲平
用釘子固定住浪板，確認煙囪是否垂直穿過眼鏡石。
把煙囪拔出來，將浪板拆掉，再用鋸子把木框對半鋸開。

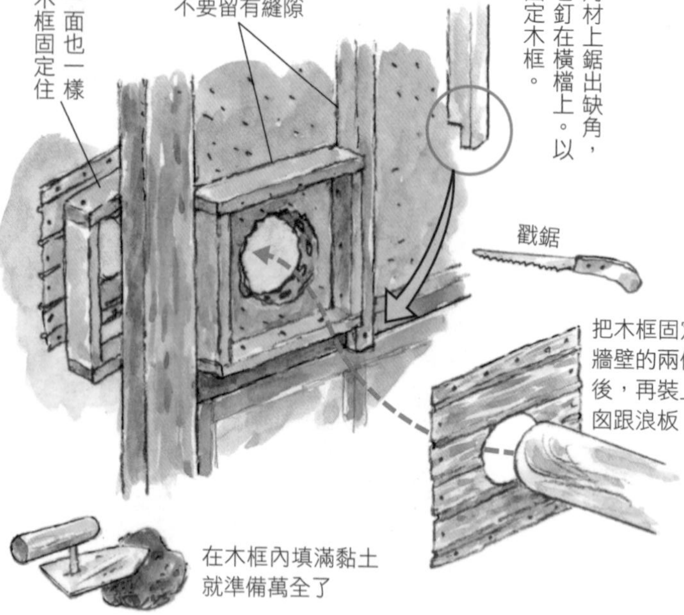
在角材上鋸出缺角，把它釘在橫檔上。以便固定木框。
另一面也一樣把木框固定住
不要留有縫隙
戳鋸
把木框固定在牆壁的兩側之後，再裝上煙囪跟浪板。
在木框內填滿黏土就準備萬全了

造老工廠，我把剛剛提到的那座重量級薪柴火爐搬過來用。這邊的屋頂果然也是相當高，而且屋頂上鋪著瓦片，所以只好把煙囪打橫，穿過灰泥粉刷牆、土牆，然後引到屋外。

市面上販售的眼鏡石尺寸都很大，那個洞會降低土壁的強度。由於土壁本身就具有不可燃性與隔熱效果，所以用浪板跟木框來自己動手做。

在土壁上開一個比煙囪直徑稍大的圓洞，先用小刀在土壁上畫出圓形，然後把圓內的土挖出來，再用「戳鋸（或稱鑰匙孔鋸）」把竹板條鋸斷。將煙囪從洞口穿出去後，再用黏土把周圍的縫隙填滿固定。

在設置薪柴火爐跟煙囪時，雖然安全是最優先的必備條件，但煙囪跟眼鏡石是能夠左右建物美觀的代表性存在，所以無論是位置、形狀或高度，都必須非常講究。

※矽酸鈣板：輕巧易加工（用鋸子就能鋸斷）的防火隔熱材。

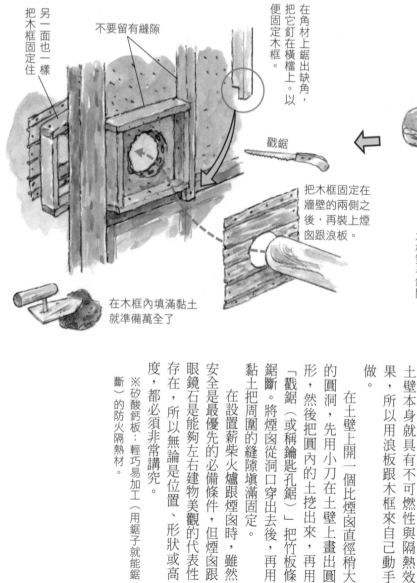

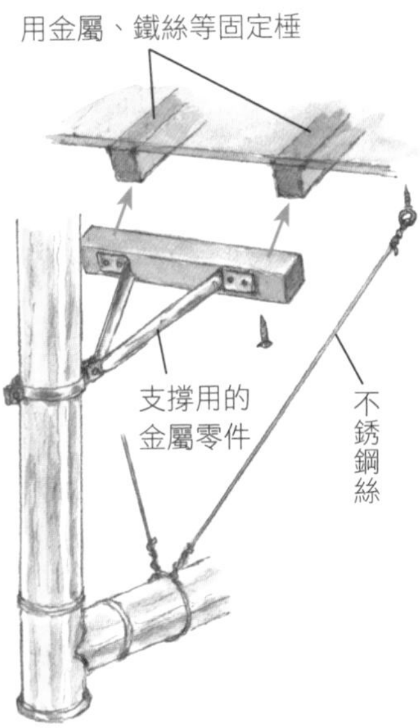
用金屬、鐵絲等固定榫
支撐用的
金屬零件
不銹鋼絲
用市面上販售的「煙囪專用支撐零件」或是耐腐蝕的「不銹鋼絲」來固定室外的煙囪。

屋簷跟屋頂都很高，所以必須使用零件來支撐。（左圖）

水平板
如果建築物比較老舊，眼鏡石的外框跟建築物會有些對不齊，因此造成內外細微的差異。這時只要先在柱子上釘一片水平板，就可以對準洞的位置了。

台座是用磚塊疊起來的（當中夾有矽酸鈣板），原本打算用陶器的破片跟混凝土來做防火牆，但就先用矽酸鈣板來替代，小虎（火爐的暱稱）正在運作中。

用角材製作 薪柴堆放場

在展開山居生活時，薪柴是愈多愈好，但卻不知道該把它們擺在哪裡才好。接下來就來介紹如何使用最少量的角材，打造出能夠堆放大量薪柴的收納庫。而且四面都通風，有助於風乾薪柴。這種建造的方法，也相當便於擴建。

樹幹的保存方法基本上也是相同的。先鋪上一層角材，讓它們不會直接接觸到地面，在兩側打樁立柱，然後把樹幹堆放在裡面。樹幹疊高之後，柱子就有可能會被擠歪，所以最好先用粗鐵絲把柱子固定住。屋頂上鋪浪板，在浪板上壓一些石塊，才不會被風吹掀起來。

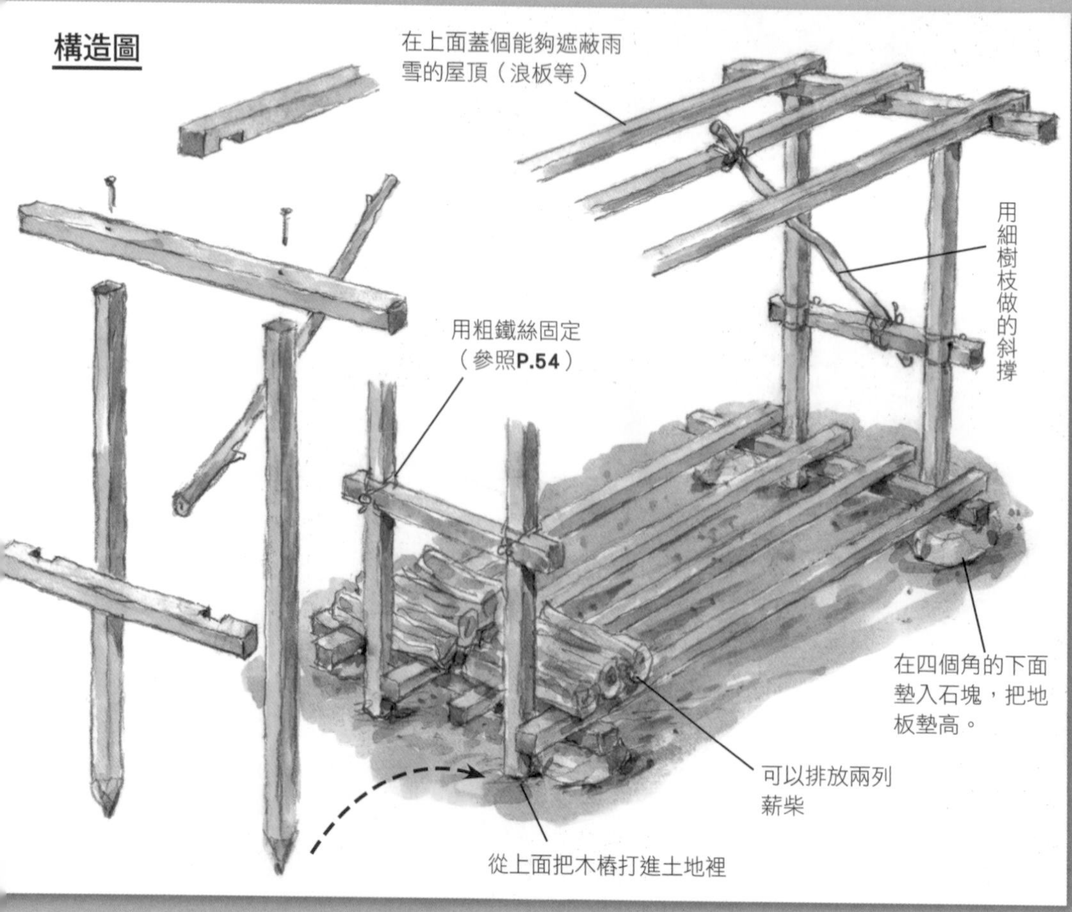
構造圖
在上面蓋個能夠遮蔽雨雪的屋頂（浪板等）
用細樹枝做的斜撐
用粗鐵絲固定（參照P.54）
在四個角的下面墊入石塊，把地板墊高。
可以排放兩列薪柴
從上面把木樁打進土地裡

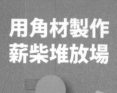

PART5
微生物的應用

在山中，「丟東西」這件事情跟在都市裡很不一樣，山裡是把東西就這麼大剌剌丟在戶外。不過有機性的物質很快就會被微生物分解，所以不如藉它們之手，把廢棄物化為肥料來活用。這一章就是在講如何過著與微生物對話的生活。

1. 廢草堆肥化與堆肥容器

夏天時，經常會一整天都忙著除草。不過如果可以把割下來的草拿來堆肥，讓它們回歸土壤裡的話，那麼除草工作做起來也會很開心。接下來就來介紹把割下來的草拿來堆肥的訣竅、該如何打造堆肥場，以及如何輕鬆完成廚餘堆肥。

製作堆肥
好熱……
用草耙把割下來的草掃起來
畚箕
背籃
搬到一個地方匯集在一起
單輪車
堆成小山。也可以混著米糠跟家畜的糞便。
不刮強風又溫暖的地方最適合
多雨的季節裡要蓋上塑膠布
從內側開始挖來用
運到田地裡

堆肥的原理

用手推車或背籃等工具，把割下來的草全都聚到一塊不會擋路的地方。秋天的落葉也可堆進來，早春時，常綠植物的老葉子會大量掉落，把這些落葉也集中起來，體積會慢慢縮減，放個一兩年，就會變成土壤。雖然表面上看起來還是枯草狀態，但只要翻開內部，就會發現它們逐漸堆肥化，就這麼翻動它們，化爲腐葉土之後，就可以用在田地，這是最簡單的堆肥作法。

如果想要更有效率（速度更快），就可以在上面加上屋頂，做成一個堆肥場，集中管理。因爲堆肥時最重要的，就是「水分調整」跟「空氣循環」，所以加上屋頂防止雨水，讓水分含量固定，並且偶爾翻動（用鐵叉翻攪），以讓空氣流通。如此一來，好氧的微生物會更加活躍，堆肥化的速度也會因此而加快。

不斷地把新割下來的草或枯葉放到堆肥裡，偶爾大幅度翻攪，把新舊堆肥攪拌在一起。如果內部過於乾燥，可以倒點水

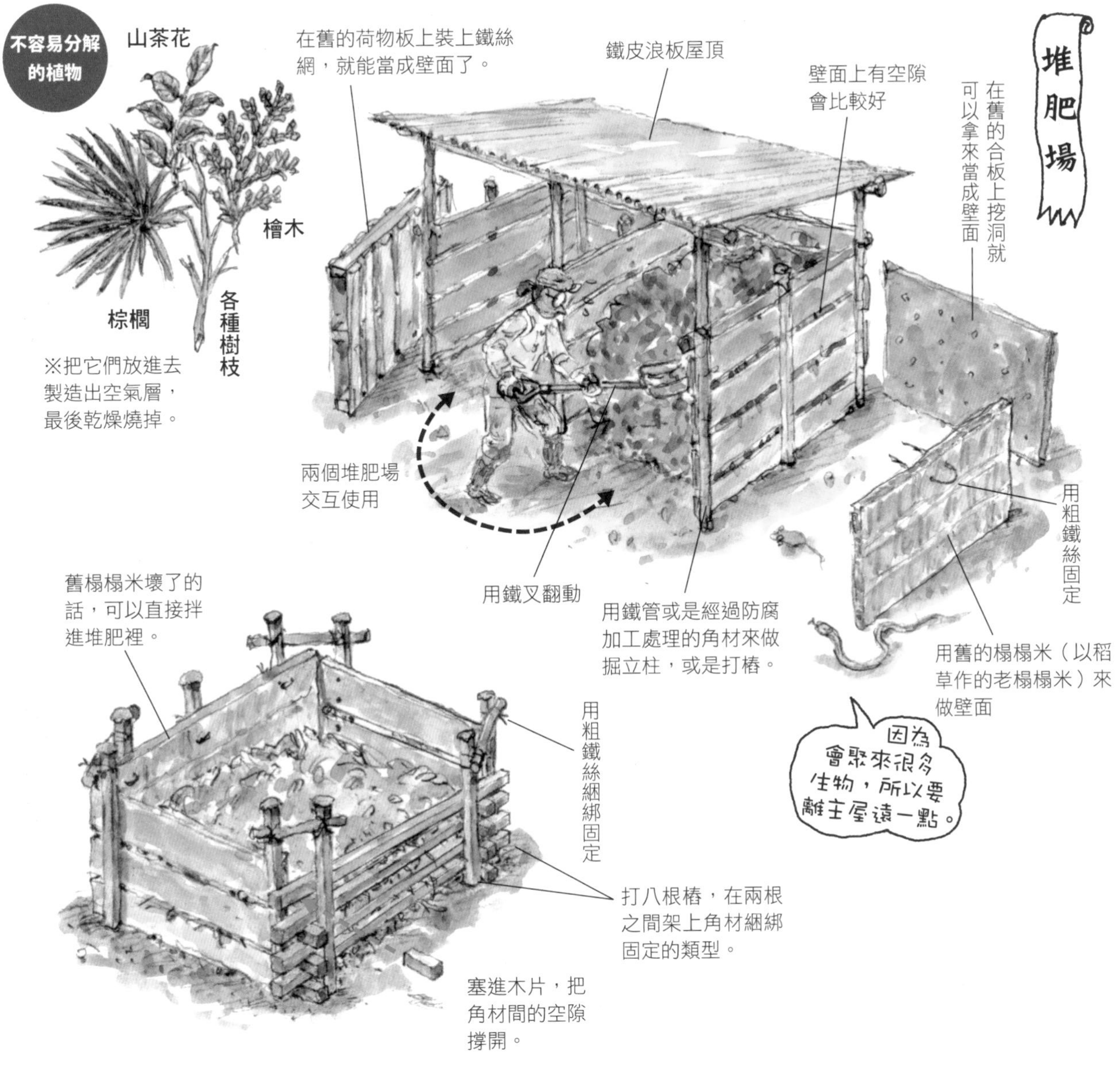
堆肥場
不容易分解的植物
山茶花
檜木
棕櫚
各種樹枝
※把它們放進去製造出空氣層，最後乾燥燒掉。
在舊的荷物板上裝上鐵絲網，就能當成壁面了。
鐵皮浪板屋頂
壁面上有空隙會比較好
在舊的合板上挖洞就可以拿來當成壁面
兩個堆肥場交互使用
用鐵叉翻動
用鐵管或是經過防腐加工處理的角材來做掘立柱，或是打樁。
用粗鐵絲固定
用舊的榻榻米（以稻草作的老榻榻米）來做壁面
因為會聚來很多生物，所以要離主屋遠一點。
舊榻榻米壞了的話，可以直接拌進堆肥裡。
用粗鐵絲綑綁固定
打八根樁，在兩根之間架上角材綑綁固定的類型。
塞進木片，把角材間的空隙撐開。

進去攪拌。如果水一直從最底下滲流出來，那就是水分含量太多，看起來有一點潮溼才是最佳狀態。翻攪作業比想像中來得繁重，如果有台小型鏟斗機就會非常方便。

打造堆肥場

堆肥場終年潮溼，而且會有蛾，所以柱子跟木樁最好經過防腐加工處裡，或是使用鐵棒等。最好在側壁上開通風孔，所以使用廢棄的材板等，每片之間留有一些空隙，也有人會直接把舊的榻榻米拿來做成壁面。

必須注意的是，不要跟居住用的主屋距離太近。雖然會有令人期待的獨角仙幼蟲居住在那裡，但同時也會引來以此爲食的老鼠，甚至有以老鼠爲食的蛇類出沒。

堆肥的循環使用

同樣尺寸的堆肥場，最好是兩個並列，其中一個堆滿了，就可以使用另一個。在微生物進行分解時，堆肥的體積會大量減少，意外地可以放入很多廢草。

發現獨角仙的幼蟲！▼

▲庭木剪定的枝葉放進去。難以分解的樹枝可以用來製作空氣層。

原本蔥鬱的草，不用多久就變成這種堆肥了。用篩子把未分解的樹枝等篩出來。

▶翻攪後的狀態。鐵叉跟鏟子是必需品。

廢棄的酪梨種子在堆肥裡發芽了！把它移植到盆栽裡養養看，實在太有趣了……▶

▲此狀態為將完成的堆肥全都挖出來。在放入新的堆肥之前，先在裡面設置舊的榻榻米。最後它也會變得破破爛爛，直接堆肥化了。

等到旁邊的堆肥場也堆滿時，一開始的堆肥也完熟了。把它們搬運到田裡，空間空出來之後，就可以再重新放入新的堆肥。這種循環使用的方法，可以有效率地進行土地利用。

在堆肥裡，有時候會有一些分解速度較慢的小樹枝，或是未經分解的針葉樹樹葉。可以用大孔的篩子篩出來，風乾以後當成爐竈的燃料。燃燒後的灰，可以直接灑到田裡，也可以拌進新的堆肥裡。

燃燒製作草木灰

也可以先把這些割下來的草燒一次，以減少它們的體積。把木柴燒熱，形成熾炭後，將草蓋到火堆上。火焰會暫時熄滅，但裡面會開始悶燒，煙冒出來之後，再讓它們繼續燃燒一會兒。等到裡面燃燒殆盡之後，就會產生一個洞穴，這時再用草蓋住那個洞。

反覆進行這個動作，直到熾炭燒完爲止。不過在進行大規模燃燒時，會產生大量燃煙，所以必須先跟附近的人打聲招呼之

製作柵欄防野豬

小野豬
不原諒你!

用粗鐵絲把浪板固定在樁上（也可以用繩子）

用角材來做木樁。以柴刀把一端削尖，比較好打進地底。

被野豬挖開的痕跡

用堆肥、草木灰施肥的馬鈴薯引來了野豬，所以要製作柵欄。

製作草木灰

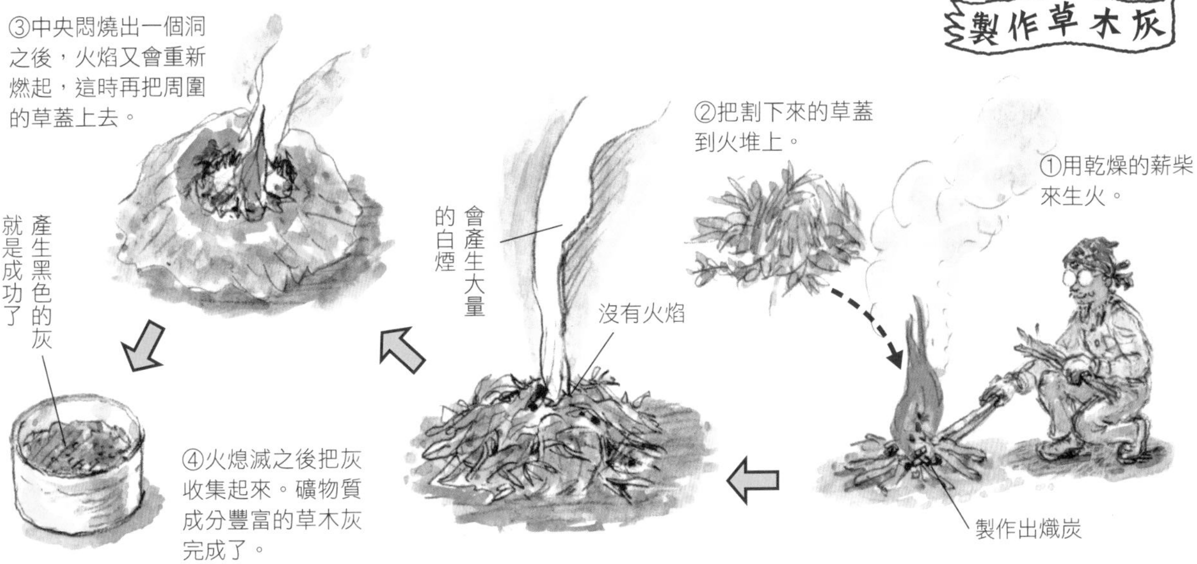
①用乾燥的薪柴來生火。
製作出熾炭
②把割下來的草蓋到火堆上。
沒有火焰
會產生大量的白煙
③中央悶燒出一個洞之後，火焰又會重新燃起，這時再把周圍的草蓋上去。
產生黑色的灰就是成功了
④火熄滅之後把灰收集起來。礦物質成分豐富的草木灰完成了。

後，再開始進行。

一邊用戶外爐竈燒茶，一邊看書時，偶爾也可以用生草木來升起燃煙，這麼做既可清掃，也可防止蚊蟲靠近。雖說是冒煙，但不會產生燃燒紙類垃圾時那種讓人不舒服的味道。

割下來的草幾乎都是水分，燒成灰之後，量少得令人吃驚。這種灰稱爲「草木灰」，礦物質的含量豐富，對於田地土壤的改良具有良好功效。

廚餘的處理

製作堆肥時，雖然也可以把廚餘倒進去，但最近由於山居人口減少，導致野生動物增加，有些動物便把這些廚餘當成飼料，就這麼住了下來，還是謹慎一點比較好。

因此，最好還是另外用堆肥容器來處理廚餘。堆肥容器是在田地或院子裡放一個樹脂製的桶狀物，或是能夠埋在土裡的籠子，也有在賣這種微生物發酵處理的專用容器。每一種容器各有其優缺點，但只要了解它的原理，就能用身旁現有的材料來模

製作廚餘堆肥

好氧性……使用氧氣而活躍的細菌（麴菌、納豆菌、酢酸菌等）
厭氧性……無氧狀態下而活躍的細菌（乳酸菌、酵母菌等）
※把兩者組合起來，讓它們充分地複合，就是微生物分解的祕訣。

每一種都準備兩個來交互並行使用
分解型細菌
<活躍的菌種>
淨化、合成型細菌
好氧性
厭氧性與好氧性
厭氧性
神奇堆肥桶（Mirakonpo）
（商品名）
利用土裡面的好氧性細菌
樹脂製網狀（沒有底）
把塑膠桶的底割掉，再用電鑽在桶子身上鑽洞所製成的替代品。
分解會使分量減少，所以只要少量的垃圾，即可以半永久性地埋著使用。
把它埋進土裡，滿了以後就把它挖出來移到下一個地方去。
設置在樹根附近，就可以直接成為肥料。
堆肥桶
樹脂製（沒有底）
僅堆廚餘，就會只有厭氧性，所以必須用鏟子翻動攪拌，讓好氧性菌占有優勢。
把底部埋進土裡
每次倒入廚餘之後，都要再蓋上微生物資材、腐葉土等。
堆到八分滿時，把桶子拔起來，蓋上泥土，放置三到六個月後就能成為堆肥。
EM桶*
把徹底去除水分的廚餘倒進去
每次倒入廚餘之後，都要再蓋上微生物資材（EM有機肥料、乳酸菌等），以去除空氣。
樹脂製密封型（附有水閥）
可以獲得液態肥料
滿了以後，放置1～2周之後再埋進土裡。
在土壤裡二次發酵
花盆
廚餘堆肥
跟樹根保持距離

仿製作。

基本上，山裡的土壤中含有大量能夠分解廚餘的微生物，而且日本的氣候溫暖潮溼，所以分解速度很快。只要淺淺地埋在土裡，就能讓這些廚餘回歸土壤，但如果被動物挖出來，或是長蟲，就會讓人覺得很不舒服，其對策就是使用堆肥桶。

用紙箱製作簡易的堆肥容器

也可在紙箱裡放入泥灰癬（Peat moss）跟粗糠薰炭來製作廚餘堆肥。如果是在都市，可以擺在陽台，在鄉下可以放在廚房的土間裡，材料是用充滿微生物的腐葉土、燻炭等品質優良的自家製素材，能夠不斷進行改良。

在海外也有人用汽油桶狀或球狀的容器，手動旋轉容器來進行翻攪，是一種獨特且精練的堆肥容器，這也可以靠自己的創意來改良製作。

*譯注：E為Effective（具有效用的），M為Microorganisms（微生物群）。

紙箱製堆肥容器

材料 製作方法

拿兩個大小相同的紙箱，把底拆開，套疊起來。

先把四個角往內壓，就會比較容易套進去。

在底部再墊上一層紙板

綁上繩子固定住

泥灰癬（Peat moss）

3

粗糠燻炭

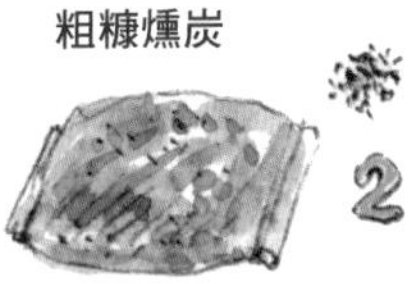

2

※155L的泥灰癬跟100L的粗糠燻炭，剛好可以裝滿11箱。

泥灰癬跟粗糠燻炭以3:2比例混合攪拌（也可以用割下來的草和落葉作成的腐葉土，或是用爐竈燒成的熾炭來代替）。裝入大塑膠袋裡搖晃攪拌就不會弄得到處髒兮兮的了。

把內容物倒進紙箱裡

使用方法

①倒入瀝乾水分的廚餘，充分攪拌混合。（即使沒有放入新的廚餘，每天還是都要攪拌一次）

②如果水分調節做得好，能夠持續使用半年。擺放兩到三個月後，堆肥就完成了。

※只要用篩子把溶掉的東西篩掉，就可以一直重複使用。（但紙箱必須要換新）

把舊的T-SHIRT沿著虛線剪掉再重新縫合，就成了套子。（防蟲）

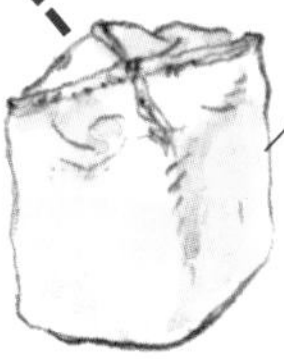

倒扣上去

放在通風良好的地方

擺在能夠通風的網籃上

參考：佐賀縣農業協同組合「不會破壞環境的紙箱製堆肥容器」（YouTube）

堆肥滾筒

這是日本製的產品，名為「旋轉滾筒（Korotan）」。底下附有四個滾輪，握住把手來翻轉滾動。

蓋起來

這種特殊的球狀商品名為「Compospin」。滾筒放在滾筒架上翻轉，可以就這麼把裝有堆肥的滾筒直接滾到田地裡。

http://youtu.be/wof53Clqxk0

在製作堆肥的過程中，最為費力的就是「翻攪」這個動作，運用巧思把它改變成反覆旋轉的動作。

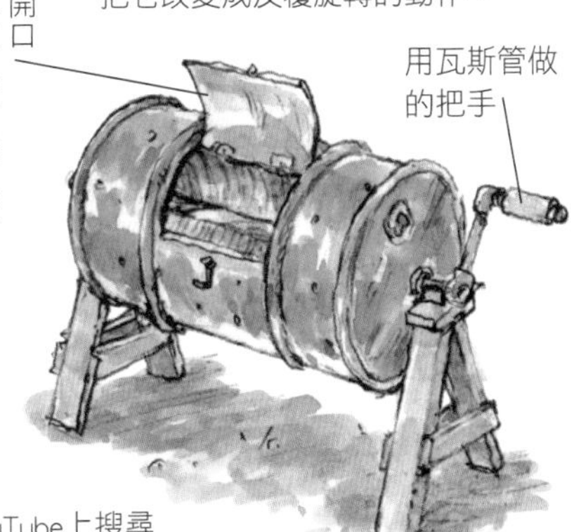

開口（放入草跟廚餘）

用瓦斯管做的把手

在YouTube上搜尋compost tumbler就可以

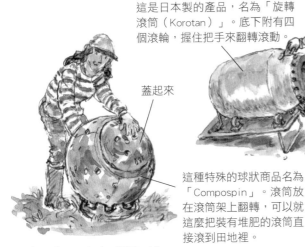

2. 讓微生物回歸自然「環保廁所」的製作方法

按個按鈕，就會跟著水不知道沖到哪裡去的廁所，在過去，糞尿都是很有用的肥料。只要應用現代技術，就可以更聰明地完成排泄物的肥料化。在此介紹微生物的糞尿處理原理，以及在里山生活中非常實用的環保廁所。

長大了……
什麼是「獵雉雞」？
在經過疏伐的杉木林裡，灌木叢也很繁茂，最適於野糞！

在山裡蹲下來，動作就像是獵師在獵雉雞一樣，因而得名。
如果是女性，則會稱為「採花」……

獵雉雞的做法
用現場撿的木棒來挖洞
挖個淺洞「拉進去」
把衛生紙燒掉
蓋上土壤做記號

「獵雉雞」閒談

剛開始山居生活時，都是使用「旱廁」，自己清掃。那時居住的老民房位在高石牆上方，所以車子無法側向停靠，清潔車也無法開進來，廁所那邊有好幾塊大石頭，因此也沒有空間來設置淨化槽。

廁所滿了以後，用水瓢或是水桶舀出來，把它們搬運到田邊的洞穴裡處理掉。通常一個半月到兩個月要處理一次，為了延長這段循環時間，也會出門到敷地的山林裡「獵雉雞」（也就是野糞〔在野外排泄〕）。

在坡度和緩的山坡上，找一個可以躲得進去的空間，然後在地面挖一個淺淺的小洞。排泄在那之後，用打火機把衛生紙跟糞便點燃，確定燃燒殆盡，再用土把洞填起來。由於紙張分解不易又很顯眼，所以需要現場燒掉。下次來時想要換個地方，離開之前就要插根棒子做記號。

這麼做也可讓人在山林裡時，目光變得敏銳，在進行疏伐時思考飛馳靈敏，也會發現稀少

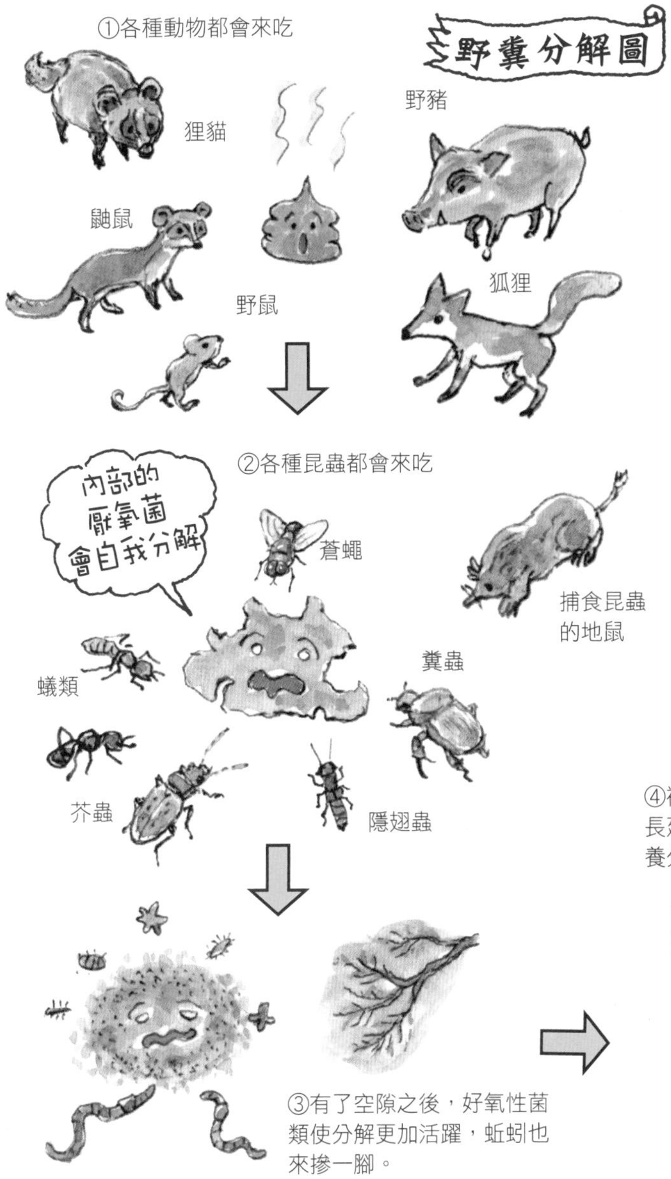
野糞分解圖
①各種動物都會來吃
狸貓
野豬
鼬鼠
野鼠
狐狸
②各種昆蟲都會來吃
內部的厭氧菌會自我分解
蒼蠅
捕食昆蟲的地鼠
糞蟲
蟻類
芥蟲
隱翅蟲
③有了空隙之後，好氧性菌類使分解更加活躍，蚯蚓也來摻一腳。

④被分解的無機質使樹根成長延伸。與菌根菌共生，使養分的攝取更加活躍。
菇類是菌絲的增殖機（子實體）
菌絲

獵雉雞的三種神器
綑綁薪柴的繩子
小包衛生紙
打火機

獵雉雞回程中採集的薪柴。這些量就足以用來燒茶煮飯。

的昆蟲跟植物，而且回程時，還可以順便撿些杉木薪柴回去，心情也會很舒暢（當然途中有在水池裡洗手喲）。

糞便能夠成為樹木的養分

在山林排泄，這種行爲通常會被認爲是「把應該在自己家裡解決的東西扔到野外去」，但事實上，卻是在爲山林補充養分。因爲林內的微生物豐富，所以溫暖的季節裡在山林裡排泄，只需一個月左右就能徹底被分解掉。

自稱「糞土師」，野糞經歷有三十五年的菇類攝影師，伊澤正名先生的奇書《吃・睡・野糞—把「愛」回歸自然—》（山と溪谷社），在這本書裡，詳細記述了在林內排泄的分解過程。在山林裡排放的糞便，一開始會先成爲老鼠等哺乳類、糞蟲跟蒼蠅（幼蟲）、螞蟻等昆蟲的食物而被有效地利用，同時，糞便內含有的腸內細菌會進行厭氧性分解。過了半個月，土壤中的好氧性細菌會占優勢，一個月之後，糞便就會土壤化（同時糞便的味道，會由惡臭轉爲香辛料的

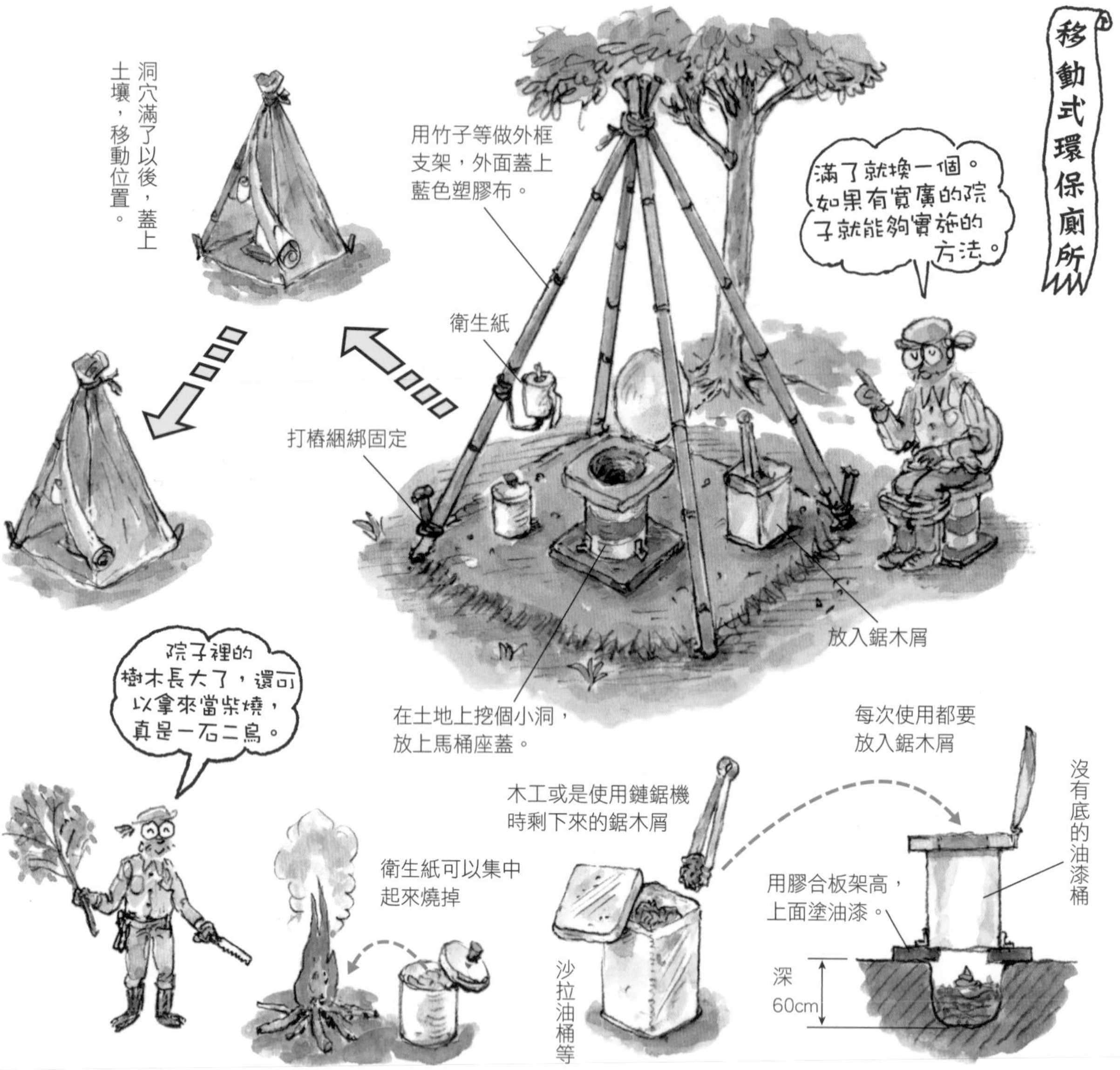

移動式環保廁所
滿了就換一個。如果有寬廣的院子就能夠實施的方法。
洞穴滿了以後，蓋上土壤，移動位置。
用竹子等做外框支架，外面蓋上藍色塑膠布。
衛生紙
打樁綑綁固定
放入鋸木屑
在土地上挖個小洞，放上馬桶座蓋。
院子裡的樹木長大了，還可以拿來當柴燒，真是一石二鳥。
每次使用都要放入鋸木屑
木工或是使用鏈鋸機時剩下來的鋸木屑
衛生紙可以集中起來燒掉
沒有底的油漆桶
用膠合板架高，上面塗油漆。
深 60cm
沙拉油桶等

味道）。不久，被蚯蚓吃掉的部分會團粒化，樹木的根就能夠延伸到該處吸收無機質成分，兩到三個月後，樹根裡就會出現菌根（※），對於無機質的吸收會更加活躍，樹木會茁壯地成長，成爲豐茂的森林。在那本書中，也有刊載樹根延伸到糞便分解土壤中的照片，讀了之後相當地感動。

利用好氧性來促進分解的處理洞穴

了解基本原理後，接著就來介紹我所設計的屎尿處理洞穴其製作方法（**下頁圖**）。爲了讓土壤裡的微生物活動，洞穴不需要挖得很深，但必須要寬，在裡面放入鋸木屑、木片或是枯葉，還有棕櫚樹皮、木炭等，再把屎尿倒進去，在上面蓋上浪板以防止雨水沖淋。直到下次處理時，屎尿已經被徹底分解，幾乎沒有什麼味道。

過去在山村裡，屎尿是非常珍貴的肥料，會製作大型的「儲肥場」，讓它們經過半年的厭氧性發酵後灑進田裡。如果只是在

※菌根：依附在植物的根部，相互吸收養分與水分，是一種共生菌。菇類多為其子實體。

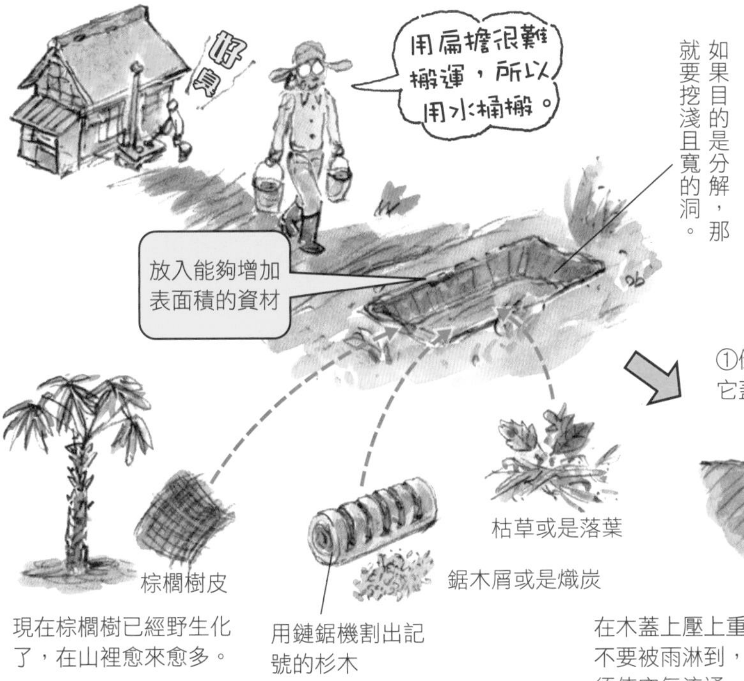
好臭
用扁擔很難搬運，所以用水桶搬。
如果目的是分解，那就要挖淺且寬的洞。
放入能夠增加表面積的資材
棕櫚樹皮
現在棕櫚樹已經野生化了，在山裡愈來愈多。
用鏈鋸機割出記號的杉木
枯草或是落葉
鋸木屑或是燻炭

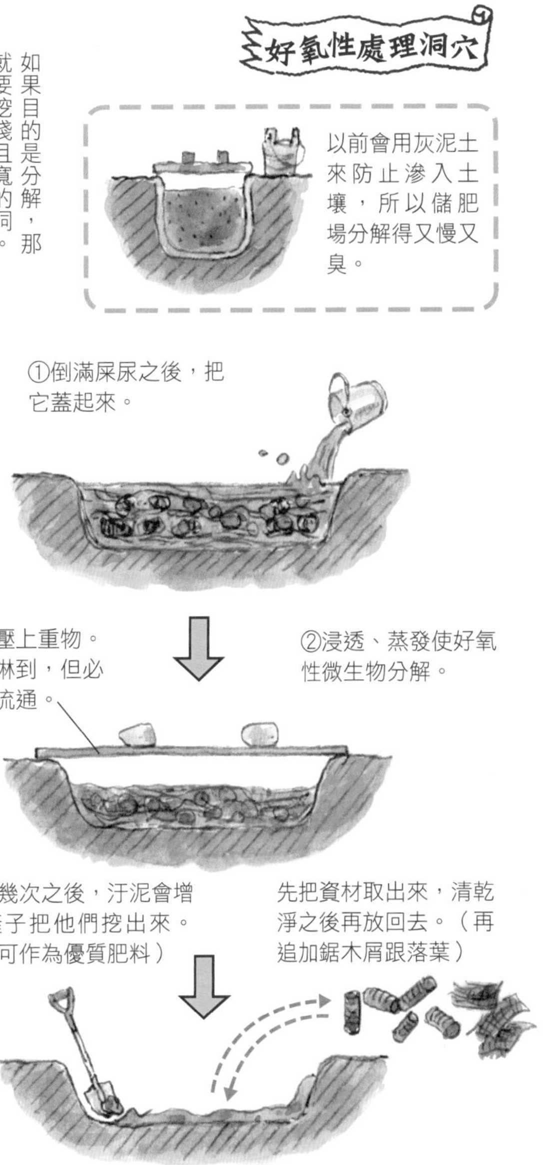
好氧性處理洞穴
以前會用灰泥土來防止滲入土壤，所以儲肥場分解得又慢又臭。
①倒滿屎尿之後，把它蓋起來。
在木蓋上壓上重物。不要被雨淋到，但必須使空氣流通。
②浸透、蒸發使好氧性微生物分解。
③使用了幾次之後，汙泥會增加，用鏟子把他們挖出來。（不臭，可作為優質肥料）
先把資材取出來，清乾淨之後再放回去。（再追加鋸木屑跟落葉）

先用鋸子把棕櫚樹皮扒起來，再採伐或圓切。棕櫚樹皮的纖維耐水且不易腐化。過去，棕櫚樹皮會被當成繩子、掃帚或是棕刷的材料來販售，樹幹則會被製成鐘槌使用。

土裡挖洞，屎尿會滲進土壤，導致分量減少，所以會先在側面跟底部抹上灰泥再開始使用。不過如果不把它們拿來當成肥料使用的話，那麼採用淺穴＋表面積之資材，打造出好氧性環境，能夠加速微生物分解，減輕臭味。

但由於多少會滲透到土壤裡，所以要建在不會影響到附近水澤或是水井的位置上。此外，重複使用幾次後，土化後的汙泥會逐漸累積起來，這時必須使用鏟子把它們挖出來，當成田裡的肥料使用（完全無臭味）。

市售的堆肥廁所

在鄉下，有很多地區還沒有裝設下水道，所以住家的廁所基本上是「旱廁」或「淨化槽」。如果是新蓋的房子，義務上必須裝設「合併淨化槽」，而且也可以裝設抽水馬桶，但由於必須定期抽取汙泥，所以也是要花上一筆錢。如果只是周末度假用的別墅，或是山間小屋的話，堆肥廁所則較爲便利。

有幾家公司販售獨立研發的堆肥廁所，其基本型態是在便器

攪拌式堆肥廁所

不需用水

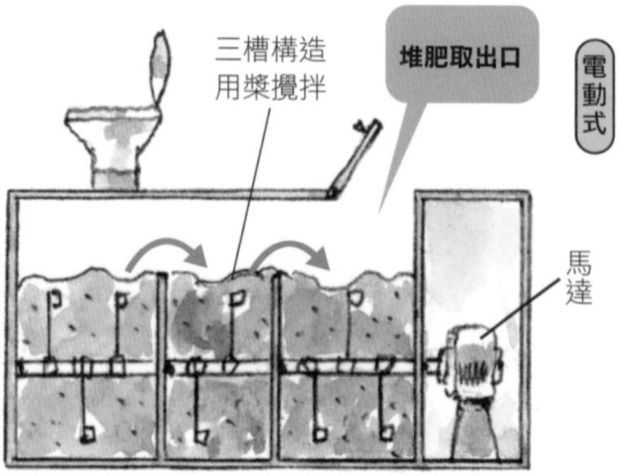

三槽構造
用槳攪拌
堆肥取出口
電動式
馬達

EcoLifeCreat有限公司
You Tube影片 http://youtu.be/y1ZjEm-3xu0
※現在停止製造

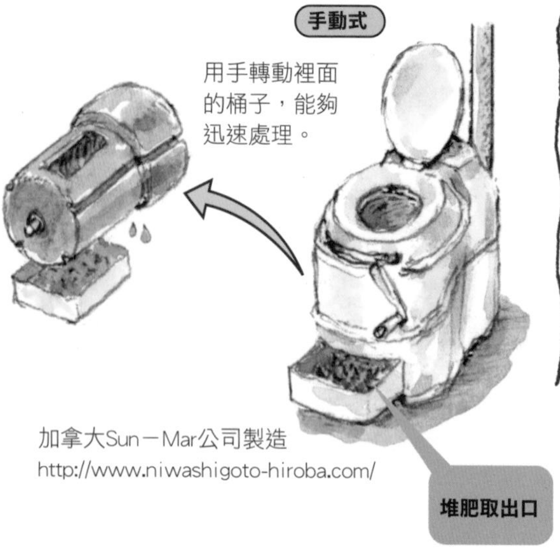

手動式
用手轉動裡面的桶子，能夠迅速處理。
堆肥取出口

加拿大Sun－Mar公司製造
http://www.niwashigoto-hiroba.com/

※還有其他公司有販售堆肥式廁所。價格約為20～150萬日圓。

曝氣式堆肥廁所

需要用水

把生化廁所的「液態肥料」用在田地裡

▶剛拔出來的紅蘿蔔

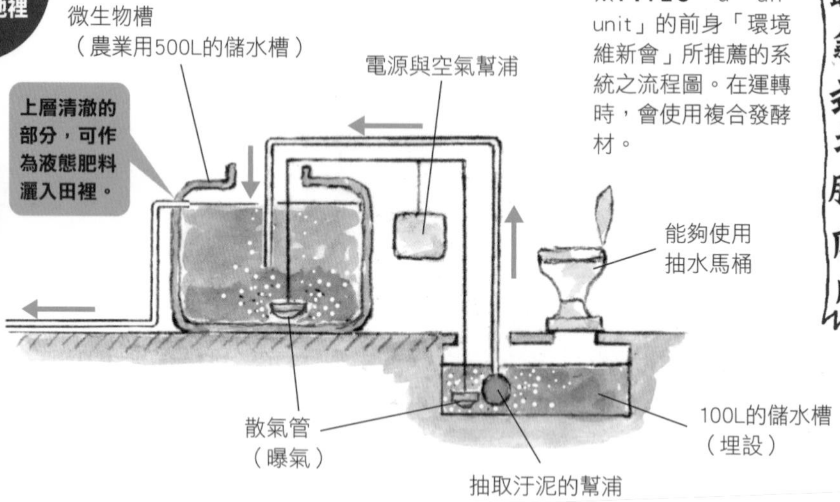

微生物槽
（農業用500L的儲水槽）
電源與空氣幫浦
上層清澈的部分，可作為液態肥料灑入田裡。
能夠使用抽水馬桶
散氣管
（曝氣）
抽取汙泥的幫浦
100L的儲水槽
（埋設）

※P.128「a・un-unit」的前身「環境維新會」所推薦的系統之流程圖。在運轉時，會使用複合發酵材。

下方鋪上鋸木屑等資材，內裝有滾筒攪拌槽（或是渦捲式攪拌），並且備有使好氧性微生物活躍的加熱器與內裝風扇。由於不需用水，所以也不需要汲取清掃，分解後的殘渣可作爲肥料。

其原理跟**第一百二十一頁**所介紹的堆肥滾筒類似，與前面介紹過的尿尿處理洞穴一樣，藉由「翻動」來使空氣流通，利用這個原理來加速分解。但與堆積在汲取槽中的屎尿不同，這裡是當糞尿還處於新鮮狀態時，就立刻進行攪拌，所以更能加速淨化，也能夠減少臭味。如果安裝太陽能板等裝置，那麼在沒有電的地方也能使用。

驚人的複合發酵生化廁所

最後，來介紹因使用了水而能回收液態肥料，同時使用了微生物的終極廁所。這是位於靜岡縣高嶋開發工學綜合研究所的高嶋康豪博士，所開發的複合發酵技術（EMBC※），利用該技術所完成的淨化與有效利用系統。

在微生物資材中，EM菌相當有名，但相對於能夠聚集有用

※E・M・B・C（Effective Micro-organisms Brewing Cycle）意為「利用有用微生物所產生的循環週期」。

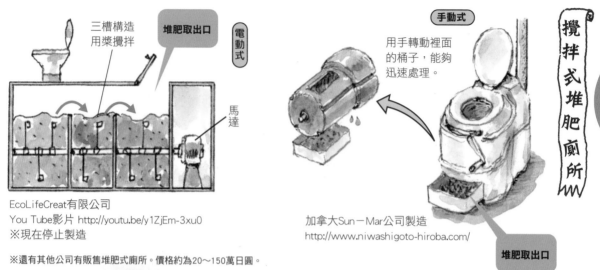

①柳田農場的菜園緊鄰著豬圈。土地非常鬆軟。再進去一點是淡水魚養殖池跟水耕栽培溫室等設施。②豬的糞尿最先送入這個曝氣槽。用幫浦把空氣打進去，產生氣泡。EMBC的有用微生物群能夠引導豬的糞尿發酵，所以幾乎沒有臭味。（據說會給豬隻飲用這個階段的處理水）③透過光合作用、細菌與藻菌類的作用，淨化作用在最終槽中持續進行。液體的透明度高而且完全沒有異味。④最終槽裡的液體。雖然呈淡褐色，但具有透明感。（據說是可以飲用的程度！）。能在這麼短的時間內把豬的糞尿淨化到這種程度，是前無古人的創舉，因此被稱為「奇蹟工廠」。

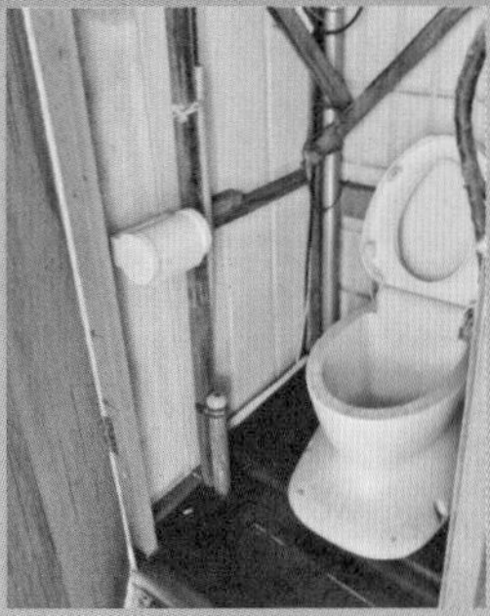

這是柳田先生指導設施，使用了生化廁所所生成的液態肥料來澆灌田地。在小屋裡設置一個簡易的廁所，在這邊製作液態肥料。便槽的下方埋有一個大桶子，在桶內進行曝氣。旁邊設有兩個大小不同的儲槽，用管線把大槽上層的澄清液體輸送到小槽中。他送我們剛從田裡拔出來的紅蘿蔔當成伴手禮。非常地美味！

便槽裡冒泡了……

手動式流入管

大小兩個儲槽都裝有散氣管

微生物的ＥＭ菌，EMBC主要作用是誘導其他的自然微生物群，促使其發酵、增殖。

啓動時會使用特殊酵素液（植物葉子的萃取液、殘渣、糖蜜等複合發酵後的液體），微生物安定後就不需使用。尿尿倒入處理槽後會立刻被發酵、分解，不僅不會產生汙泥，且會變成能夠養金魚程度的水。採用這方法，就能讓抽水馬桶，使用後的水可以成爲溫和的液態肥料，安心地回歸於土壤與生物。

二〇一二年春天，我造訪了高嶋博士所在的靜岡縣沼津市的高嶋造酒廠，在那裡獲得了個機會，能夠去參觀長期以EMBC技術來經營養豬業的埼玉縣日高市的「柳田農場」。最讓我驚訝的是農場裡沒有令人不舒服的尿尿臭味，且地面既溫暖又蓬鬆。在雜木生長的廣場裡竟然沒有雜草，也沒有割過草的痕跡。問了柳田先生後才知道是因爲持續使用液態肥料，使土壤中的複合發酵到達極致，雜草就不再生長了。

話說回來，雖然有「因爲土

複合發酵生化廁所概要

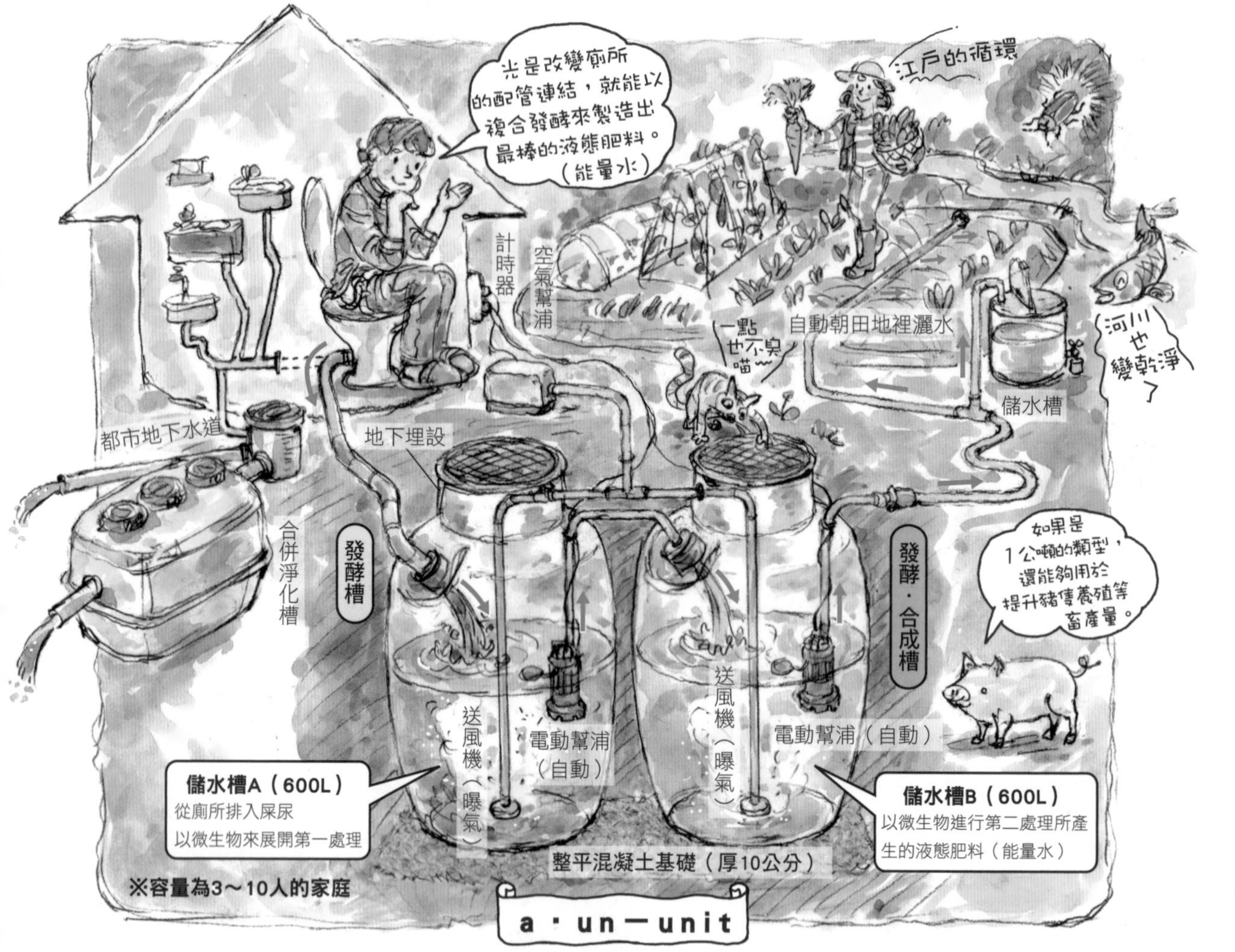

複合發酵生化廁所系統「a・un－unit」是由「複合發酵生物能量水協會」所營運，年會費一萬日圓，本體價格（儲水槽、配管材料、送風機、幫浦等，包含主要材料）為五十五萬兩千日圓，配管、施工需另外請業者施工，也可以自己施工。詳情請見網頁http://www.aun-unit.com/

壞肥沃，所以才會有雜草」這種說法，但在微生物豐富的原始樹林裡，林床上的雜草卻很少。

EMBC複合發酵技術，不僅用在畜產業，也應用在工業排水處理以及去除放射能方面，在這次受到放射能汙染的福島的牧草地與茨城的山林裡，也有了除染的實證實驗成果。

能夠DIY設置、配管的「a・un－unit」

實踐高嶋科學的柳田先生等人不僅推廣了生化廁所，更於二〇一三年春天，建立了一種易於導入的「a・un－unit」系統，並開始進行會員制的販售。設置與配管都能夠DIY。

不僅可以從旱廁的臭味中解放，還可以活用於家庭菜園，甚至還有可能讓自家土地昇華為與原始森林一樣的水源地，在這個放射能惡夢的時代裡，這就像做夢一樣。

我也正著手準備以這種系統與農田・群落生境組合，來打造居住環境。

開始山居生活後，就會被土地的整理跟家屋的維修追著跑，但還是希望能夠盡可能地使用生活周遭就找得到的自然素材。忙了半天卻一直做不好時，不經意看到過去做的東西泛著韻味與光澤，就會覺得比較欣慰了。

PART6
利於山居生活的工具&修理術

1. 用槓桿、擔子、滾木、滑輪來移動重物的訣竅

若說山居生活有什麼必要的事，那就是移動重物了。想要做DIY，但有些事情是如果不先移動重物就無法進行下去。雖然只要有引擎的機械工具就很方便，但有時在沒有道路或很狹窄的地方，就必須仰賴人力了。一邊溫故知新，一邊圖解這些訣竅。

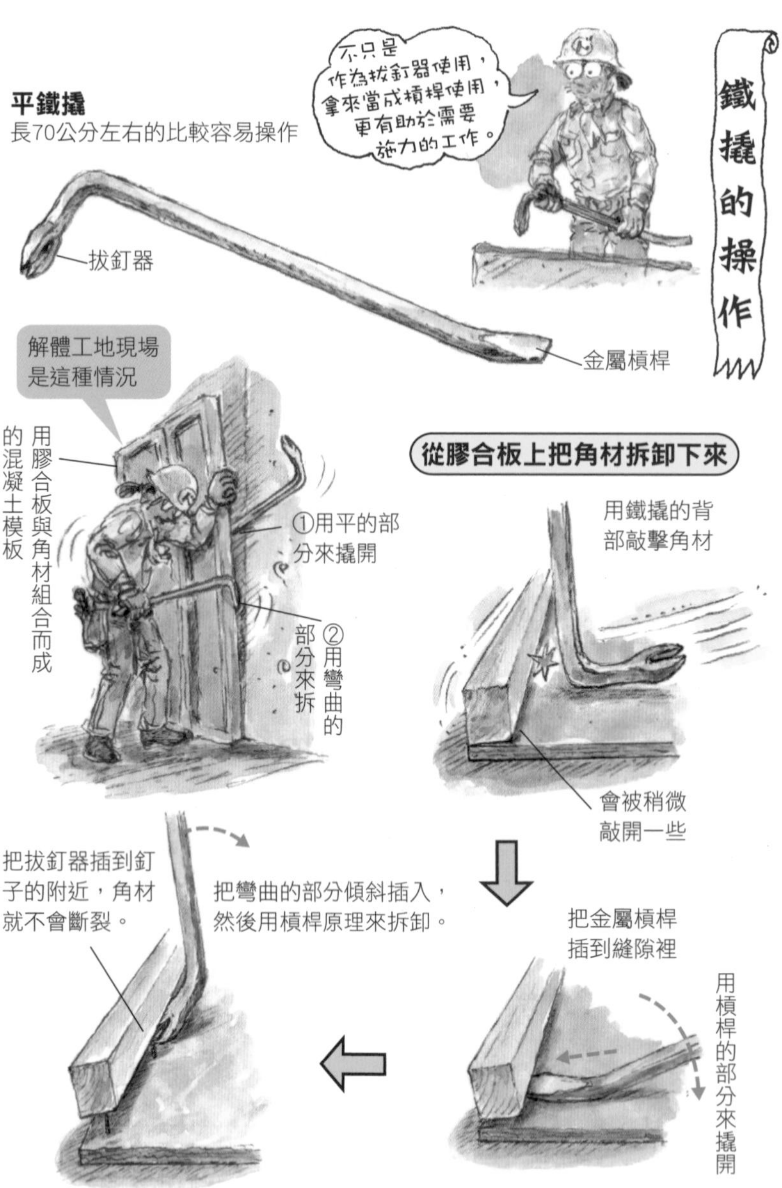
鐵撬的操作
不只是作為拔釘器使用，拿來當成槓桿使用，更有助於需要施力的工作。
平鐵撬
長70公分左右的比較容易操作
拔釘器
金屬槓桿
解體工地現場是這種情況
用膠合板與角材組合而成的混凝土模板
①用平的部分來撬開
②用彎曲的部分來拆
從膠合板上把角材拆卸下來
用鐵撬的背部敲擊角材
會被稍微敲開一些
把金屬槓桿插到縫隙裡
用槓桿的部分來撬開
把彎曲的部分傾斜插入，然後用槓桿原理來拆卸。
把拔釘器插到釘子的附近，角材就不會斷裂。

用鐵撬來操作槓桿

我年輕時曾做過混凝土模板解體的打工。模板是由膠合板跟角材製成，必須先把鐵管拆掉，再用平鐵撬（大型拔釘器）把模板撬開。

把柄部前端插進混凝土模板的接合處，再利用彎曲的部分，使用槓桿原理來把模板撬開。視情況使用L字形的前端部分嵌入接合處，就能應用槓桿原理做出更強的施力。平鐵撬本身具有重量，所以也可以當作鐵槌使用。這個工具有各式各樣的使用方法，那些專業師父們靈活的動作與技術，我看著看著，也就把解體模板的技術學起來了。

鐵撬本身與要解體的模板都有重量，不要去反抗這些重量，而是將其轉化成拆解它們的力量，如此一來就可順利進行，既不容易累也減低了危險性。鐵撬的使用技巧，對於山居生活中的老民宅改裝或造園等作業，將會非常有幫助。

利用滑動與慣性

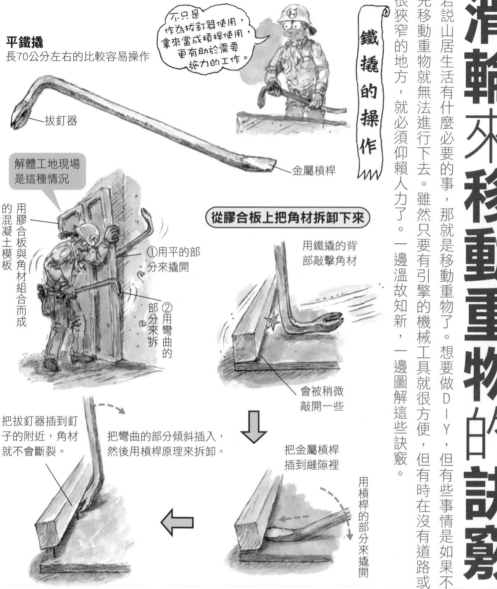

擔運物品方法圖鑑
水的運輸
發明了有箍的桶子，並且附有把手，繩子可從把手上的洞穿過去。
早期的水桶有弧度，把木板組合成十字形，穿上繩子來搬運水桶。
用肩膀扛在長型物材的重心上
肚子有點突出來的感覺
用靠近山谷那一側的肩膀來擔負，以免在跌倒時被長型物材夾到脖子。
天秤擔負法
附有止滑用的木針
因為竹子輕巧且柔軟性佳，所以經常被用於搬運物品。
用稻草或是舊布做成的頭墊
頭頂搬運
以前會把大約二十貫重（超過75kg）的水桶或是肥料桶頂在頭上搬運
在漁村或是島嶼上經常會使用這種方法。京都的大原女（販賣薪柴）也很知名。
用肩膀與頭部來分散重量的擔負方法（奄美大島的例子）

模板解體時，經常遇到必須先把鐵管從牆壁上卸下，搬運到樓下或樓上堆放，或用肩扛到卡車上，再搬下來等作業。不僅限於鐵管，在搬運長型材料時，動作是否合理，那種疲勞的程度猶如雲泥之差。

移動長型材料時，訣竅是抓穩重心，但也可以順著扶手、架子、裝卸平台等來滑行搬運。這種方法不是慢慢施力，而是一鼓作氣地瞬間施力，利用慣性作用來移動東西，就會相當輕鬆。在鄉村裡生活，會經常需要裝卸木材或是堆放物品，只要學會使用慣性作用，就可輕鬆又便利地搬運東西了。

如何擔運物品

從過去開始就經常會使用的方法是「天秤擔負」法。在竿子兩頭掛上重量相等的物品，用肩膀從竿子中央的位置擔起來，走起路來也會很安穩。女性的肩膀比較窄，所以很多人會用專用的墊子來使用「頭頂搬運」。

如果是行走斜坡，使用肩筐時移動的速度最快，即使長距離在我二十初歲時，曾經在八岳的山脊小屋做背工（背筧）的工作，下圖就是當時的回憶圖。夏季時會幫旅客背食物等行李，但小屋的正下方就是陡峭的山脊，所以是用登山繩跟梯子爬上去的（驚恐）。這段經驗讓我了解到，即使體力不是很好，只要習慣了，就可以用一些小訣竅來背三十公斤重的物品爬山。能夠背著重物爬山，就能拓展山村生活的可能性。

用肩筐來搬運東西

鋁製肩筐

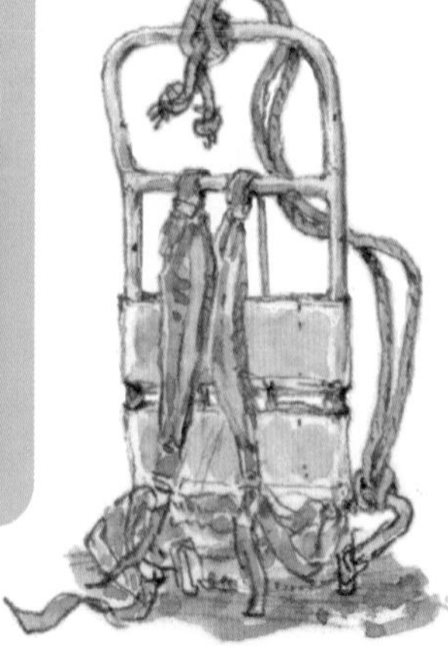

把後背包的背帶跟腰帶裝在折疊式台車上

木製肩筐

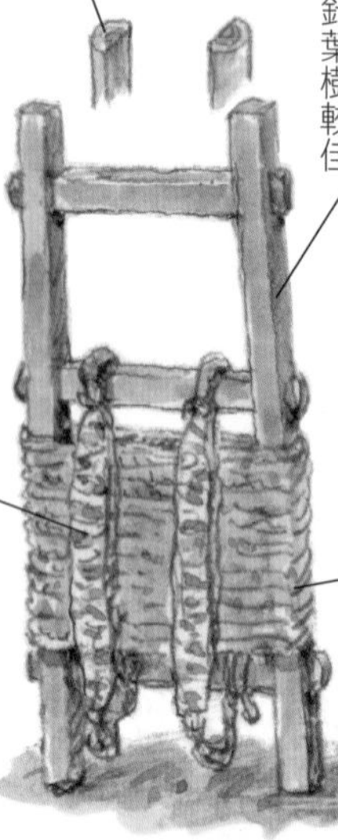

也可以用剖半的杉木疏伐材來做
杉木、檜木等較輕的針葉樹較佳
肩筐的背帶是用舊的布重新拼布縫製的
纏上麻繩（馬尼拉麻即可）

也可以背小型的冰箱、洗衣機等（曾經背過）
喲咻

利用石牆來把重物背起來

應用樹枝做成的「荷棒」

用肩筐搬運途中，坐下來休息後，要把肩筐重新背起來是件苦差事，所以就用荷棒撐著休息。

附把手的肩筐，用來搬運瀨戶內海地區梯田石牆用的石塊。

搬運，也比較不容易累。過去是使用木框製的肩筐，現在則是有鋁框製，又輕又方便。我是把七〇年代買的背包的袋子部分拆掉，然後裝上繩子來使用，長期愛用它。

肩筐的背負方式跟步行方式都有訣竅，習慣以後，就能背相當程度的重量（五十到六十公斤）。但是一般人光是背上三十公斤，就會連站都站不直，如果跌倒了就更危險，所以必須要謹慎且量力而爲。

「架籠擔運」的技巧

在坡路很多的山裡或島嶼上，過去大多使用肩筐，但在人口外移嚴重的山村裡，年紀大的長輩們則大多使用引擎運作的履帶式輸送車。即使是在車子開不進去的地方，只要稍加整地，也就能夠讓輸送車開進去。

假使沒有輸送車，那麼一個人無法搬運的重量，例如說是八十公斤的薪柴火爐，該如何把它搬進小屋裡呢？這時可以先用繩子綁住重物，穿上棒子，兩個人分別從棒子兩端抬起來搬運。

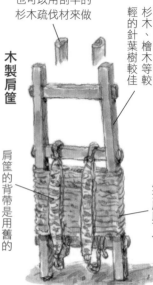

架籃擔運
（跟動作合得來的人一起擔）

四個人搬
用同一邊的肩膀交互背負

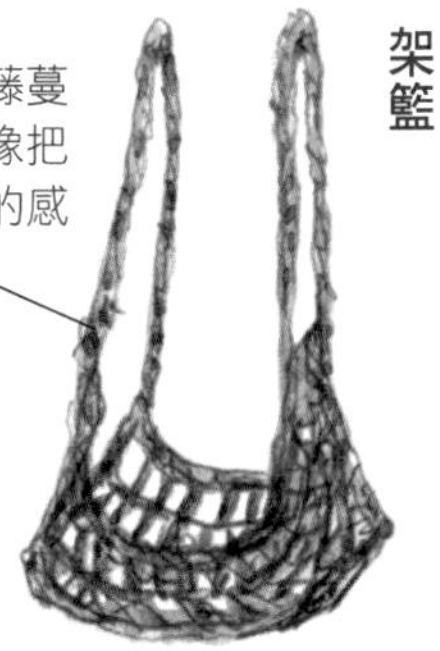
架籃
利用繩子或是藤蔓編成的網子，像把東西包住一樣的感覺來搬運。

兩個人搬

使用繩子應用篇

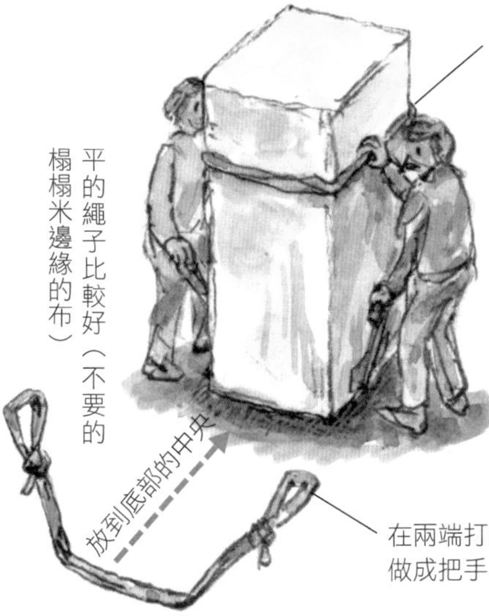
在上端繞上繩子當成刀柄
把冰箱等比較高的東西搬到狹窄的地方時，或是地板不平的情況都很方便。
平的繩子比較好（不要的榻榻米邊緣的布）
放到底部的中央
在兩端打結做成把手

搬薪柴火爐
現代人沒有辦法用肩膀擔太重的東西，所以這種方式最保險。

看看以前搭設的石牆，會發現上面有很多都是人力無法搬運的大石頭，那是把石頭放在「架籠」這種網子裡，用棒子來搬運的。如果是更重的東西，就會再加上兩根棒子，四個人分散重量來搬運（**上圖左**）。

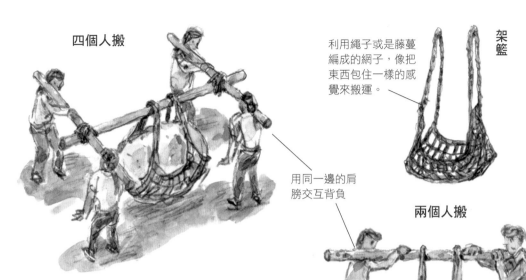

滾木真偉大！

那是住在山裡，開始堆砌石牆時發生的事。有台停了很久且生鏽的輸送車，實在很擋路，一定得要移動它。就算把引擎拆了，兩三個人還是搬不起來。跟隔壁老爺爺商量之後，他很乾脆地說「用滾木來移動它唄（上州腔）」。所謂的滾木，是把圓形的木棒併排起來，將重物放在上面移動。那時候剛好有很多疏伐來的樹幹，就試著做做看，但問題是該怎麼把樹幹鋪到輸送車下面。

首先利用鐵撬把重物的底部一點一點抬起來，然後在下面塞東西進去，最後塞進了第一根樹幹。只要放進第一根，之後就沒問題了，從後面利用槓桿來推，即可將重物慢慢移動到排列好的

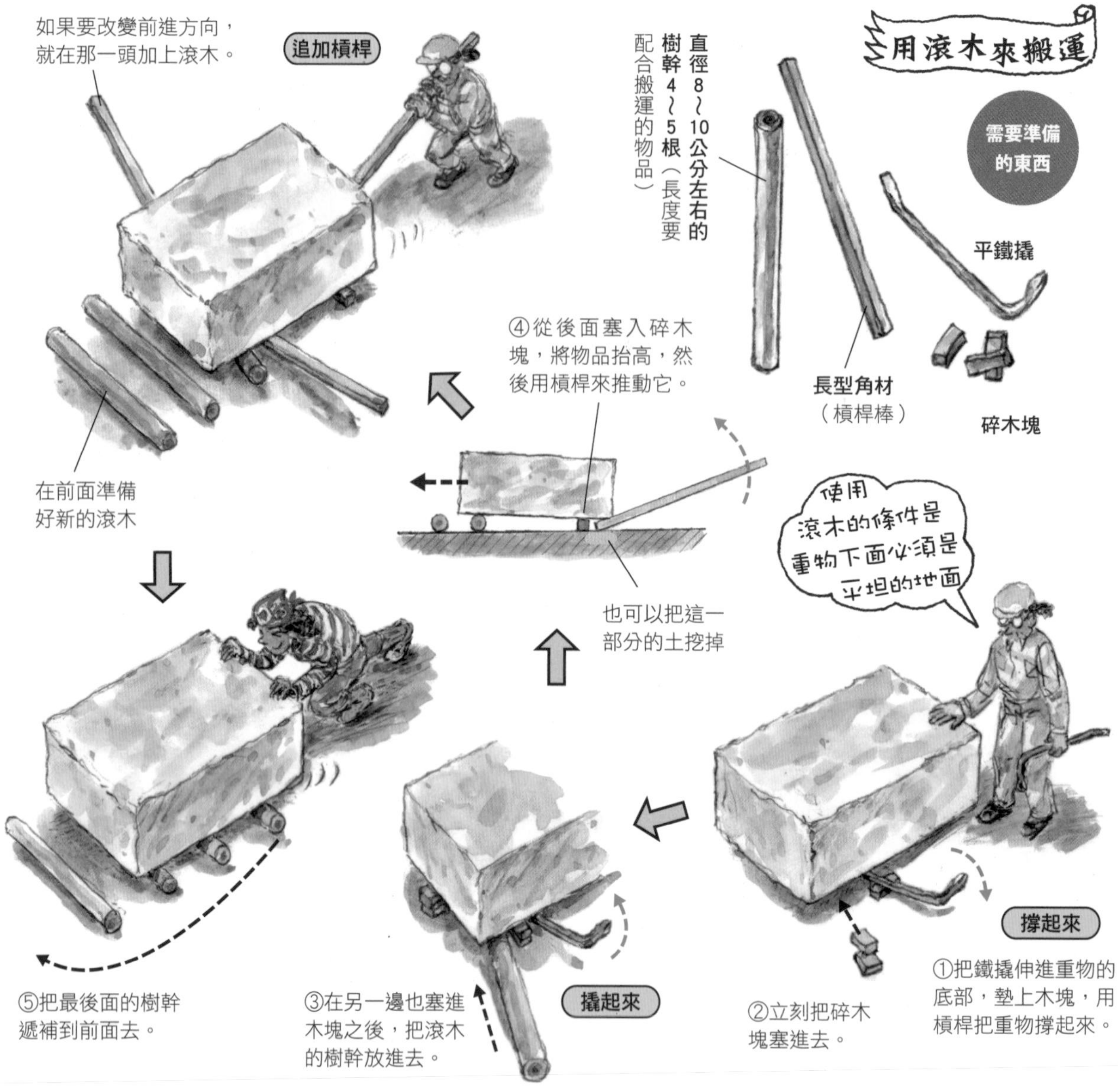
用滾木來搬運
需要準備的東西
直徑8～10公分左右的樹幹4～5根（長度要配合搬運的物品）
長型角材（槓桿棒）
平鐵撬
碎木塊
使用滾木的條件是重物下面必須是平坦的地面
撐起來
①把鐵撬伸進重物的底部，墊上木塊，用槓桿把重物撐起來。
②立刻把碎木塊塞進去。
撬起來
③在另一邊也塞進木塊之後，把滾木的樹幹放進去。
④從後面塞入碎木塊，將物品抬高，然後用槓桿來推動它。
也可以把這一部分的土挖掉
追加槓桿
如果要改變前進方向，就在那一頭加上滾木。
在前面準備好新的滾木
⑤把最後面的樹幹遞補到前面去。

樹幹上，這麼一來就能輕鬆搬動了。這方式女性也推得動，滾木真的很厲害！

嘗試使用滑輪

要把大量的物品搬運到四五層樓高地方，可以如**下頁圖示**，使用兩個滑輪來拉抬。如果用動滑輪，只需重量一半的力量，就能把它拉起來，拉繩子時，如果把自己體重的重力也用上去，就會更加輕鬆。但是拉繩索的長度，會是拉抬高度的兩倍。

屬於滑輪一種的「起重機」，也是很方便的工具。滑輪變成齒輪，不是用繩子而是用鍊子，可以用人力抬起兩百公斤以上的重物。如果從三岔架的頂端垂掛下來，就能把重物吊起來，放到卡車的裝卸平台上。然而，物品的重量愈重，在發生事故時，破壞力就會愈大。必須留意繩子或鋼索等打結的部分是否鬆脫，還有三岔架的支架是否滑動等（※）。

※根據勞動安全衛生法的規定，如果要吊起一公噸以上的重物，必須接受「起重機技能講習」課程。

起重機

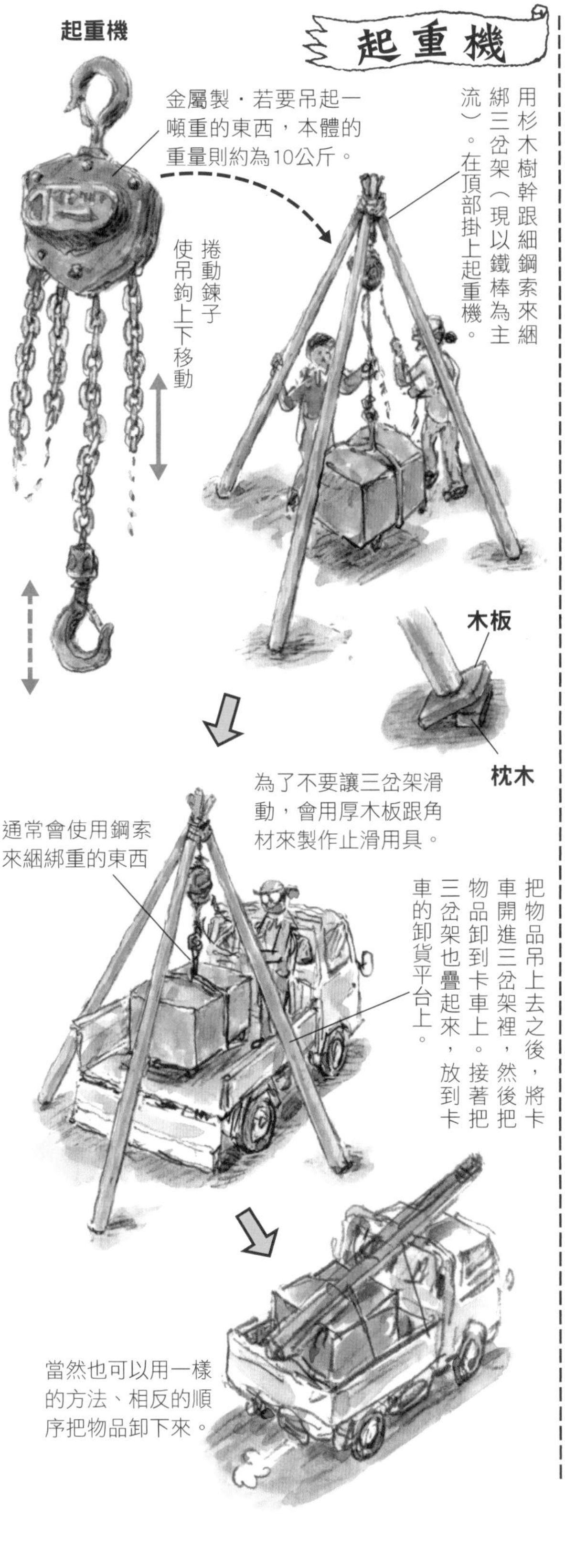
起重機
金屬製・若要吊起一噸重的東西，本體的重量則約為10公斤。
捲動鍊子使吊鉤上下移動
用杉木樹幹跟細鋼索來綑綁三岔架（現以鐵棒為主流）。在頂部掛上起重機。
木板
枕木
為了不要讓三岔架滑動，會用厚木板跟角材來製作止滑用具。
通常會使用鋼索來綑綁重的東西
把物品吊上去之後，將卡車開進三岔架裡，然後把物品卸到卡車上。接著把三岔架也疊起來，放到卡車的卸貨平台上。
當然也可以用一樣的方法、相反的順序把物品卸下來。

滑輪的使用

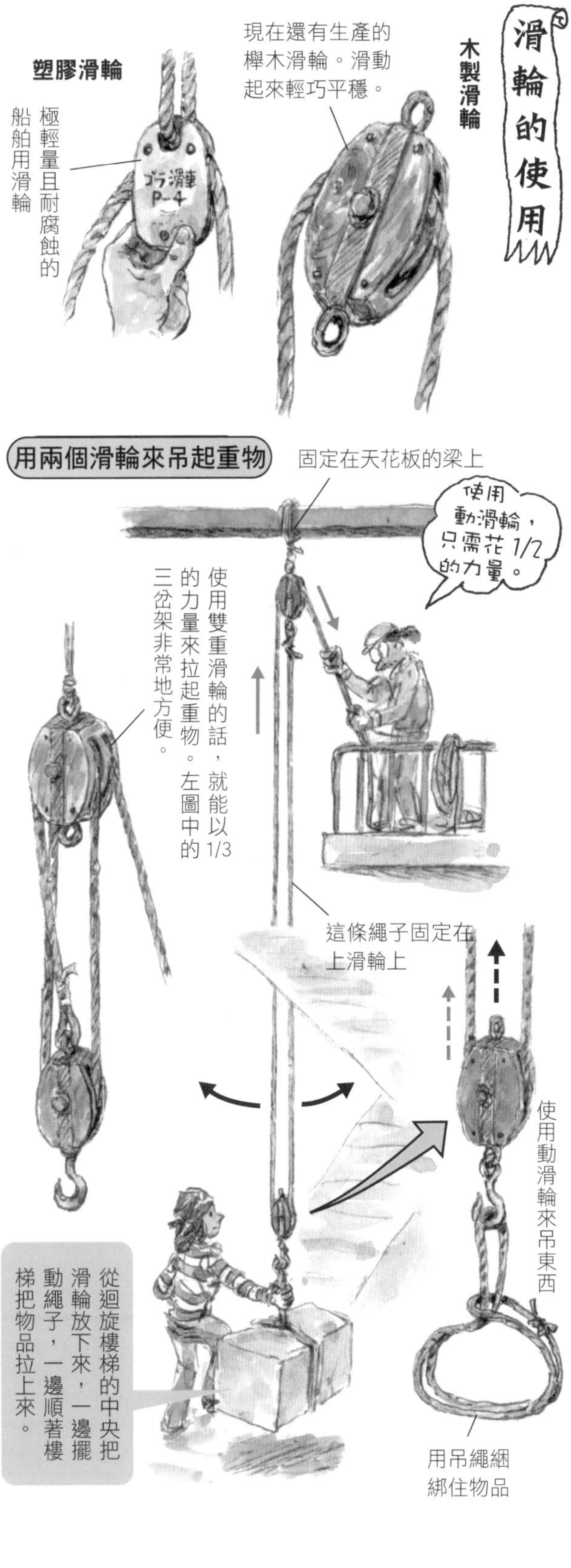
塑膠滑輪
極輕量且耐腐蝕的船舶用滑輪
プラ滑車
P-4
木製滑輪
現在還有生產的欅木滑輪。滑動起來輕巧平穩。
用兩個滑輪來吊起重物
固定在天花板的梁上
使用動滑輪，只需花1/2的力量。
使用雙重滑輪的話，就能以1/3的力量來拉起重物。左圖中的三岔架非常地方便。
這條繩子固定在上滑輪上
從迴旋樓梯的中央把滑輪放下來，一邊擺動繩子，一邊順著樓梯把物品拉上來。
使用動滑輪來吊東西
用吊繩綑綁住物品

2. 修理拉門與建具移設的DIY

木製建具非常纖細且優美，但老民房的拉門常會卡卡的，甚至拉不開。這些建具的規格統一，所以會想把別處的建具裝到自己家裡。在此介紹建具的修理方法、舊建具汰舊換新的具體例子。

▶群馬縣沼田市「迦葉山龍華院」的木製建具。使用了三種玻璃，腰板的部分雕有花紋。

我們以前承租的老民房的格子門（格扇）。冬天時會在格子的部分加上玻璃門來遮風。

島根縣大田市石見銀山「群言堂」的大廳。在纖細的窗框上，裝上透明玻璃跟毛玻璃，這種組合映照出窗外的綠景，猶如花窗玻璃般優美。

優美的日本拉門

說到窗戶，現在是鋁窗的全盛期，但在以前的建築物裡，大多是使用木製建具，無論是隔間用拉門（襖）、出入口用拉門（障子）、還是櫥櫃，這種在凹下去的溝槽裡，放上凸的建具以滑動推拉的「拉門」，是日本住宅的特徵，不禁令人再次讚嘆日本木工技術的精妙。

在西式門板盛行的現代，又不是用拉門……雖然會這麼想，但拉門既不占空間，又能夠簡單地拆卸下來，拆卸下來後，新的空間就出現了。此外，建具的規格跟尺寸幾乎都一樣，只要把別的建具修整一下，就可以裝到自己家裡使用。

以前的商店裝有木製玻璃窗之類的好建具，卻在解體時被隨便打壞丟掉。但建具是非常纖細的木構造，素材本身的木紋緊密結實，而且大多是用色澤漂亮的木材製成。古早的無垢木製五斗櫃、餐櫃、老民房衣櫃的門板也都很堅固耐用，壞了就丟實在可惜，應該要拿來再生利用。

鋸子・鑿刀的使用方法

表面已經先經過倒棱加工，所以可以直接以四十五度角鋸入。

鋸子鋸不到的地方，就用鑿刀鑿。

鑿進去之後，看到全新的杉木芯，嚇了一大跳。

修補木門

用木棒抵著，以鐵鎚敲打。
①

②

③

①老民房衣櫃的拉門門板。不是膠合板，而是使用一整片無垢木板的珍貴木材，長年使用導致木板收縮，與縱框之間產生了縫隙。所以我先用木槌把縱框敲掉（※），試著維修看看。
②把榫頭加長，以重新組裝。先用夾背鋸謹慎地在榫肩鋸出一道開口，再用鑿刀削鑿。
③木材為紅芯杉木。順著木紋方向就可順暢地削除。但是鋸子鋸不到的地方，就只能用鑿刀從與木紋垂直的方向，一點一點慢慢地鑿。
④兩側都削好後，就可以把縱框裝回去。
⑤最後只要把突出來的榫頭鋸掉就完成了。如果可以完成這項作業，那麼就能夠自在地調整老建具的寬度。

④

⑤

※現在的建具都是用機械雕鑿，並使用黏著劑，所以可能無法像上述那樣簡單地拆解開來。

鴨居與敷居

雖然通常會說把建具「嵌進去」，但正確來說，應該是「裝進去」。在建具上側木框上裝置的橫木稱爲「鴨居」。鴨居的凹槽讓建具上端能夠滑動，但日子久了會漸漸彎曲，拉門就拉不動了（開闔情況不佳），所以考慮到木板變形問題，必須把「木表」那一側朝下，一開始就把中間的部分稍微墊高來進行施工。此外，鴨居本身是屬於上方壁面的構造材，所以不甚穩固，必須另外加一條橫木或是在下面加上鴨居材，如果是大的隔間拉門，就會在中間加一條縱向的木材，把中間拉高。

在建具下方承受重量的外框、橫材，稱爲「敷居」。在上面鑿溝槽或是加上軌道，來供建具移動並且支撐它。由於需要強度高且好滑動的材料，所以過去常用松木或檜木來製作。敷居經過消磨耗損，會使建具的高度降低，溝槽壞了，就會導致建具鬆脫。

由於鴨居跟敷居是成對使

拉門的修理實例（一）

小幅板
把敷居的溝槽削平

①把敷居的軌道拆掉，再用小幅板從底下墊高。在此之前，必須先用鑿刀把溝槽削平。

②把小幅板釘上去，再把軌道裝上去。

③門板的底部也必須用鑿刀削鑿。

④用油灰填補小幅板與敷居之間的空隙。（這次用的是土壁用的黏土）

拉門的構造與名稱

橫板
鴨居
縱框
柱
橫框
敷居

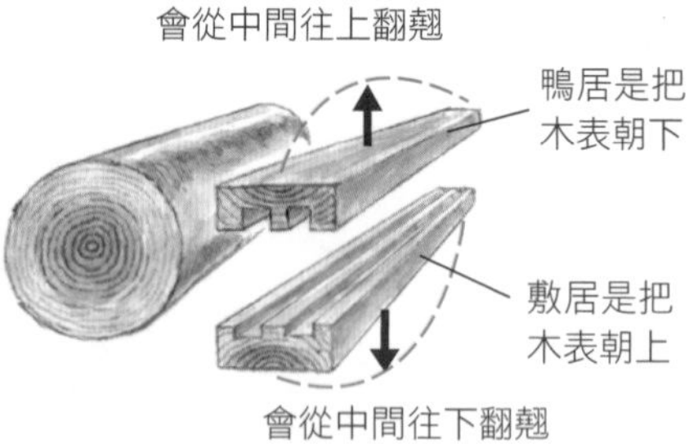

會從中間往上翻翹
鴨居是把木表朝下
敷居是把木表朝上
會從中間往下翻翹

製材時，靠近樹皮的那一側稱為木表，靠近芯的那一側稱為木裡。

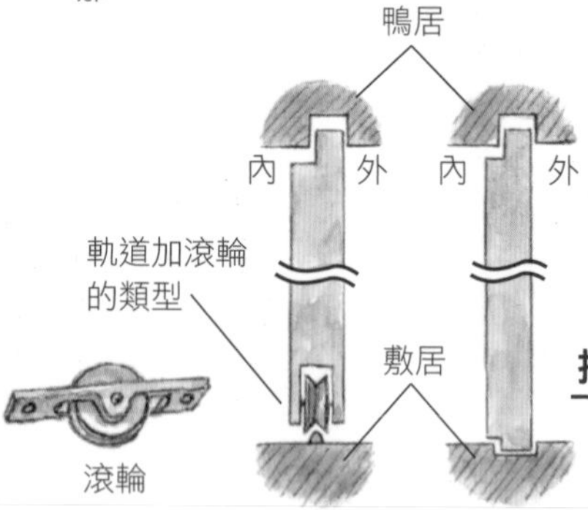

鴨居
內
外
內
外
軌道加滾輪的類型
敷居
滾輪

拉門的剖面圖

用，所以只要有一個（或是兩者）彎曲變形或是耗損，就會使建具的開闔情況不佳。另一方面，如果建具本身由於扭曲耗損而變形，也會導致建具的開闔情況變差，要解決這問題，必須削除一部分的材料，或是用新的材料來填補分量，進行調整與維修。因爲是三度空間的修整，做起來並不容易，接下來介紹幾個實例。

拉門的修理實例（一）

以前承租的房子裡附有小型工廠，那裡的拉門已經拉不太動。現在那道門的軌道上設有滾輪，但原本只是普通的拉門，是趁著敷居磨耗的機會，在軌道裝上滾輪的。拉門的高度降低很多，門板都快要從鴨居上鬆脫下來了，所以把敷居的軌道高度墊高，是最佳解決方案。

原本建築物就有點歪，敷居也不是水平，所以先用拔釘器把軌道拆掉，再用水平儀跟扁鑿刀來鑿出水平的敷居。接著在敷居上釘上一片小幅板以抬升高度，再把軌道重新裝上去。

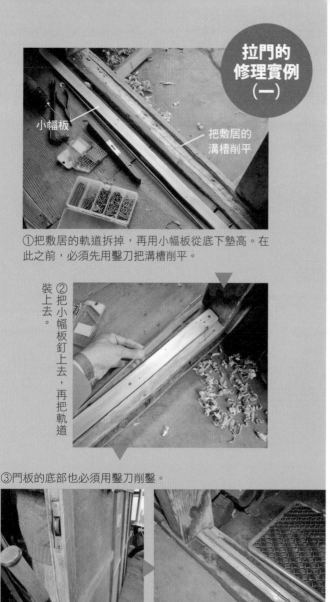

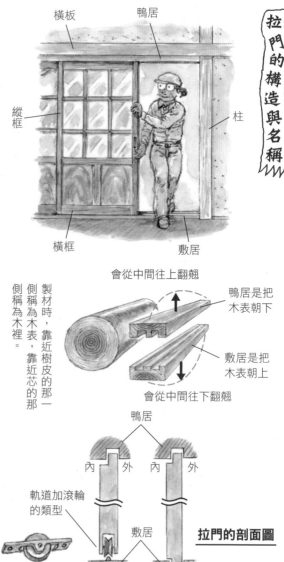

拉門的修理實例（二）

是很費力的作業。

像照片那樣，用手指頂住溝槽刨，就可以輕鬆把鴨居凸出來的部分削刨掉。

溝槽刨

削刨敷居跟鴨居凹槽底部的專用刨刀。像是把扁鑿刀的刀刃裝在台座上一樣的構造，背面也附有金屬配件。寬度通常會是跟基本的敷居溝幅相同，12公釐。（七分）

溝槽刨
邊刨

邊刨

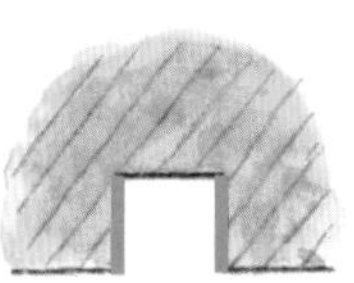

專門削刨溝槽側面的刨刀。刀刃像是從台座側面穿出來般的構造。刨刀有分左、右面專用兩種類型，但如果不是要刨非常嚴重的逆向突刺，有左面專用的刨刀（右手用）就夠了。

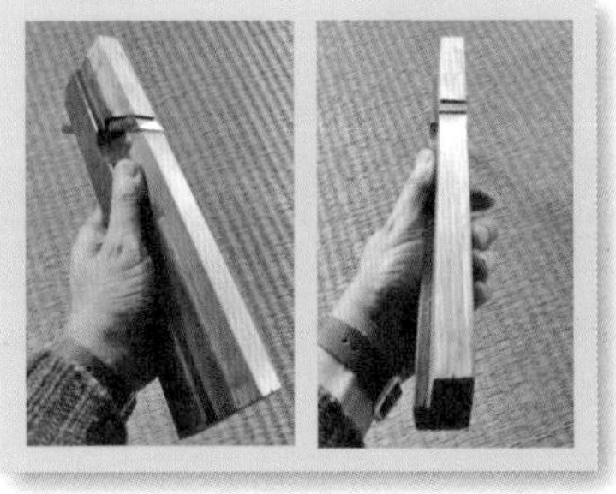

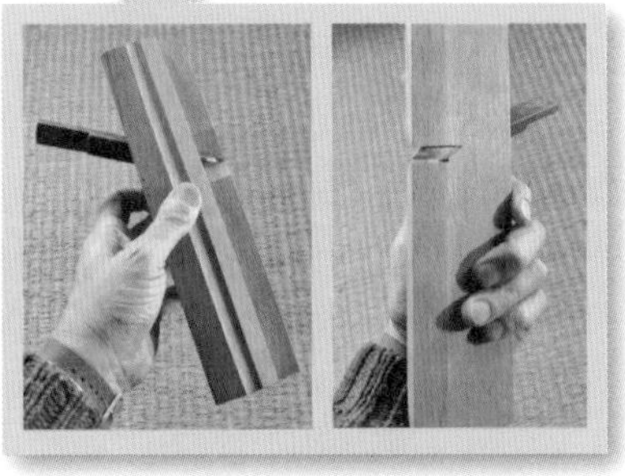

▶用小鐵撬把軌道拆下來刨削敷居的部分，以降低高度。

這次刨削的部分

修理之後裝上建物的敷居

把動不了的拉門拆下來的方法
讓軌道就這麼附在上面，從側邊拆卸下來
用槓桿跟木棒把鴨居撐起來

用車子用的千斤頂跟木棒，把鴨居撐起來。

沒辦法處理敷居、鴨居的情況，就削刨建具的外框。

門板部分，由於底部扭曲而會撞到軌道，滑輪無法順暢地滾動，所以用鑿刀重新雕鑿中央的溝槽。

用水平儀確認高度，把小幅板釘上，再把軌道裝上。當然必須同時把門板裝進去，看看那微妙的高度差異。如果高度太剛好，就沒有空間把門板裝上去了。

最大問題是釘子的頭斷了，有好幾根很舊的釘子怎麼拔都拔不起來（上一位住戶似乎也煞費苦心），這時先用釘衝把釘子打進去，再開始用鑿刀鑿，但偶爾還是會鑿到那些釘子。在改裝老民房時，經常會碰到這種刀刃工具被老釘子弄壞的情況，必須十分留意。

拉門的修理實例（二）

接下來，雖然在主屋裡有很漂亮的格子門（**第一百三十六頁右上圖**），但從我們住進去之後，空氣隨之流動，房間變得乾燥，木頭也就開始變形，有些建具會發出吱吱聲，動也動不了。

這次必須要削除部分的鴨

鴨居

裝上鴨居。用手斧削鑿過的檜木製補強柱（用螺栓緊緊栓在舊的柱子上），在柱身鑿出凹槽，把鴨居裝進凹槽裡，用釘子固定。左右柱身上凹槽的高度與深度，將會決定拉門的動向，非常重要。必須慎重！

鴨居溝槽的芯，跟軌道的芯，位置會稍微錯開。

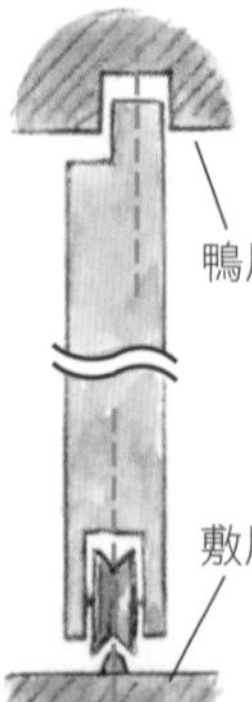
鴨居
敷居

從鴨居往敷居的方向放下鉛錘，檢視兩者是否平行。

敷居與鴨居的安裝

安裝順序

1）首先確認是否能將兩片建具納入柱與柱之間的空間裡。如果空間太大，就再釘上幾塊板子，如果空間不夠，就把建具併攏起來。2）在柱間裝上敷居。用水平儀確認是否保持水平。3）在柱子上鑿出讓鴨居嵌入的凹槽。為了讓建具能夠順暢地移動，用鉛錘來確認上下方溝槽的位置。

準備篇

▶正在壓碎黏土球

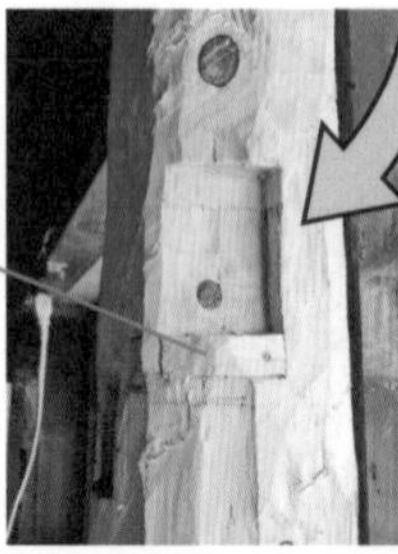

高度測量失誤，於是墊上一個木塊

用快要腐壞的栗木來做枕木

土壁用的黏土加上熟石灰，就能製作出三和土。

◀石灰的量約為黏土的五分之一，倒入能夠把土緊緊捏成團狀程度的水量（比做披薩窯的時候還要鬆散很多）。試著不加鹵水來製作。

這次做的敷居剖面圖

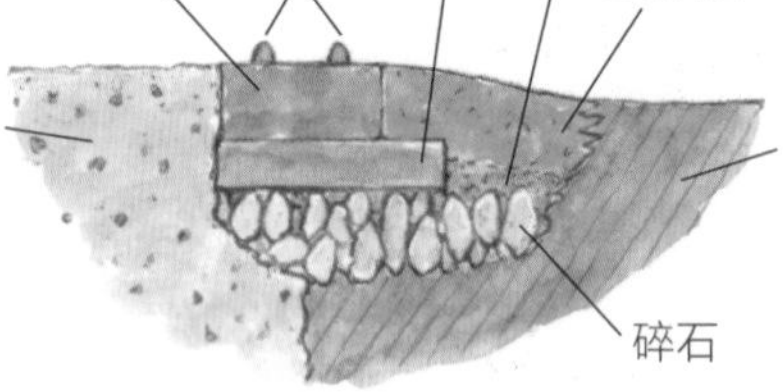
敷居
軌道
枕木
砂礫
三和土
既存的混凝土（狹道）
既存的土間
碎石

居。雖然也可以用鑿刀來鑿，但太費工夫了，所以用「邊刨」跟「溝槽刨」來刨削。

先用邊刨削除溝槽側邊的部分，把抵到門板的部分削掉，拓寬溝槽寬度，接著再用溝槽刨把底部削深。

因爲會抵到建具側邊，所以也把鴨居的凸部削掉。用一般的平刨刀不好施力，但使用溝槽刨時，可用指頭抵住，削起來會較輕鬆。

先把敷居上的軌道拆掉，再用平刨刀把敷居削平。因爲稍有一些扭曲，所以拉門裝進去的那一側就變得比較高。泛著黃褐色光澤的敷居，在削掉一層皮後，又會重新泛出新鮮的木頭色。

那麼在此之前，該怎麼把門板卸下呢？一邊慢慢移動門板，一邊用小鐵撬把軌道上的釘子拔起來（先墊上厚紙等，以免傷到敷居），讓滾輪就這麼附著在門板的軌道上，把門板拆卸下來（**前頁圖**）。這時，不用把軌道全部拆掉。雖然軌道是金屬製品，但拗得動。如果是小窗戶等情況下，也可利用車用的千斤頂，來把窗框撐開。如果削了溝槽還是不行，那麼可以把門板上方的凸處也削掉，如果試著把門板裝上去後拉得動，就可以把軌道裝回去，即完成了。

①在軌道的台座基礎上鋪上碎石，然後用圓形的木棒敲緊。

②鋪上枕木，把軌道的台座暫時固定上去。用水平儀調整水平高度。

③再鋪上砂礫，把軌道的台座固定住。

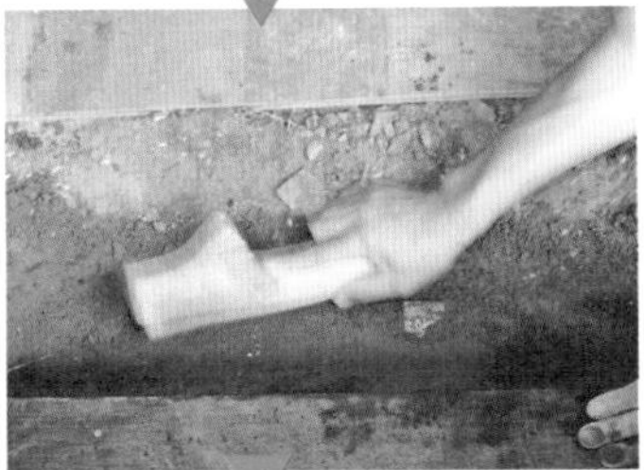
④用扁的棒子把上面的石灰＋黏土敲緊。

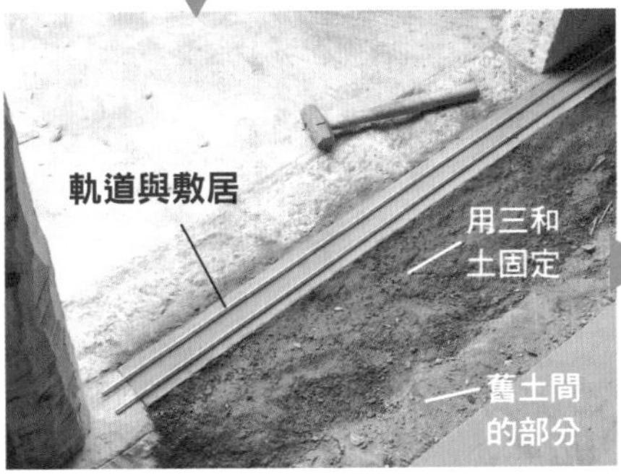

⑤用三和土固定住之後，再把軌道釘上去，敷居就完成了。

⑥中古的建具有些微歪斜。左右反過來使用剛剛好，再將把手跟鎖頭重新裝上去。

裝上復古的「螺絲式鎖頭」。削鑿母側以進行微調。

拉門的移設實例

最後介紹我從拆解房屋的施工現場帶回來的老建具，重新裝到我家使用的例子。

把既存廚房的一部分改裝成土間，爲了使設有水井的院子可與土間相通，所以把牆壁拆掉、基礎切斷（※），然後在該處設置一道舊的木製玻璃窗（附有滾輪）。爲此必須要重新設置鴨居與敷居，鴨居是把櫥櫃的部件拿來再利用，敷居則是在碎石的基礎上放上枕木，然後再放上鋪有注入樹脂的南洋材木（綑包時使用的廢棄材料角材），軌道是在家居生活館購買的黃銅製產品。

日本柱子的跨度爲一間等於六尺（一點八二公釐），會固定在當中設置兩片建具，所以即使是從其他地方拿來的建具，也能夠容納於柱間當中。

柱子構造的補強，則是使用自己採伐的檜木，把手斧削下來的部分，用螺栓栓緊（**參照第三十四頁**），雖然很費工，但完成的拉門很漂亮，土間跟院子也都相當便於使用，令人非常滿足。

※基礎切斷：在把既存的牆壁或是基礎撤掉時，考慮到耐震上的問題，必須在其他部位進行構造上的補強。

3. 柴刀、鐮刀、斧頭刀柄的更換與修理術

住在山裡，柴刀、鐮刀、斧頭是必備工具，但是初學者容易把工具弄壞，特別是柄的部分會裂開或鬆脫。身邊就有可以作為刀柄的材料，不妨試著自己換換看。不僅可以增加素材和力學的知識，自己修好的工具，也會更加愛不釋手。

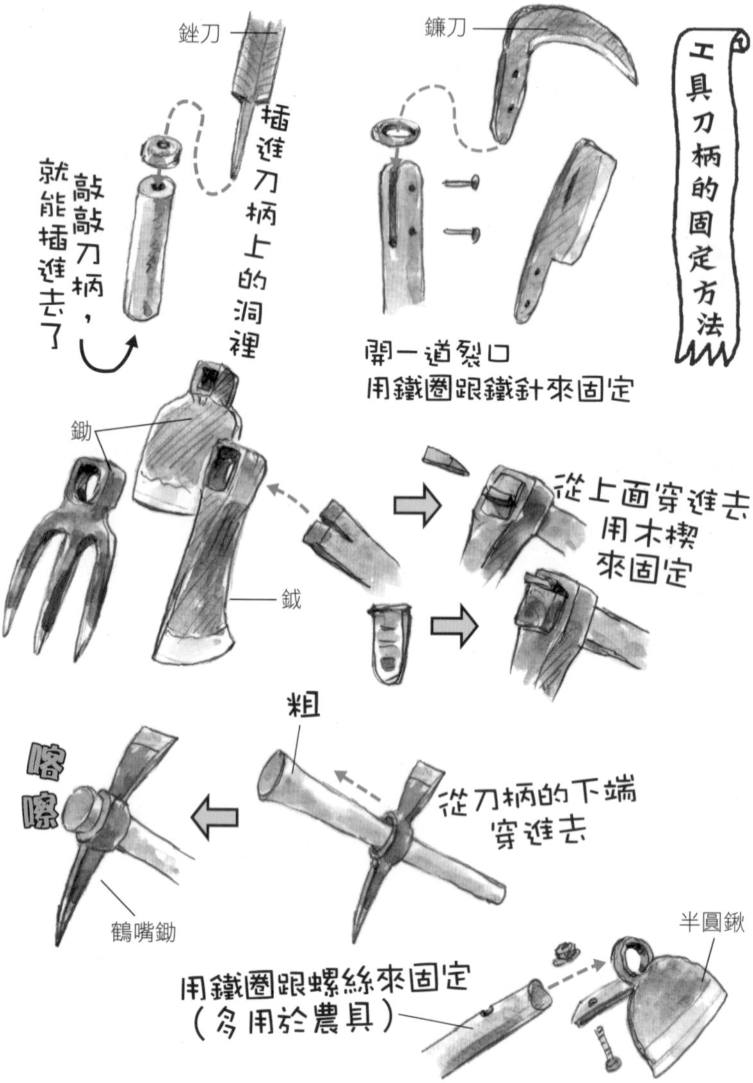
工具刀柄的固定方法
銼刀
插進刀柄上的洞裡
敲敲刀柄，
就能插進去了
鐮刀
開一道裂口
用鐵圈跟鐵針來固定
鋤
鉞
從上面穿進去
用木楔
來固定
粗
喀嚓
從刀柄的下端
穿進去
鶴嘴鋤
半圓鍬
用鐵圈跟螺絲來固定
（多用於農具）

刀柄應該自己動手做

以前我住的群馬山村裡有很多黑櫟樹。「黑櫟樹籬圍牆」可以防止冬季寒風，也有人會把它們圍在屋子外圍作為屋敷林使用，我以前租的老民房也有一面很大的樹籬圍牆，修剪下的樹枝是非常好的薪柴。

剛住到山裡時，有天隔壁的老爺爺來跟我說「那個，可不可以給我一條櫟樹的樹枝呢？」。因為他的柴刀刀柄裂掉了，想要自己重新做一個。我從薪柴堆裡挑出一條已乾燥的樹幹，沒有任何電動工具，老爺爺理所當然地重新做了柴刀的刀柄。

住在山裡的人，通常都會自己做工具的刀柄。不僅素材垂手可得，也想要使用符合自己需求的東西。過去也有很多人會跟冶煉店訂購金屬頭的部分，柄則是自己動手做。

各式各樣的素材・形狀・固定方法

手工工具的刀柄，會根據用途而有各式各樣的素材、形狀、

1

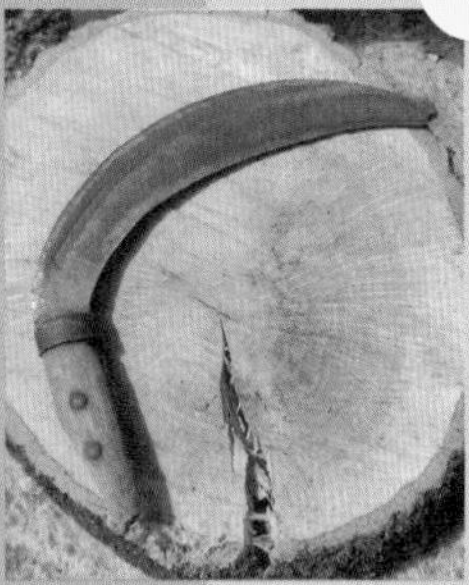

斷掉的鐮刀刀柄。用鋸子跟鉗子把木頭拆掉

從黑櫟薪柴堆裡挑選適合的樹枝

先用柴刀大致削一次，再用小刀修整細部。

用鋸子開一道裂口（修枝用的鋸子）

2

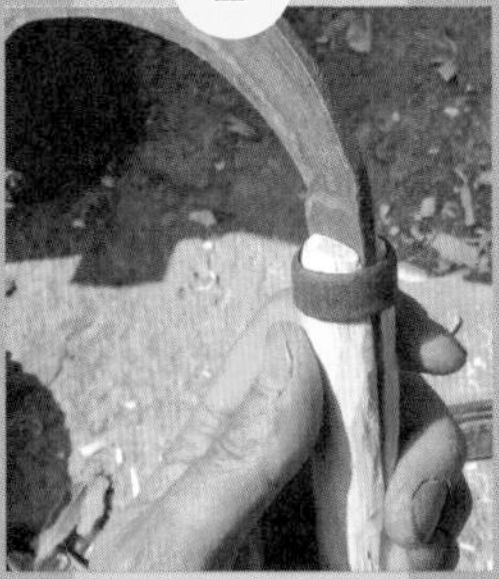

試著把刀刃裝進刀柄。把它反過來，用鐵鎚從後面敲幾下，就裝進去了。

用油性簽字筆在刀刃上做下記號

這裡很重要！

把刀刃拔出來，將畫在刀刃上的記號跟刀柄頂端對齊，然後把釘子的位置畫在刀柄上。

用圓柄木工針在刀柄上鑽洞。不用貫穿到後面那一塊。

3

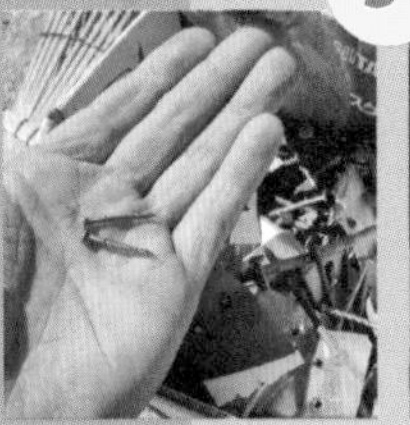

從廢棄材料上拆下來的兩根釘子。用鐵鎚修整彎曲的地方，再用金屬銼刀打磨尖端跟側面。

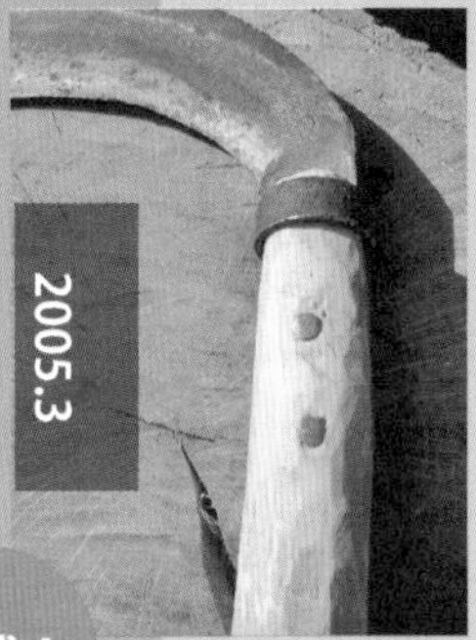

2005.3

釘上釘子、套上鐵環。用銼刀把從內側穿出來的釘子頂端磨平。（四年後的樣子在P.145）

完成！

▶重新打磨刀刃之後，大功告成！

固定方法，必須採用最適宜的做法。

柴刀或鐮刀的柄中央會開一道裂口，從那裡穿入鐵圈跟鐵針來固定。用兩根鐵針就能夠承受作業時的反覆縱向衝擊，鐵圈則是用來防止裂口裂開。斧頭的刀柄即使有些彎曲或扭曲也無所謂，但柴刀跟鐮刀則必須順著中心線，垂直開出那道裂口，否則會既難用又危險。

能夠承受荷重與衝擊的柔軟輕巧素材，還能夠減輕連續作業時的疲勞，適合用在鐮刀上，但一擊就能劈開物品的柴刀或是斧頭，使用這種材質便會彈開，並不適合。

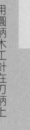

用木楔來固定的類型

斧頭、鉞或是鋤類工具，刀柄會承受強烈衝擊，所以常見類型是把刀柄插進金屬的筒狀部位中，接合處用木楔來固定。

用久了以後，接合部分會逐漸鬆脫，這時只要重新用木楔固定住就可以了。如果再度鬆脫，那就必須把柄拆掉，用更粗的木楔來重新固定，或者再加追一個

試著用筆直的櫟木樹幹來做鉞的刀柄

櫟木柄的斧頭

用劈開的櫟木材來做斧頭的刀柄

舊的金屬頭久經衝擊，孔洞已經有點變形了。用銼刀打磨一下，好讓刀柄容易穿過去。

木楔。如果把工具長期存放在乾燥處，木頭會乾癟而容易鬆脫，只要讓工具多接觸溼氣，木頭就會再膨脹起來而固定住了。

方便的櫟木木楔與材料的保存方法

金屬的木楔可以在大型家居生活館或刀具專賣店購買，但也可以用櫟木等木材來製作木楔。木製的楔雖然不夠耐用，但方便的是可以自己決定厚度，而且是一次性使用，所以可以不斷地重新製作。此外，大型的櫟木木楔，也可用來切割杉木跟檜木。

雖然櫟木是可以用來製成刨刀台的堅硬木材，但卻很容易裂開，也容易被蟲蛀。把它當成工具或是木楔的素材來保存，可以先把樹皮削掉，再放到爐竈或是地爐上燻一下，如此一來就可以加速乾燥且防止被蟲蛀。

用細的杉木樹幹來製作刀柄

杉木筆直且輕巧，但對作爲木材而言太過於柔軟，並不適合用來做成工具的把手。話雖如此，但只要根據不同的部位以及

杉木柄的單手鳶嘴鐮

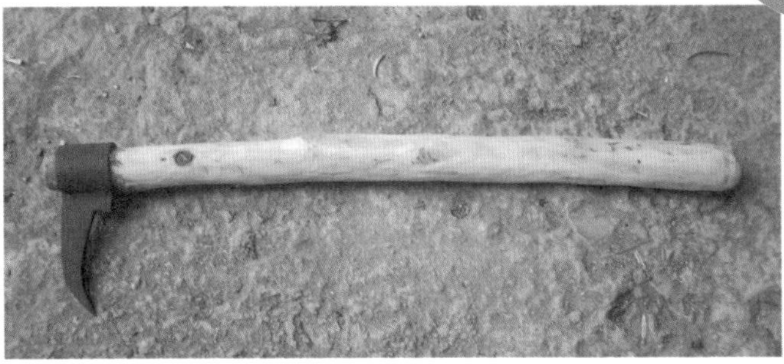

單手鳶嘴鐮的前端金屬部分，是在埼玉縣神川町的骨董市（每星期日的定期市場）買的。其他的鉛錘、釘衝、取出刨刀刀刃用的砧板，全部加起來只要一千日圓。

整整使用四年的自製刀柄鐮刀▼

2009.2

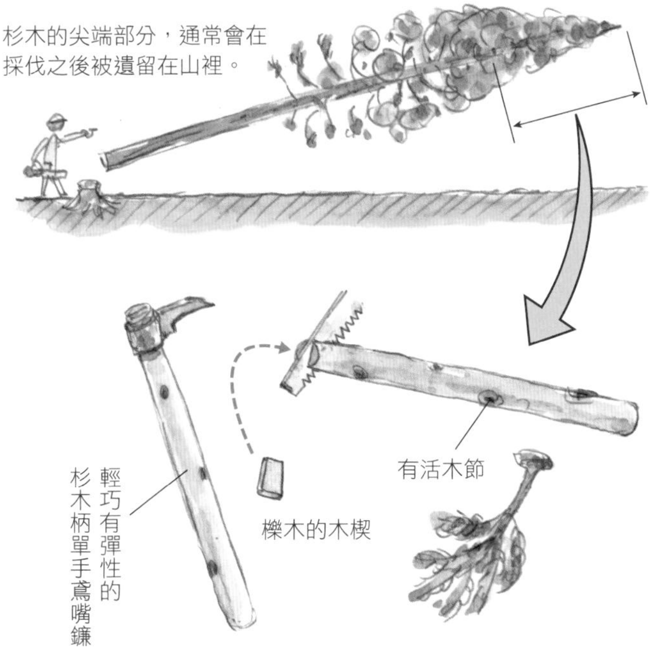

杉木的尖端部分，通常會在採伐之後被遺留在山裡。
輕巧有彈性的杉木柄單手鳶嘴鐮
櫟木的木楔
有活木節

用單手鳶嘴鐮可以單手輕鬆地移動樹幹。在取出必要的樹幹時，只要有這樣一個小工具，就能夠提升作業效率。骨董市場的人也說「這個小小的鳶嘴鐮可是很受歡迎的」。
輕輕鬆鬆

工具種類，就能夠有效利用。

用樹枝前端比較細的部分來做成刀柄。這部分有很多樹枝的木節，所以較硬，乾燥過程中也比較不會裂掉。山裡的人曾送我一把很長的鐮刀，刀柄部分也是自己用杉木做的，非常輕巧好用。另外，曾經在東京西多摩的老工具店裡發現一把「橫斧」，也是自製的杉木刀柄，用來劈砍細樹枝是非常便利的工具。

杉木的前端不能拿來當成商品販售，但自己採伐的樹木，就可以免費取得這些素材了。

自己做的工具自己用

自己做的工具，有很多自己才會知道的習慣，所以最好不要借給別人使用。一直都是自己在用的話，就能夠敏銳地察覺到「今天用起來感覺有點不一樣」、「好像快要壞了」等不同之處。了解工具的極限，就可以防範受傷或是事故於未然。如此一來，下一個ＤＩＹ的作品就會做得更好。不過如果失敗了，拿去當柴火燒掉好了（笑）。

國家圖書館出版品預行編目(CIP)資料

里山生活實踐術／大內正伸繪.文；陳盈燕譯. -- 初版. -- 台中市：晨星, 2014.08
面；　公分. --（自然生活家；12）
ISBN 978-986-177-878-5(平裝)

1.農村 2.生活指導 3.簡化生活

431.46　　　　103009756

自然生活家012

里山生活實踐術

楽しい山里暮らし実践術

圖・文	大內正伸
翻譯	陳盈燕
主編	徐惠雅
執行主編	許裕苗
內頁編排	林姿秀
創辦人	陳銘民
發行所	晨星出版有限公司 407台中市西屯區工業30路1號1樓 TEL：04-23595820　FAX：04-23550581 行政院新聞局局版台業字第2500號
法律顧問	陳思成律師
初版	西元2014年08月10日 西元2022年09月23日（四刷）
讀者專線	TEL：02-23672044 / 04-23595819#212 FAX：02-23635741 / 04-23595493 E-mail：service@morningstar.com.tw
網路書店	http：//www.morningstar.com.tw
郵政劃撥	15060393（知己圖書股份有限公司）
印刷	上好印刷股份有限公司

定價399元
ISBN 978-986-177-878-5

Tanoshii Yamazao Kurashi Jissenjutsu

First published in Japan 2013 by Gakken Publishing Co., Ltd., Tokyo
Traditional Chinese translation rights arranged with Gakken Publishing Co., Ltd. through Future View Technology Ltd

◆讀者回函卡◆

以下資料或許太過繁瑣，但卻是我們了解您的唯一途徑，
誠摯期待能與您在下一本書中相逢，讓我們一起從閱讀中尋找樂趣吧！

姓名：＿＿＿＿＿＿＿＿ 性別：□ 男 □ 女 生日： ／ ／

教育程度：＿＿＿＿＿＿＿

職業：□ 學生 □ 教師 □ 內勤職員 □ 家庭主婦
□ 企業主管 □ 服務業 □ 製造業 □ 醫藥護理
□ 軍警 □ 資訊業 □ 銷售業務 □ 其他＿＿＿＿＿

E-mail：（必填）＿＿＿＿＿＿＿＿ 聯絡電話：（必填）＿＿＿＿＿

聯絡地址：（必填）□□□＿＿＿＿＿＿＿＿

購買書名：里山生活實踐術

・誘使您購買此書的原因?

□ 於＿＿＿＿書店尋找新知時 □ 看＿＿＿＿報時瞄到 □ 受海報或文案吸引
□ 翻閱＿＿＿＿雜誌時 □ 親朋好友拍胸脯保證 □＿＿＿＿電台DJ熱情推薦
□ 電子報的新書資訊看起來很有趣 □對晨星自然FB的分享有興趣 □瀏覽晨星網站時看到的
□ 其他編輯萬萬想不到的過程：＿＿＿＿＿＿＿＿

・本書中最吸引您的是哪一篇文章或哪一段話呢?＿＿＿＿＿＿＿＿

・您覺得本書在哪些規劃上需要再加強或是改進呢?

□ 封面設計＿＿＿＿ □ 尺寸規格＿＿＿＿ □ 版面編排＿＿＿＿
□ 字體大小＿＿＿＿ □ 內容＿＿＿＿ □ 文／譯筆＿＿＿＿ □ 其他＿＿＿

・下列出版品中，哪個題材最能引起您的興趣呢?

台灣自然圖鑑：□植物 □哺乳類 □魚類 □鳥類 □蝴蝶 □昆蟲 □爬蟲類 □其他＿＿＿＿
飼養＆觀察：□植物 □哺乳類 □魚類 □鳥類 □蝴蝶 □昆蟲 □爬蟲類 □其他＿＿＿＿
台灣地圖：□自然 □昆蟲 □兩棲動物 □地形 □人文 □其他＿＿＿＿
自然公園：□自然文學 □環境關懷 □環境議題 □自然觀點 □人物傳記 □其他＿＿＿＿
生態館：□植物生態 □動物生態 □生態攝影 □地形景觀 □其他＿＿＿＿
台灣原住民文學：□史地 □傳記 □宗教祭典 □文化 □傳說 □音樂 □其他＿＿＿＿
自然生活家：□自然風DIY手作 □登山 □園藝 □觀星 □其他＿＿＿＿

・除上述系列外，您還希望編輯們規畫哪些和自然人文題材有關的書籍呢?＿＿＿＿＿＿

・您最常到哪個通路購買書籍呢? □博客來 □誠品書店 □金石堂 □其他＿＿＿＿＿

很高興您選擇了晨星出版社，陪伴您一同享受閱讀及學習的樂趣。只要您將此回函郵寄回本社，我們將不定期提供最新的出版及優惠訊息給您，謝謝！

若行有餘力，也請不吝賜教，好讓我們可以出版更多更好的書！

・其他意見：＿＿＿＿＿＿＿＿＿＿＿＿

晨星出版有限公司 編輯群，感謝您！

請填妥後對折裝訂，貼妥郵票後寄出即可

郵票

晨星出版有限公司　收

地址：407台中市工業區30路1號
贈書洽詢專線：04-23595820*112　傳真：04-23550581

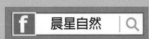